全国高职高专计算机系列精品教材

Photoshop设计与应用任务教程

主　编／张小志　高　欢
副主编／李国娟　王党利
参　编／杨　平　徐振立

中国人民大学出版社
·北京·

图书在版编目（CIP）数据

Photoshop 设计与应用任务教程 / 张小志，高欢主编 . -- 北京：中国人民大学出版社，2020. 6
全国高职高专计算机系列精品教材
ISBN 978-7-300-28279-4

Ⅰ . ① P… Ⅱ . ①张… ②高… Ⅲ . ①图像处理软件 - 高等职业教育 - 教材 Ⅳ . ① TP391.413

中国版本图书馆 CIP 数据核字（2020）第 109204 号

全国高职高专计算机系列精品教材
Photoshop 设计与应用任务教程
主　编　张小志　高　欢
副主编　李国娟　王党利
参　编　杨　平　徐振立
Photoshop Sheji yu Yingyong Renwu Jiaocheng

出版发行	中国人民大学出版社		
社　址	北京中关村大街 31 号	邮政编码	100080
电　话	010 - 62511242（总编室）		010 - 62511770（质管部）
	010 - 82501766（邮购部）		010 - 62514148（门市部）
	010 - 62515195（发行公司）		010 - 62515275（盗版举报）
网　址	http://www.crup.com.cn		
经　销	新华书店		
印　刷	北京玺诚印务有限公司		
规　格	185mm × 260mm　16 开本	版　次	2020 年 6 月第 1 版
印　张	18.25	印　次	2020 年 6 月第 1 次印刷
字　数	437 000	定　价	59.00 元

PREFACE 前言

Photoshop 是 Adobe 公司推出的一款图形图像设计和编辑软件，它功能强大、使用方便，广泛应用于广告设计、摄影、印刷、多媒体制作、影视编辑、网站设计等不同的领域，在图像处理领域处于领先地位。

本书以 Photoshop 的常见应用为主线，根据不同的应用特点划分成 8 个单元，包括基本工具应用、色彩应用、图像合成应用、网站界面设计应用、特效应用、抠图应用、自动处理应用、综合设计应用。全书完全通过任务来组织学习，结合作者的实际设计经验和教学经验，在任务选取方面，注重任务的针对性和实用性；在文字描述方面，力求精练、简明。

全书总共分为 8 个单元，共 39 个任务，具体如下。

第 1 单元包括 8 个任务，主要是简单的图像处理任务，读者可以通过本部分的学习熟练掌握 Photoshop 基本工具的运用，熟悉各种基本操作。

第 2 单元包括 9 个任务，主要是调整图片色彩的任务，读者可以通过本部分的学习掌握 Photoshop 中主要的色彩调整工具的应用。

第 3 单元包括 4 个任务，主要是运用多个素材图片完成图像合成的任务，读者可以通过本部分的学习掌握图层的基本操作以及图层样式、图层混合模式、图层蒙版的运用等。

第 4 单元包括 3 个任务，主要是网站标志、导航、模板的设计任务，读者可以通过本部分的学习掌握网页素材设计的一般方法与过程。

第 5 单元包括 5 个任务，主要是图像特效的设计任务，读者可以通过本部分的学习掌握常见滤镜的功能、方法及产生的效果。

第 6 单元包括 6 个任务，主要是从现有的图像文件中抽取指定区域的任务，读者可以通过本部分的学习理解通道的原理和作用，掌握综合运用基本工具、通道、蒙版、快速蒙版、图层混合模式、色彩调整工具抠图的技巧等。

第 7 单元包括 2 个任务，主要是图像设计和图片编辑过程中自动处理的任务，读者可以通过本部分的学习掌握动作、批处理的创建与运用等。

第 8 单元包括 2 个任务，主要是复杂图像的设计任务，读者可以通过本部分的学习掌握灵活运用所学知识实现复杂设计效果的方法，为以后从事专业设计工作打下基础。

本书的参考学时为 72 学时，其中实训环节为 36 学时，具体分配情况可参见下表。

部　分	课程内容	学时分配	
		讲授	实训
第 1 单元	基本工具应用	10	10
第 2 单元	色彩应用	4	4
第 3 单元	图像合成应用	6	6
第 4 单元	网站界面设计应用	4	4
第 5 单元	特效应用	4	4
第 6 单元	抠图应用	2	2
第 7 单元	自动处理应用	2	2
第 8 单元	综合设计应用	4	4
课时合计		36	36

本书具有如下特点。

（1）本书编者都是从事一线教学或专业设计工作的，具有较丰富的教学经验和设计经验。

（2）本书侧重于应用和实践，采用任务引领式编写模式，每一单元由若干个典型任务组成，每个任务中先提出要达成的效果，再介绍设计所需的知识点，然后讲解设计步骤，任务的最后设置了练习题，供读者巩固所学的知识，提高实操技能。

（3）内容新颖，适用面广，突出应用，既可以作为高职高专学生的教材，也可以作为平面设计人员或图像编辑爱好者的参考书。

本书配套资料中提供了所有案例、相关知识、练习实践所用到的素材文件及效果图，在教学时可采用 Photoshop CS4、CS5、CS6 等版本。

本书由邢台职业技术学院张小志和高欢任主编，具体分工为：李国娟负责编写单元 1，张小志负责编写单元 2、单元 5，高欢负责编写单元 3、单元 4，王党利负责编写单元 6，杨平负责编写单元 7，徐振立负责编写单元 8，张小志负责全书的统稿工作。在编写过程中，辛景波、王彤、李相臣、吴丽丽老师提出了很多中肯的意见，在此表示衷心的感谢。

由于编者水平有限，书中不妥之处在所难免，希望读者批评指正。

编　者

CONTENTS

第 1 单元 基本工具应用

教学目标 …… 1

课前导读 …… 1

任务 1.1 制作斜纹背景图案 …… 1

任务 1.2 制作艺术照 …… 10

任务 1.3 水中花 …… 20

任务 1.4 鲜花字 …… 27

任务 1.5 修复数码照片 …… 43

任务 1.6 圆角网格 …… 51

任务 1.7 七星瓢虫 …… 58

任务 1.8 邮票 …… 68

第 2 单元 色彩应用

教学目标 …… 75

课前导读 …… 75

任务 2.1 彩蝶 …… 75

任务 2.2 晴空万里 …… 84

任务 2.3 校正彩色照片 …… 90

任务 2.4 速写效果 …… 94

任务 2.5 紫色梦幻照 …… 98

任务 2.6 校正肤色 …… 102

任务 2.7 自制 T 恤图案 …… 107

任务 2.8 恢复自然 …… 112

任务 2.9 复古效果 …… 118

第 3 单元 图像合成应用

教学目标 …… 123

课前导读 …… 123
任务 3.1　制作书籍封面 …… 123
任务 3.2　金属字制作 …… 133
任务 3.3　梦幻森林 …… 153
任务 3.4　电影海报 …… 161

第 4 单元　网站界面设计应用

教学目标 …… 172
课前导读 …… 172
任务 4.1　网站标志设计 …… 172
任务 4.2　网站导航设计 …… 175
任务 4.3　网站模板设计 …… 177

第 5 单元　特效应用

教学目标 …… 191
课前导读 …… 191
任务 5.1　添加图案 …… 191
任务 5.2　美女大变脸 …… 196
任务 5.3　炫彩海报 …… 203
任务 5.4　雪天风景 …… 209
任务 5.5　木板雕刻 …… 216

第 6 单元　抠图应用

教学目标 …… 222
课前导读 …… 222
任务 6.1　运用路径工具抠图 …… 222
任务 6.2　运用色彩范围抠图 …… 226
任务 6.3　运用图层蒙版抠图 …… 229
任务 6.4　运用图层混合模式抠图 …… 233
任务 6.5　运用通道抠图 …… 236
任务 6.6　运用滤镜工具抠图 …… 246

第 7 单元　自动处理应用

教学目标 …… 253
课前导读 …… 253
任务 7.1　批量处理图片大小 …… 253
任务 7.2　自动添加水印 …… 263

第 8 单元　综合设计应用

教学目标 …… 267

课前导读 …… 267

任务 8.1　防晒霜广告 …… 267

任务 8.2　戒指 …… 275

第 1 单元

基本工具应用

教学目标

- 掌握工具箱的用法。
- 掌握各种选择工具的用法。
- 掌握自由变换、羽化的操作技巧。
- 掌握各种修复、修补工具的使用方法。
- 掌握文字工具和钢笔工具的使用方法。

课前导读

掌握 Photoshop 的各种常用工具和基本命令的使用方法是进行图像处理和设计的基础。本单元主要通过几个简单的图像处理任务来介绍 Photoshop 中的各种基本工具的使用方法和常见命令的操作技巧，如选择工具组、文字工具组、钢笔工具组、图像修复工具组等中的工具，以及图像自由变换、变换选区、图像翻转、羽化等命令。

任务 1.1　制作斜纹背景图案

1.1.1　任务描述

在浏览网页时，我们经常会看到各种斜纹的背景图案，使用 Photoshop 可以轻松制作出类似的图案。图 1.1 所示是一种常见的网页斜纹背景图案，本任务将完成该图案的制作。

图 1.1　斜纹图案

1.1.2　相关知识

1. Photoshop 工作界面

Photoshop 的工作界面包含工具箱、菜单栏、选项栏、文档窗口和面板等，如图 1.2 所示。随着 Photoshop 版本的不断升级，其工作界面布局也更加合理、更加友好。

图 1.2　Photoshop 工作界面

图 1.2 中标注的各部分的功能如下。

- 工具箱：列出了 Photoshop 的基本工具，可以通过菜单栏上的“窗口 | 工具”菜单来显示和隐藏工具栏。
- 选项栏：用来设置工具的各种选项，选项内容会随着所选工具的不同而改变。
- 菜单栏：菜单中包含可以执行的各种命令，单击菜单名称即可打开相应的菜单。
- 文档窗口：显示和编辑图像的区域。
- 面板：有的用来设置选项，有的用来执行操作。

（1）恢复初始设置。

在 Photoshop 刚刚启动时按住“Shift+Alt+Ctrl”组合键，可弹出如图 1.3 所示的对话框，在此对话框中单击“是”按钮就可以删除 Photoshop 的设置文件，所有的运行参数设置都会恢复到初始默认状态。下次启动 Photoshop 时，将会自动创建新的设置文件。

图 1.3　删除设置文件对话框

（2）定制和优化工作环境。

用户可在 Photoshop 中对工作环境进行定制和优化，以方便操作。选择“编辑 | 首选项 | 常规”菜单，将弹出如图 1.4 所示的“首选项”对话框，下面介绍几个常用的选项卡。

1）常规选项卡。

- 拾色器：该下拉列表有两个选项，可以选择“Adobe”（Photoshop 拾色器）或“Windows”（Windows 操作系统自带的拾色器），用户可以根据自己的习惯进行选择。

- HUD 拾色器：便于在绘制图像时快速选择色彩。
- 图像插值：是指图像重新分布像素时所用的运算方法，也是决定中间值的一个数学过程。在重新取样时，Photoshop 会使用多种复杂方法来保留原始的品质和细节。

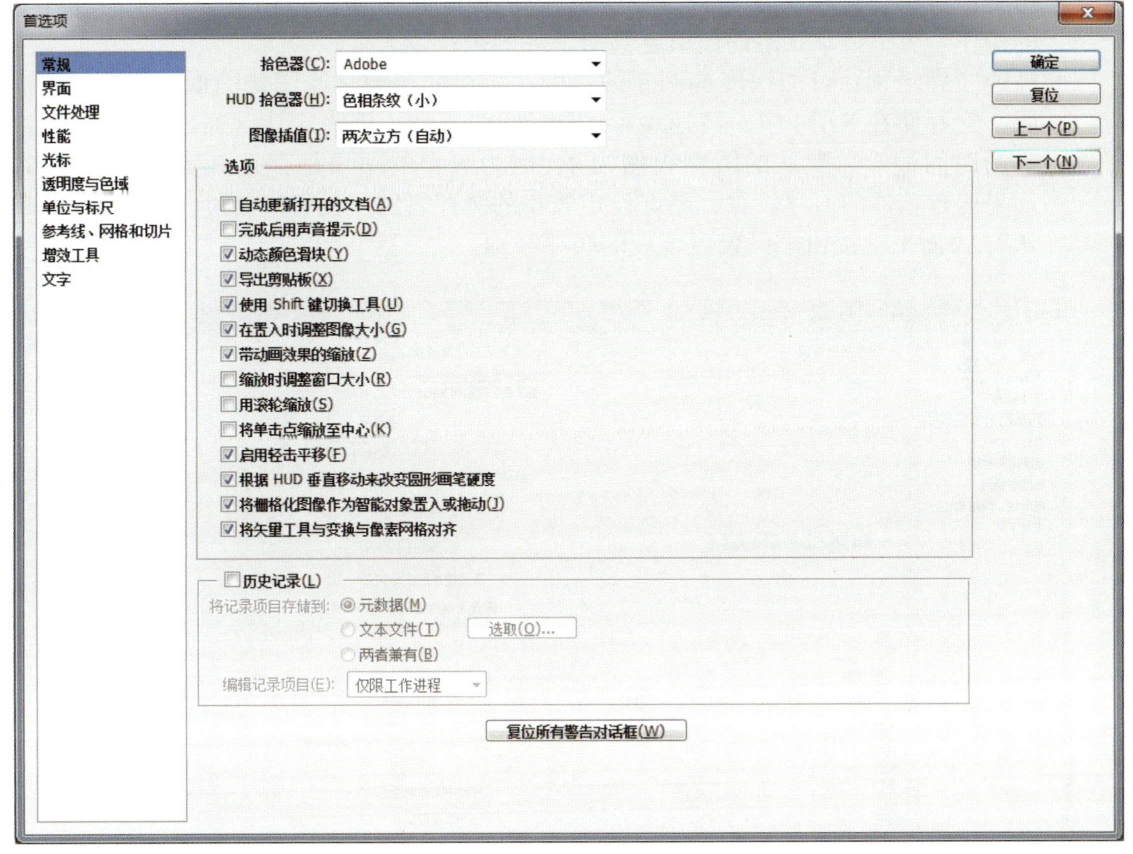

图 1.4 “首选项”对话框

2）界面选项卡。

在 Photshop 中，界面的个性化得到加强，用户在这里可以使用多种方式来定义自己的工作界面。

3）文件处理选项卡。

为避免因为意外掉电、忘记保存、意外退出软件而导致未保存的工作成果丢失，Photoshop 提供了“后台自动存储”功能，用户可在该选项卡中启用该选项。当用户的文件未能保存时，如果启用了“后台自动存储”功能，那么再次打开 Photoshop 时，将会自动打开后台自动存储的版本。

4）性能选项卡。

- 内存使用情况：用于设置 Photoshop 所允许占用的内存大小，一般建议使用系统可用内存的 55% ～ 71%，用户可以通过拖动滑块进行调整，特殊情况下也可调整到更高，如图 1.5 所示。
- 暂存盘：如果系统没有足够的内存来执行某项操作，则 Photoshop 将使用一种专有的虚拟内存技术，也称为暂存盘。暂存盘可以是任何具有空闲存储空间的驱动器或驱动器分区。默认情况下，Photoshop 将安装了操作系统的硬盘驱动器用作主暂存盘。Photoshop 检测所有可用的磁盘并将其显示在“性能”选项卡中，用户可以选择多个磁盘作为暂存盘。

- 历史记录状态：默认值为 20，也就是说在 Photoshop 中可以恢复有效的 20 个步骤的操作。历史记录状态的数值越高所消耗的内存越大。
- 高速缓存级别：可加快屏幕刷新的速度。缓存的图像是原图像的低分辨率的复制版，它存储在 RAM 中，高速缓存的级别为 1 ～ 8。当设定为 8 时，为最大缓存，刷新时间最短。默认的缓存级别为 4，因为缓存的图像是存在 RAM 中的，所以如果运行软件的内存较少，最好设定较小的缓存级别。也可以通过“高而窄”“默认”“大而平”按钮来设置更合理的缓存级别。

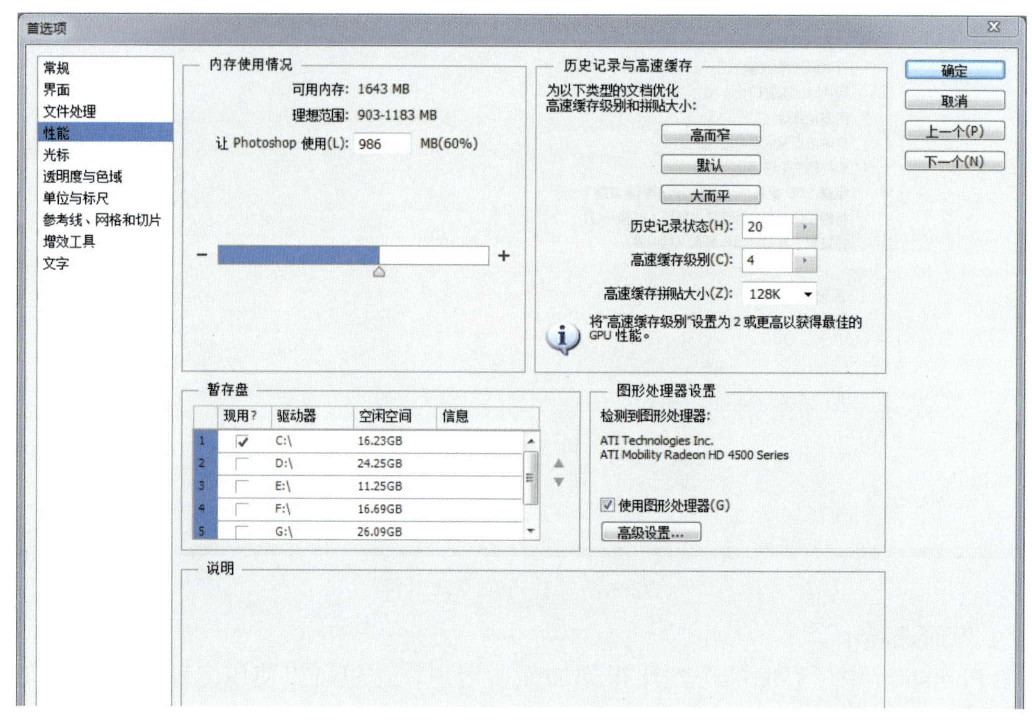

图 1.5 “性能”选项卡

5）增效工具选项卡。

网上可以下载大量由 Adobe 公司或第三方软件商发布的增效工具，用户可以自行附加各种增效工具，附加后的增效工具会显示在“滤镜”菜单下。增效工具为 Photoshop 增加了一些实用的功能，如抠图、图像特效、输入、输出、自动化处理等。

2. 像素

像素是组成图像的最基本的单元，一幅图像通常由许多像素组成。如图 1.6 左图所示，将图中虚线框内的图像放到足够大时，就可以看到类似马赛克的效果，如图 1.6 右图所示，每一个小矩形颜色块实际上就是一个像素。每个像素都有不同的颜色值和位置，像素的数目和密度越高，图像就越清晰。

图 1.6　原图及放大的图像

3. 分辨率

分辨率是指每英寸图像含有多少个点或像素，分辨率的单位为像素 / 英寸，英文缩写为 ppi（pixels per inch），例如 200ppi 就表示该图像每英寸含有 200 个像素。在位图图像中，分辨率的大小直接影响图像的品质。分辨率越高，图像越清晰，所产生的文件也就越大，在工作中所需的内存和 CPU 处理时间也就越多。所以在制作图像时，需要针对不同品质的图像设置适当的分辨率，才能最经济有效地设计出作品，例如用于打印输出的图像的分辨率就需要高一些，如果只是在屏幕上显示的作品（如多媒体图像或网页图像），就可以低一些。另外，图像的尺寸、图像的分辨率和图像文件大小三者之间有着很密切的关系。分辨率相同的图像，如果尺寸不同，文件大小也不同，尺寸越大所保存的文件也就越大；同样，提高图像的分辨率，也会使图像文件变大。

4. 新建文件

“新建”菜单用于新建图像文件，选择“文件 | 新建”菜单，打开“新建”对话框，如图 1.7 所示。

各项参数含义如下。

- 名称：新建图像的文件名，Photoshop 的默认名称是“未标题 - 1”，用户可以自己修改。
- 预设：预先定义好的图像参数，用户可以选择不同的预设方案，也可以选择自定义图像参数。
- 大小：设定画布的宽、高、分辨率。
- 颜色模式：如果图像需要印刷或打印，建议选择 CMYK 模式；默认是 RGB 模式。灰度模式图像中不包含色彩信息；位图模式图像只能有黑、白两种颜色。
- 背景内容：图像的初始背景，有“白色”“背景色”“透明”3 个选项。

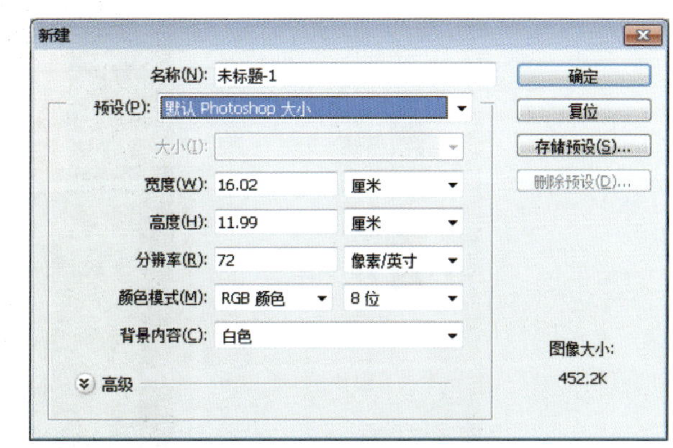

图 1.7　“新建”对话框

5. 缩放工具

若需要完成一些细节性的操作，可将画布放大若干倍，以方便操作。

单击工具箱中的缩放工具 ，在画布上拖动光标就可将图像“放大”或“缩小”。

6. 定义图案

选择“编辑 | 定义图案”菜单，打开“图案名称”对话框，如图 1.8 所示，可以对新定义的图案进行命名。“定义图案”菜单的作用是将可见的图像或文本定义成图案。如果图像或文本存在于不同的图层中，只要可见就可以被定义成一个图案，可以用定义好的图案来填充画布或选区。

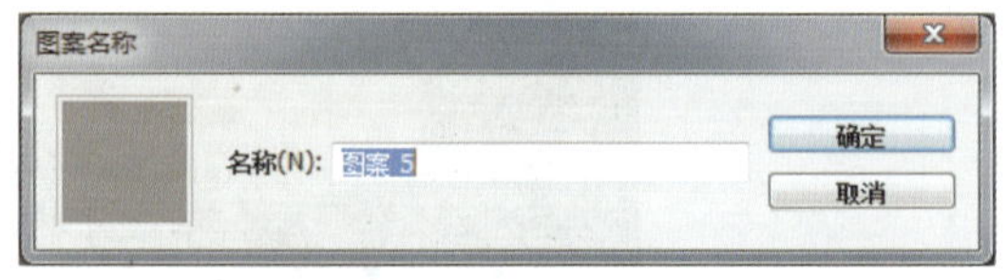

图 1.8 “图案名称”对话框

7. 填充

选择“编辑 | 填充”菜单，打开“填充”对话框，如图 1.9 所示，可以为当前的选区或活动图层填充“前景色”、“背景色”、“黑色”、“白色”、“50% 灰色”或定制的“图案”以及“历史记录”图样等内容，除此之外还可设定混合模式及不透明度。

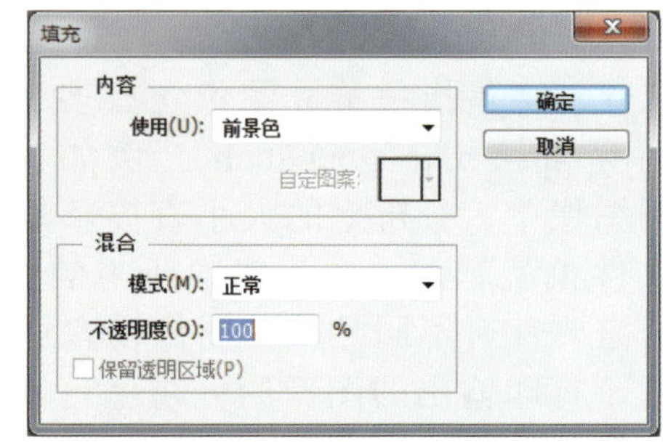

图 1.9 “填充”对话框

8. 图层

图层是 Photoshop 图像构成的基础，图层就像含有文字或图形等元素的胶片，一张张按顺序叠放在一起，组合起来形成图像的最终效果。如图 1.10 所示，该图像由 4 个图层组成，由下到上依次是背景层、红矩形、绿矩形、蓝矩形。从图中可以看出来，上面图层的图像遮挡下面图层的图像。另外，图层可以将页面上的元素精确定位，图层中可以加入文本、图片、表格、插件，也可以再嵌套图层。

图 1.10 图层面板及绘制的图形

图层面板是 Photoshop 图片处理的核心，图层面板如图 1.10 左边所示，图层面板不仅包括图层，同时也提供了许多其他功能，如可使用“混合模式”修改图层的层叠方式，可改变图层的“不透明度”，以及创建图层样式等。关于图层其他功能的详细使用说明可以参见后面的章节。

9. 保存文件

图像编辑完成后，需要保存。选择“文件 | 存储”或者“文件 | 存储为”菜单可保存当前文件。第一次保存新建图像文件时，会出现“存储为”对话框，如图 1.11 所示，在这里可以选择保存位置、定义文件名、选择文件类型。对于已经存在的图像文件，编辑后选择“存储”菜单可直接保存文件。

图 1.11 “存储为”对话框

各项参数说明如下。

- 保存在：选择文件的保存位置。
- 文件名：设置保存的文件名。
- 格式：选择文件的保存格式。

文件格式是存储图像数据的方式，它决定了图像的压缩方法、支持何种 Photoshop 功能以及该文件是否与其他一些文件相兼容等。常用的保存格式如下。

- PSD 格式：Photoshop 默认的存储格式，能保存图层、蒙版、通道、路径、未栅格化的文字、图层样式等。一般情况下，保存文件都采用这种格式，以便随时进行修改。
- JPEG 格式：最常用的图像格式，它是最有效、最基本的有损压缩格式之一，被绝大多数图像处理软件所支持。
- PNG 格式：便携式网络图形，是一种无损压缩的图片格式。存储时选择“无 / 快”压缩，文件保存速度快；选择“最小 / 慢”时文件最小，保存速度慢。“无交错”表示下载完成后才在浏览器显示图片；“有交错”表示下载时间较短，但文件会变大。

- GIF 格式：全称为 Graphics Interchange Format（图形交换格式），GIF 图片的扩展名是 gif。现在所有的图形浏览器都支持 GIF 格式，而且有的图形浏览器只支持 GIF 格式。GIF 是一种索引颜色格式，在颜色数很少的情况下，产生的文件极小。
- BMP 格式：是一种用于 Windows 操作系统的图像格式。图像可以从黑白（每像素 1 位）到最高 24 位色（1 670 万种颜色）。

1.1.3 任务实现

步骤 1：在 Photoshop 中选择“文件 | 新建”菜单，打开“新建”对话框，设置宽度和高度均为“15 像素”，分辨率为“72 像素 / 英寸”，背景内容为“白色”，其他采用默认设置，如图 1.12 所示，设置完毕单击“确定”按钮。

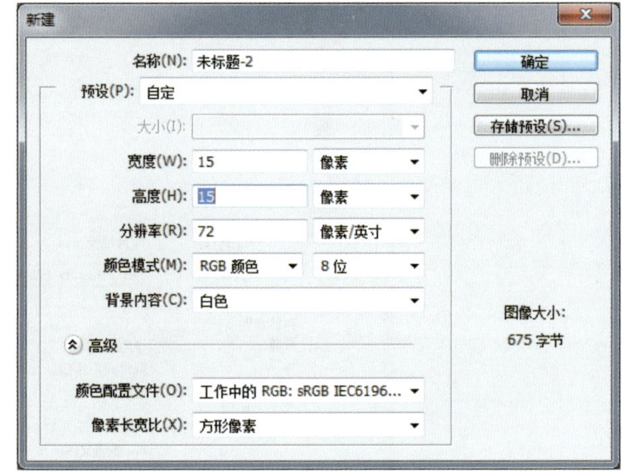

图 1.12 “新建”对话框

步骤 2：选择工具箱中的缩放工具，在文档窗口中拖出一个矩形框，放大视图，重复操作直到放大到 1 600%。

步骤 3：单击工具箱中的设置前景图标，打开“拾色器（前景色）”对话框，设置颜色为“浅灰色”，颜色值为“#939393”，如图 1.13 所示，单击“确定”按钮完成前景色的设置。

步骤 4：选择工具箱中的铅笔工具，在选项栏中将画笔直径设置为“1 像素”，在图层面板下方单击“创建新图层”按钮新建一个图层，然后在上面绘制出如图 1.14 所示的图案。

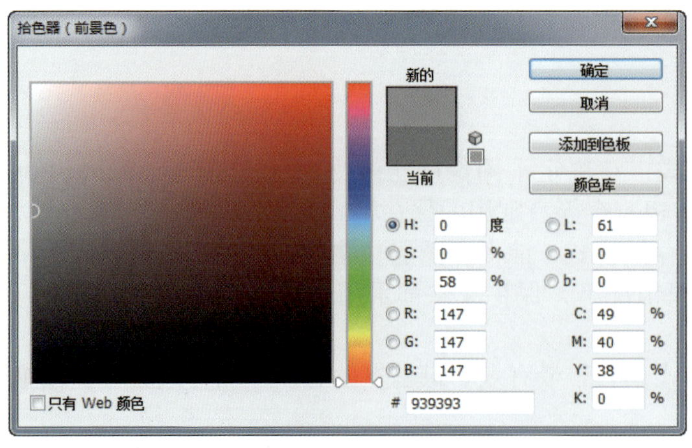

图 1.13 “拾色器（前景色）”对话框

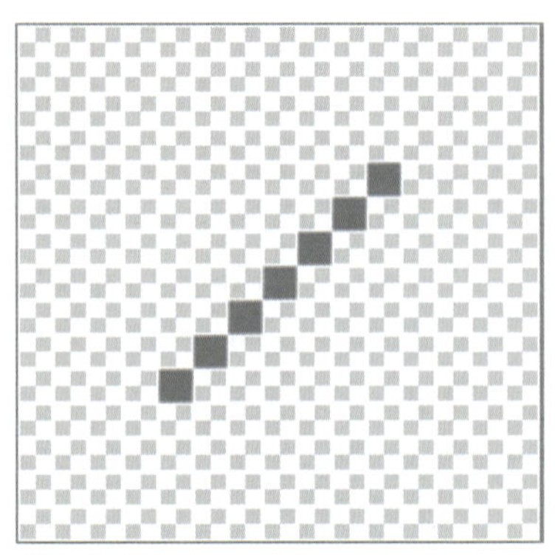

图 1.14 绘制图案

步骤 5：选择工具箱中的矩形选框工具，在选项栏中设置样式为“固定大小”，宽度和高度均为“5 像素”，如图 1.15 所示。

步骤 6：在图像中单击鼠标，创建一个“正方形”选区，移动选区到如图 1.16 所示的图案上。

步骤 7：选择“编辑 | 定义图案”菜单，打开“图案名称”对话框，输入图案名称，此处为默认值“图案 1”，如图 1.17 所示。

步骤 8：选择“文件 | 新建”菜单，新建一个较大尺寸的文档，比如将宽和高都设置为 300 像素。

步骤 9：选择“编辑 | 填充”菜单，在“使用”下拉列表中选择“图案”，然后在“自定图案”中选择相应图案，如图 1.18 所示，设置完毕后单击“确定”按钮，填充后的效果如图 1.1 所示。

步骤 10：选择“文件 | 存储为”菜单，在出现的“存储为”对话框中选择保存的位置，输入文件名并设置保存的格式，如图 1.19 所示。

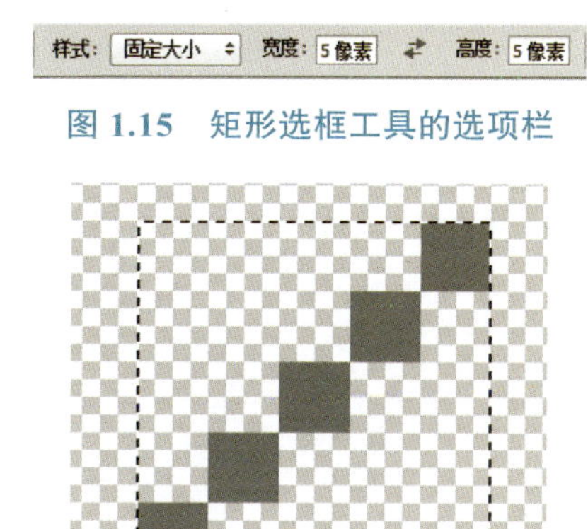

图 1.15　矩形选框工具的选项栏

图 1.16　创建正方形选区

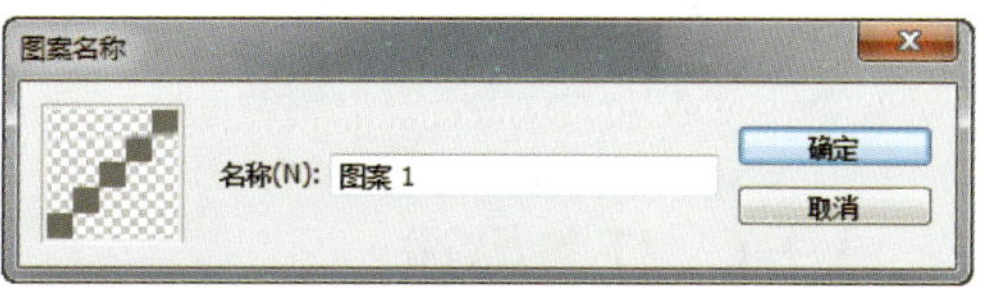

图 1.17　“图案名称”对话框

图 1.18　“填充”对话框

图 1.19　“存储为”对话框

1.1.4　练习实践

根据前面介绍的创建背景图案的方法，灵活运用“定义图案”和“填充”功能制作

图 1.20 所示的背景图案。

图 1.20　效果图

任务 1.2　制作艺术照

1.2.1　任务描述

本任务讲解如何应用椭圆选框工具、矩形选框工具、自由变换、标尺工具、参考线等工具和命令制作出如图 1.21 所示的艺术照片效果。读者可以通过本任务掌握创建规则选区、改变图像大小、精确定位图像位置的方法。

图 1.21　效果图

1.2.2　相关知识

在 Photoshop 中，图像处理类操作几乎都与当前的选区有关，因为操作只对选区内的图像有效，对选区之外的图像不起作用。所以准确、快速地选取图像区域是一个应重点掌握的操作。

下面主要介绍规则选区的创建工具——矩形选框工具组中的工具的用法。矩形选框工具组包括 4 种基本工具：矩形选框工具、椭圆选框工具、单行选框工具、单列选框工具。

鼠标右键单击工具箱上的矩形选框工具 ，会弹出下拉工具列表，可在其中选择不同的选框工具，如图 1.22 所示。

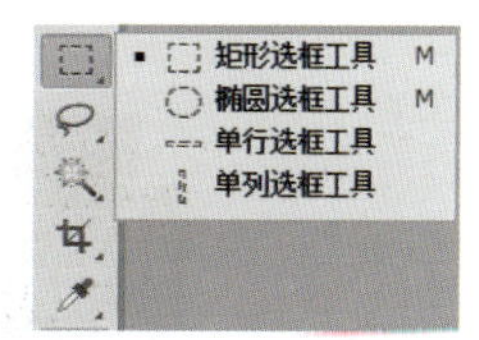

图 1.22　下拉工具列表

1. 矩形选框工具

使用矩形选框工具可以创建一个矩形或正方形的选区，具体操作方法如下。

步骤 1：打开配套素材文件 01/ 相关知识 / 管材 .jpg，单击工具箱中的矩形选框工具 ，其选项栏如图 1.23 所示。

图 1.23　矩形选框工具的选项栏

步骤 2：在矩形选框工具的选项栏中进行相应参数的设置。各项参数作用如下。

- 新选区按钮 ：创建新选区并替换原选区，效果如图 1.24 所示。
- 添加到新选区按钮 ：创建的新选区将与原选区合并成一个选区，效果如图 1.25 所示。一般用于扩大选区或选取较复杂的区域。

图 1.24　“新选区”效果

图 1.25　“添加到新选区”效果

- 从选区减去按钮 ：在原选区中减去新选区与原选区相交的部分，一般用于缩小选区，效果如图 1.26 所示。

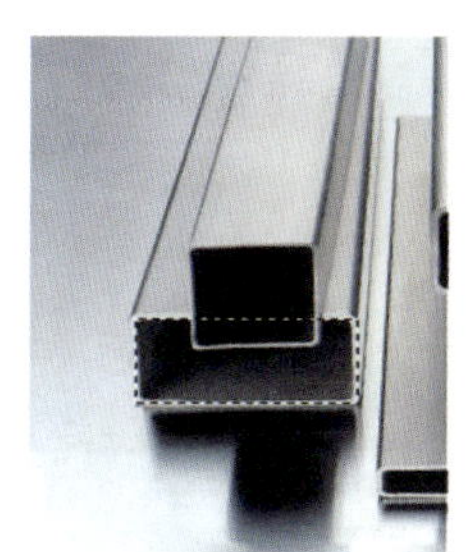
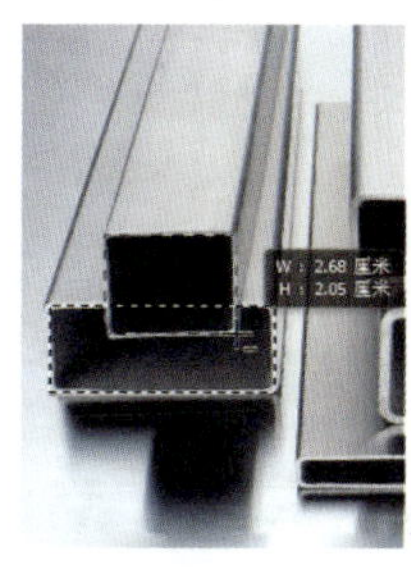

图 1.26　“从选区减去”效果

- 与选区交叉按钮 ：将新创建的选区与原选区交叉的部分作为新选区，效果如图 1.27 所示。

图 1.27 “与选区交叉”效果

- 羽化：在该文本框中可通过输入数值设置羽化效果，羽化的取值范围为 0 ～ 255 像素。羽化后的选区边缘会产生模糊效果，图 1.28 中间图所示为粘贴左图选区的效果，羽化值为“30”；图 1.28 右图是粘贴没有羽化的选区的效果。

图 1.28 选区羽化和非羽化的比较

- 样式：该下拉列表框包括“正常”“固定比例”“固定大小”3 个选项，各选项的含义如下。
  - 正常：该选项是系统默认选项，用户可以不受任何约束，创建任意大小的选区。
  - 固定比例：选择该选项后，将激活“宽度”和“高度”文本框，在其中分别输入比例值，可创建固定宽度和高度比例的选区。系统默认值为 1 : 1，如图 1.29 所示。

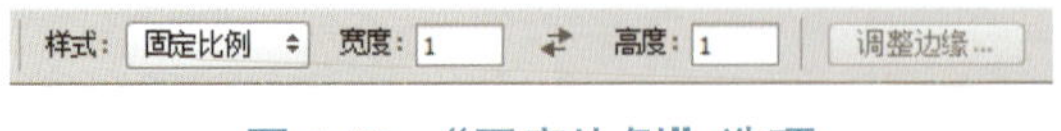

图 1.29 “固定比例”选项

  - 固定大小：选择该选项后，将激活“宽度”和“高度”文本框，在其中分别输入数值，可创建固定宽度和高度的选区。宽度和高度默认值均为“7 像素”，如图 1.30 所示。

图 1.30 “固定大小”选项

2. 椭圆选框工具

使用工具箱中的椭圆选框工具可以创建一个椭圆形或圆形选区。具体操作方法如下。

步骤 1：用鼠标右键单击工具箱中的矩形选框工具 ，在弹出的工具列表中选择椭圆选框工具 ，选项栏如图 1.31 所示。

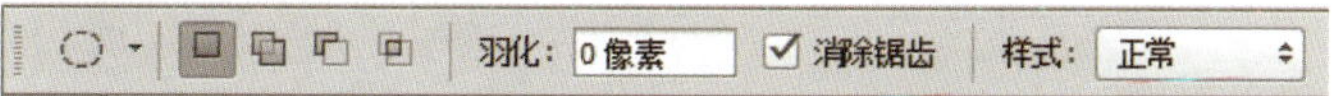

图 1.31　椭圆选框工具的选项栏

步骤 2：在椭圆选框工具的选项栏中进行相应参数的设置。该选项栏中的参数与矩形选框工具的选项栏中的参数大致相同，只有“消除锯齿”参数是椭圆选框工具特有的，其作用是消除选区边缘的锯齿，平滑选区边缘。“消除锯齿”只作用于椭圆形或圆形选区。取消与选中该复选框对选区边缘的影响效果如图 1.32 所示。

图 1.32　“消除锯齿”的作用

在图像编辑区中的适当位置按住鼠标左键并拖动，即可创建一个椭圆形选区，如图 1.33 左图所示；按住 Shift 键拖动，即可创建一个圆形选区，如图 1.33 右图所示。

图 1.33　椭圆形、圆形选区

3. 参考线

参考线和网格可帮助用户精确地定位图像或元素。参考线显示为浮动在图像上方的一些不会被打印出来的线条。可以移动或者移去参考线，还可以锁定参考线，确保不会将其意外移动。

通常先显示标尺再设参考线。选择“视图 | 标尺”菜单，在图像窗口的左边和上方就会弹出标尺，如图 1.34 所示。标尺的单位可以改变，选择“编辑 | 首选项 | 单位与标尺”菜单，将出现如图 1.35 所示的“单位与标尺”选项对话框。在此对话框中可以选择不同的单位。

图 1.34 标尺

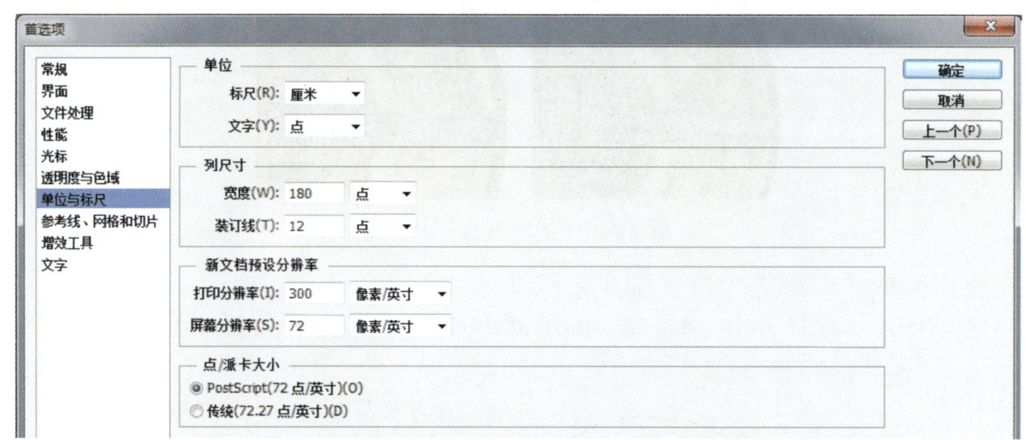

图 1.35 “单位与标尺”选项对话框

（1）新建参考线。

在图像窗口中，将光标放在标尺的位置向外拖动就会拉出参考线。或者选择“视图 | 新建参考线”菜单，打开“新建参考线”对话框，选择“水平”或“垂直”方向并输入位置，然后单击“确定”按钮，也可以新建参考线。

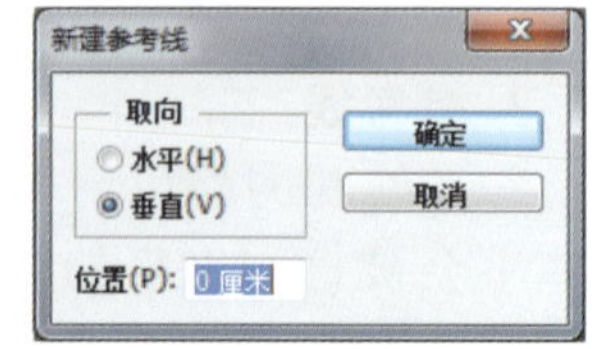

图 1.36 “新建参考线”对话框

参考线的颜色是可以改变的，选择“编辑 | 首选项 | 参考线、网格和切片”菜单，将弹出如图 1.37 所示的“参考线、网格和切片”选项对话框。在这个对话框里面，不但可以设定参考线的颜色，还可以在“样式”后面选择参考线的类型：“直线”和“虚线”。

另外，在此对话框里面还可以设定网格的颜色和样式。“网格线间隔”用来设定网格之间的距离。“子网格”用来设定两个主要网格间所均分的份数。

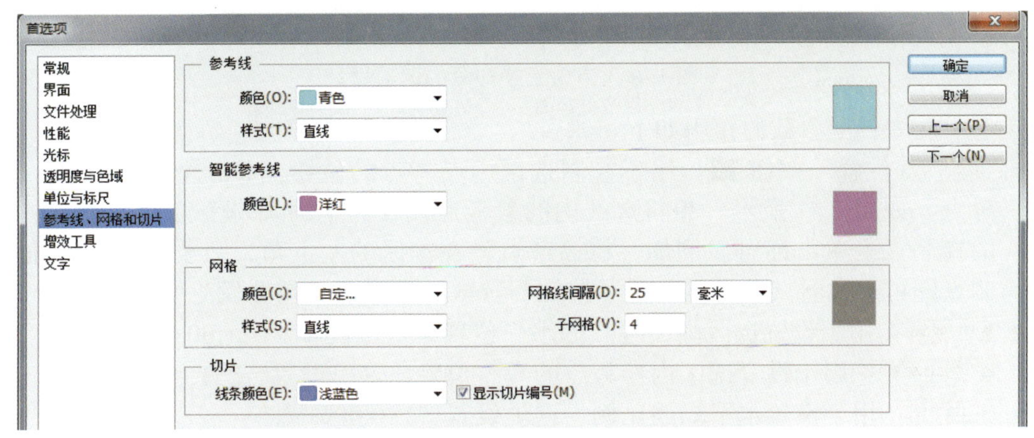

图 1.37 “参考线、网格和切片”选项对话框

从水平标尺拖动以创建水平参考线；按住 Alt 键，然后从垂直标尺拖动以创建水平参考线。

从垂直标尺拖动以创建垂直参考线；按住 Alt 键，然后从水平标尺拖动以创建垂直参考线。

按住 Shift 键并从水平或垂直标尺拖动以创建与标尺刻度对齐的参考线。拖动参考线时，指针变为双箭头。

（2）移动参考线。

要移去一条参考线，可将该参考线拖到图像窗口之外。要移去全部参考线，可选择“视图 | 清除参考线”菜单。

拖动参考线时按住 Shift 键，可使参考线与标尺上的刻度对齐。如果网格可见，并选择了“视图 | 对齐到 | 网格”菜单，则参考线将与网格对齐。

4. 自由变换图像

在实际操作过程中，可以对图像进行变换比例、旋转、斜切、伸展或变形处理。还可以对选区、整个图层、多个图层或图层蒙版应用变换。

打开配套素材文件 01/ 相关知识 / 郁金香 .psd，然后选择图层“花朵”，如图 1.38 所示。按“ Ctrl+T”组合键，选区将处于自由变换状态，在图像四周出现一个带有控制点的定界框，如图 1.39 所示。在此状态下，用户可以任意改变图像的大小、位置和角度等。

图 1.38 生成选区

图 1.39 自由变换状态

自由变换命令的选项栏如图 1.40 所示。

图 1.40　自由变换命令的选项栏

该选项栏中各项参数的作用如下。

- “参考点位置”按钮：用于控制选区内参考点的位置，共 8 个控制点和一个参考点。如图 1.41 所示，想将选区内的参考点设在其中的某一个位置，只需在相应的控制点上单击即可。例如，将参考点设在选区的左上角，只要单击左上角的控制点即可，此时“参考点位置”按钮与选区中参考点的位置发生变化。
- X: 511.00 像素：用于设置选区内参考点的水平位置，这里设置“511.00 像素”。
- △ Y: 211.00 像素：用于设置选区内参考点的垂直位置，这里设置“211.00 像素”。
- W: 120.00%：用于设置水平缩放比例，这里设置“120.00%”。
- H: 110.98%：用于设置垂直缩放比例，这里设置“110.98%”。
- △ -4.00 度：用于设置选区旋转的角度，这里设置“–4.00 度”。
- H: 4.00 度：用于设置选区垂直斜切的角度，这里设置“4.00 度”；设置后，按 Enter 键，效果如图 1.42 所示。

图 1.41　参考点和控制点

图 1.42　调整后的效果

- ：用于设置选区在自由变换与变形模式之间切换。单击该按钮后，选区上将会显示一个 3 行 3 列的网格，如图 1.43 左图所示。拖动网格上的各个控制点，可以随意拉伸或扭曲选区，如图 1.43 右图所示。拖动后的效果如图 1.44 所示。

图 1.43　改变过程

图 1.44　最后效果

- ：用于取消对选区所进行的变换操作。
- ：用于确认对选区所进行的变换操作。

5. 魔棒工具

鼠标右键单击工具箱中的快速选择工具，在弹出的下拉工具列表中选择魔棒工具，选项栏如图 1.45 所示。

图 1.45　魔棒工具的选项栏

该选项栏中的各项参数作用如下。

- 容差：用于设置颜色取样时的范围，取值范围为 0 ～ 255，系统默认值为 32。取值越小，选取的颜色越接近，选取的颜色范围越小；取值越大，选取的颜色范围越大。
- 消除锯齿：用于平滑选区边缘。
- 连续：选中该复选框表示只选择颜色相近的连续区域，如图 1.46 所示；未选中该复选框则可选取颜色相近的所有区域，如图 1.47 所示。素材参见配套素材文件 01/ 相关知识 / 菊花 .jpg。

图 1.46　选中“连续”复选框的效果

图 1.47　未选中“连续”复选框的效果

- 对所有图层取样：当图像中有多个图层时，选中该复选框可以对该图像的所有图层起作用；未选中该复选框只对当前图层起作用。

6. 裁剪工具

单击工具箱中的裁剪工具，可以在如图 1.48 所示的选项栏中分别输入裁剪“宽度”和“高度”的比例进行裁剪。也可以单击“不受约束”，在弹出的下拉菜单选择不同的预设进行裁剪。

图 1.48　裁剪工具的选项栏

在工具箱中选择裁剪工具，在图像中要保留的部分上拖动，以便创建一个选框，如图 1.49 所示。如有必要，可以调整选框。

- 如果要将选框移动到其他位置，可将指针放在外框内并拖动。
- 如果要缩放选框，可拖动手柄。如果要约束比例，在拖动角手柄时按住 Shift 键。
- 如果要旋转选框，将指针放在外框外（指针变为弯曲的箭头）并拖动。如果要移动选框旋转时所围绕的中心点，可拖动位于外框中心的圆。

- 可以通过移动工具移动图像，来使隐藏区域可见。选择“删除”将去掉裁剪区域。
- 选择“三等分”可以添加参考线，可帮助用户以 1/3 增量放置组成元素。选择“网格”可以根据裁剪大小显示具有间距的固定参考线。
- 要完成裁剪，按 Enter 键或单击选项栏中的“提交”按钮，也可在裁剪选框内双击。
- 要取消裁剪操作，按 Esc 键或单击选项栏中的“取消”按钮。

图 1.49　裁剪图像

7. 透视裁切工具

选择透视裁切工具，用鼠标拖动形成裁剪框以后，裁剪框的每个角手柄都可以任意拖动，如图 1.50 所示。通过该工具可以使正常的图像呈现透视效果，如图 1.51 所示；也可以使具有透视效果的图像变成具有平面效果的图像。

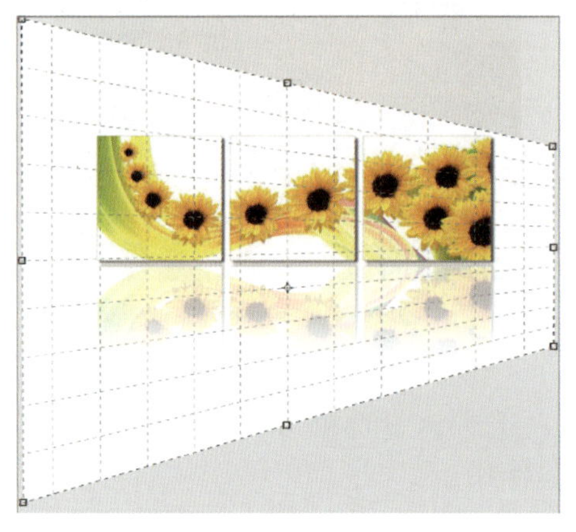

图 1.50　透视裁切工具

图 1.51　透视效果

确认裁剪范围时，可在裁剪框双击鼠标或者按 Enter 键；若要取消裁剪框，按 Esc 键即可。也可以单击裁剪工具选项栏中的 ✔ 按钮确认，或单击 ⊘ 按钮取消当前操作。

1.2.3　任务实现

步骤 1：打开配套素材文件 01/ 任务 / 底版 .jpg，效果如图 1.52 所示。

步骤 2：选择“视图 | 标尺”菜单，再选择“视图 | 显示 | 网格”菜单，效果如图 1.53 所示。

步骤 3：从标尺上拖出 4 根参考线，2 根水平、2 根垂直，4 根参考线环绕的区域正好是小女孩的图像部分，如图 1.54、图 1.55 所示。

图 1.52　照片模板效果

图 1.53　显示标尺和网格的效果

图 1.54　创建水平参考线

图 1.55　创建垂直参考线

步骤 4：打开配套素材文件 01/ 任务 / 照片模板 .jpg，用裁剪工具裁剪照片，具体裁剪大小可以参见图 1.56，裁剪后用矩形选框工具选择整个图像，然后按组合键“Ctrl+C”，复制选区。

步骤 5：切换到“底版 .jpg”文件中，按组合键“Ctrl+V”粘贴，粘贴的效果如图 1.57 所示。为了让最右侧的花形正好在 4 根参考线包围的范围之内，可以用移动工具将图像拖到合适位置。

图 1.56　选择矩形范围

图 1.57　粘贴选区

步骤 6：选择工具箱中的魔棒工具，将选项栏中的“容差”设置为“15”，在花朵的白色区域单击，然后按 Delete 键，删除选区内容，再按“Ctrl+D”组合键取消选区，效果如图 1.58 所示。

步骤 7：重复步骤 6，将选项栏中的“容差”设置为“25”，删除另外两处花朵的白色区域，最终的效果如图 1.21 所示。

步骤 8：将制作好的图像打开，利用透视裁切工具做出透视效果，将制作好的透视效果图放置到配套素材文件 01/ 任务 / 艺术照素材 .jpg，最终的效果如图 1.59 所示。

图 1.58　删除选区效果

图 1.59　透视效果

1.2.4　练习实践

根据前面介绍的有关选区的创建与编辑的方法，利用配套素材文件 01/ 练习实践 / 背景 .jpg 和女孩 .jpg，如图 1.60 所示，设计出如图 1.61 所示的效果。

图 1.60　素材

图 1.61　效果图

任务 1.3　水中花

1.3.1　任务描述

本任务利用椭圆选框工具制作一个椭圆选区，用渐变工具进行填充，并用自由变换命令改变选区，形成花瓣，复制多个花瓣并旋转，形成花朵，最后复制多个大小不一的花朵。读者可以通过本任务掌握渐变工具和自由变换命令的使用方法和技巧。最终效果如图 1.62 所示。

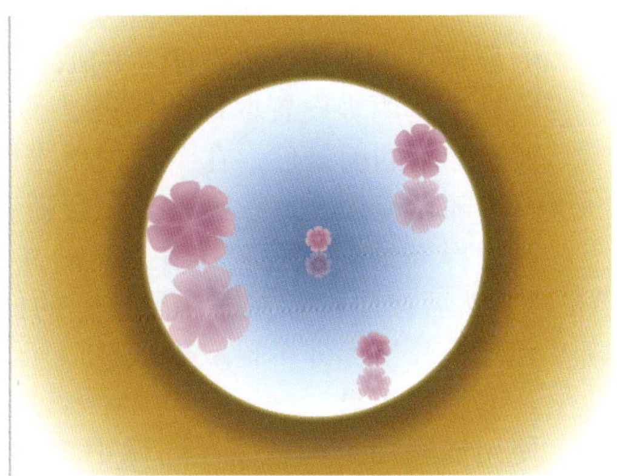

图 1.62　效果图

1.3.2　相关知识

1. 前景色、背景色

Photoshop 使用前景色来绘画、填充和描边选区，使用背景色来生成渐变填充和在图像已抹除的区域中填充。一些特殊效果滤镜也使用了前景色和背景色。

可以使用吸管工具、颜色面板、色板面板等指定新的前景色或背景色。默认前景色是黑色，默认背景色是白色。

要设置前景色、背景色，只需要在工具箱中单击“设置前景色（设置背景色）”按钮，在出现的“拾色器（前景色）”对话框设置需要的颜色即可，如图 1.63 所示。

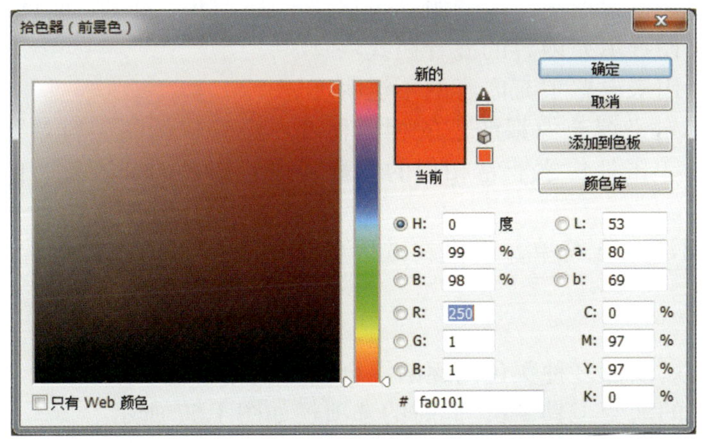

图 1.63　“拾色器（前景色）”对话框

2. 色板

选择“窗口 | 色板”菜单就会打开色板面板，如图 1.64 所示，只要将光标移到色板上，光标就会变成吸管的形状，单击鼠标就可改变工具箱中的前景色，按住 Ctrl 键单击鼠标就可改变工具箱中的背景色。

3. 吸管工具

可以使用吸管工具采集色样以指定新的前景色或背景色。可以从现用图像或屏幕上的任何位置采集色样。

单击工具箱中的吸管工具，将弹出如图 1.65 所示的选项栏。

图 1.64　色板面板

图 1.65　吸管工具的选项栏

- 取样大小：用于更改吸管的取样大小。
- 样本：用来设置取样的图层。

要选择新的前景色，在图像内单击即可。或者将指针放置在图像上，按住鼠标左键并在屏幕上随意拖动，前景色选择框会随着拖动不断变化。松开鼠标即可拾取新颜色。

要选择新的背景色，按住 Alt 键并在图像内单击。或者将指针放置在图像上，按住 Alt 键，然后按住鼠标左键在屏幕上的任意位置拖动，背景色选择框会随着用户的拖动不断变化。松开鼠标即可拾取新颜色。

4. 油漆桶工具

使用油漆桶工具可以在图像中填充前景色或者图案，其选项栏如图 1.66 所示，如果创建了选区，填充的区域为当前选区；如果没有创建选区，填充的就是与鼠标单击处颜色相近的区域。

图 1.66　油漆桶工具的选项栏

- 填充源：用来设置填充区域的源，包括“前景”和“图案”两种。
- 模式：用来设置填充内容的混合模式。
- 不透明度：用来设置填充内容的不透明度。
- 容差：用来定义填充像素颜色的相似程度。设置较低的“容差”值会填充颜色范围内与鼠标单击处像素非常相似的像素；设置较高的“容差”值会填充更大范围的像素。

油漆桶工具用法非常简单，只需在选区单击即可按照选项栏设置的方式进行填充，这里不再举例说明。

5. 渐变工具

利用渐变工具可以在多种颜色间逐渐混合，产生色彩过渡效果。

单击工具箱上的渐变工具 ，此时的选项栏如图 1.67 所示。

图 1.67　渐变工具的选项栏

- 渐变拾色器 ：可以选择一种用于填充的渐变颜色。
- 线性渐变 ：以线性的形式从起点渐变到终点。
- 径向渐变 ：以圆形的形式从中心到周围渐变，产生辐射状渐变效果。
- 角度渐变 ：围绕起点以逆时针环绕的形式渐变，能产生螺旋形渐变效果。
- 对称渐变 ：在起点两侧以对称线性渐变的形式渐变。
- 菱形渐变 ：从起点向外以菱形的形式渐变。
- 反向：选中该复选框，可以反转渐变的颜色，即填充后的渐变颜色与预先设置的渐变颜色相反。
- 仿色：选中该复选框，可用递色法来表现中间色调，可使渐变效果更加自然、柔和、平滑。

- 透明区域：选中该复选框，可对渐变填充应用透明蒙版。

渐变工具的使用方法如下。

新建一个 RGB 文件。在工具箱上单击渐变工具，在渐变拾色器下拉列表中选择渐变颜色为“橙、黄、橙渐变”。选择一种渐变模式，将光标移到图像编辑区，从起点拖动到终点，产生渐变效果。各种渐变模式产生的效果如图 1.68 所示。

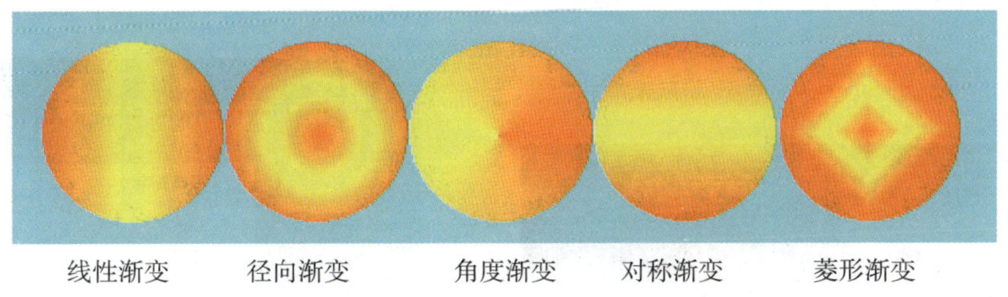

图 1.68　各种渐变效果对比

用户除了可以使用 Photoshop 提供的渐变模式外，还可以自己定义渐变模式。单击渐变工具选项栏中的渐变拾色器，会弹出“渐变编辑器”对话框，如图 1.69 所示。在该对话框中，用户可以根据需要来定义渐变模式，具体定义方法如下。

步骤 1：双击渐变条下方的色标会弹出“拾色器”对话框，在该对话框中可以选择一种颜色（如黄色）。

步骤 2：在渐变条下方单击鼠标可添加一个色标，参照步骤 1，将其设置为“绿色”。

步骤 3：单击“绿色”色标并向右侧拖动，以调整渐变色的位置。

步骤 4：在“名称”框中输入新的渐变模式名称。

步骤 5：单击“新建”按钮，新的渐变模式即被添加到“预设”框中，如图 1.70 所示。

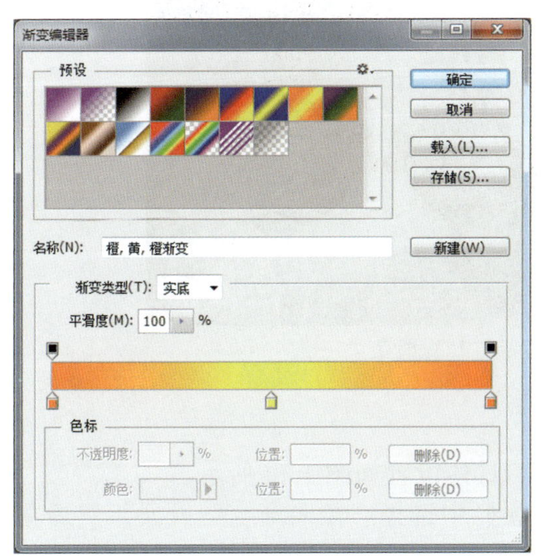

图 1.69　“渐变编辑器”对话框

图 1.70　自定义渐变模式

6. 翻转图像

翻转包含水平翻转和垂直翻转，下面利用水平翻转和垂直翻转功能来处理图像，具体操作步骤如下。

步骤 1：打开配套素材文件 01/ 相关知识 / 蛙 .psd，如图 1.71 所示，可以从图中看出图像和影子不协调。

步骤 2：选择右侧的青蛙，按“Ctrl+T”组合键，然后单击鼠标右键，出现如图 1.72 所示的快捷菜单，选择“水平翻转”菜单项，效果如图 1.73 左图所示。

图 1.71　原图

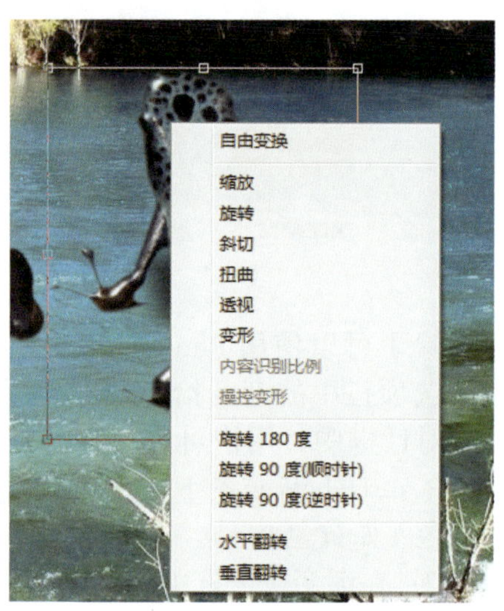

图 1.72　快捷菜单

步骤 3：接着对两个青蛙的影子分别进行垂直翻转，最后效果如图 1.73 右图所示。

图 1.73　水平翻转和垂直翻转效果

1.3.3　任务实现

步骤 1：新建一个背景为白色的 RGB 文件。具体设置如图 1.74 所示。

步骤 2：选择工具箱中的渐变工具，在选项栏中选择“径向渐变”模式，然后单击渐变拾色器 ，在出现的“渐变编辑器”对话框中选择预设的“铬黄渐变”，如图 1.75 所示。

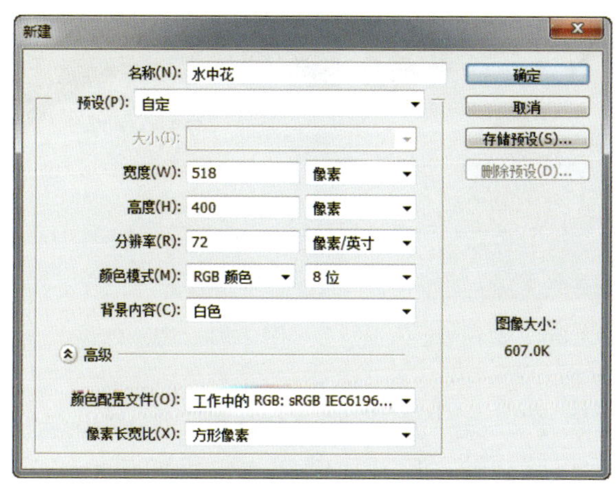

图 1.74 “新建”对话框

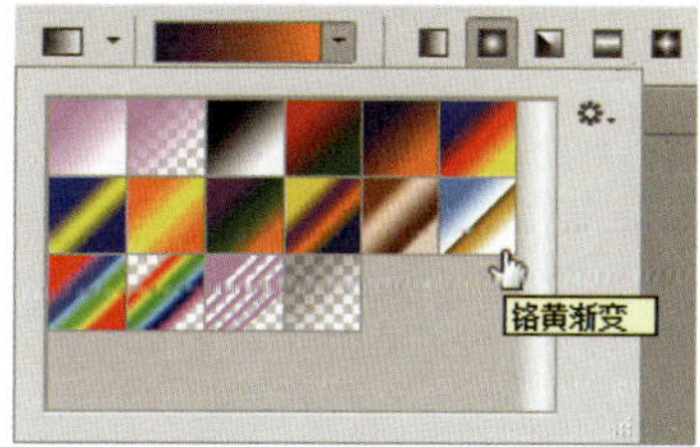

图 1.75 填充选区

步骤 3：从文件的中心点开始，按住鼠标左键拖动到画布的对角处，最终的填充效果如图 1.76 所示。

图 1.76 填充效果

步骤 4：按“Ctrl+Shift+N”组合键，出现“新建图层”对话框，如图 1.77 所示，然后按“确定”按钮，选择椭圆选框工具，制作一个椭圆选区，如图 1.78 所示。

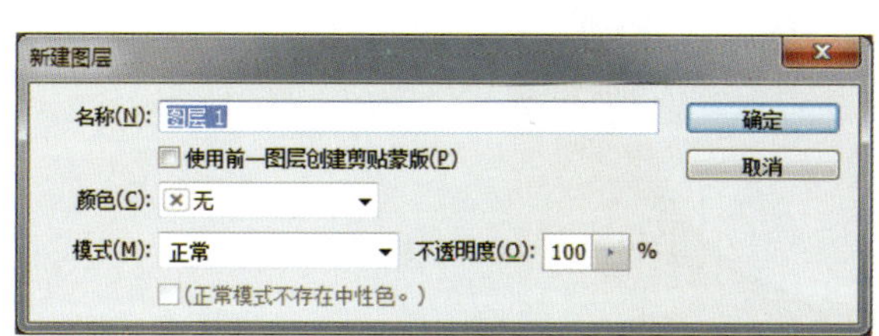

图 1.77 “新建图层”对话框

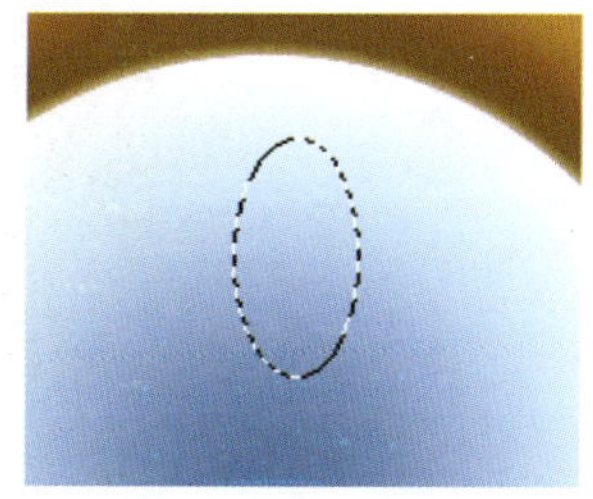

图 1.78 制作椭圆选区

步骤 5：选择渐变工具，在工具选项栏中选择“径向渐变”模式，“渐变编辑器”对话框的色标设置如图 1.79 所示。对选区进行填充，如图 1.80 所示。

步骤 6：按“Ctrl+T”组合键，在工具选项栏按 按钮，对选区进行变形，变形后的效果如图 1.81 所示，按 Enter 键确认。

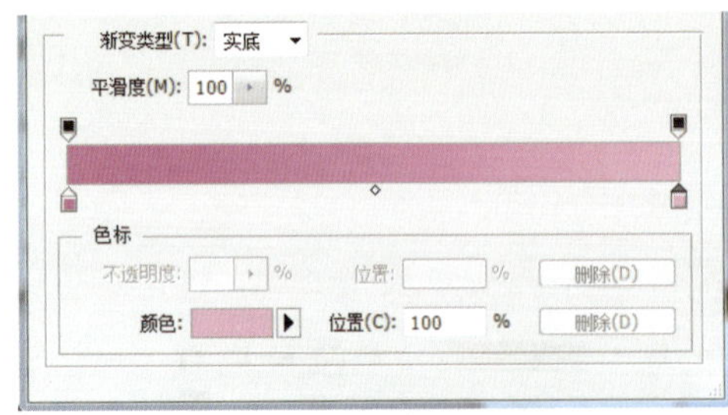

图 1.79 “渐变编辑器”对话框

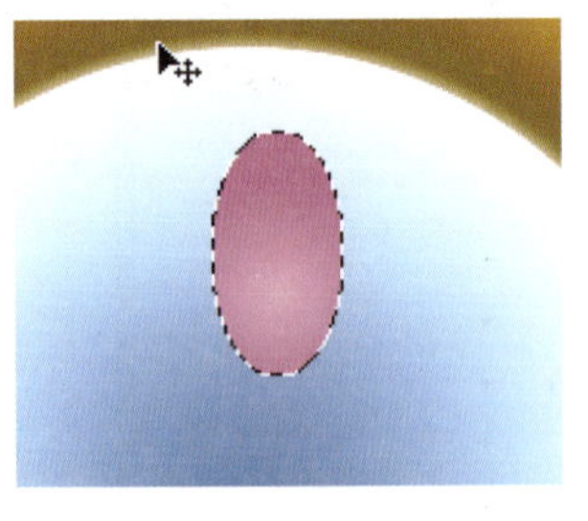

图 1.80 填充选区

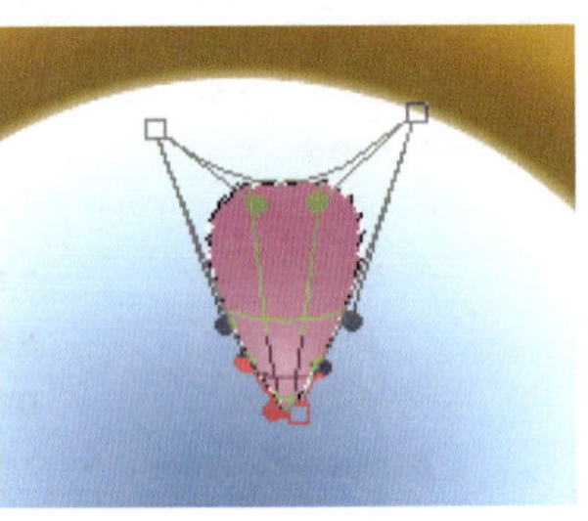
图 1.81 变形效果

步骤 7：按“Ctrl+J”组合键，复制“图层 1”，按“Ctrl+T”组合键，将中心点位置移动到花的底端。如图 1.82 左图所示。然后将其旋转，旋转后的花瓣效果如图 1.82 右图所示。

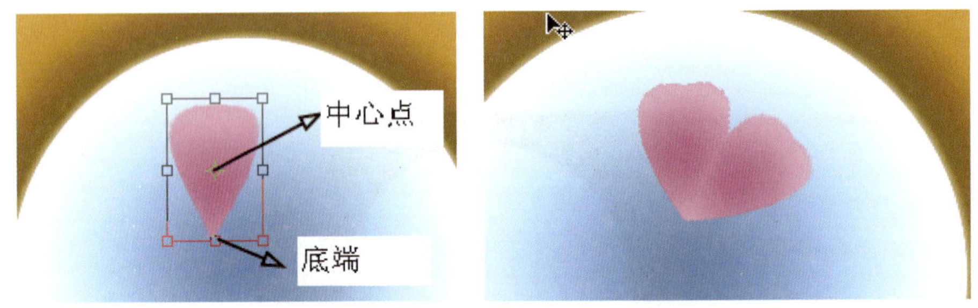

图 1.82 改变中心点的位置以及旋转后的花瓣

步骤 8：多次重复步骤 7，将得到图 1.83 所示的效果，将背景层之外的花瓣图层都选中（单击背景层上面的图层，按住 Shift 键再单击图层面板最上面的图层），然后按“Ctrl+E”组合键合并图层。

图 1.83 花的效果

步骤 9：选中花所在的图层，按“Ctrl+T”组合键，将花朵变小，按“Ctrl+J”组合键，复制图层，再次按“Ctrl+T”组合键，然后单击鼠标右键并在出现的快捷菜单中选择“垂直翻转”菜单项，如图 1.84 所示。

步骤 10：按键盘的数字键“5”，将复制的图层变成半透明，调整到原花朵下方，并将 2 朵花所在的图层合并，效果如图 1.85 所示。

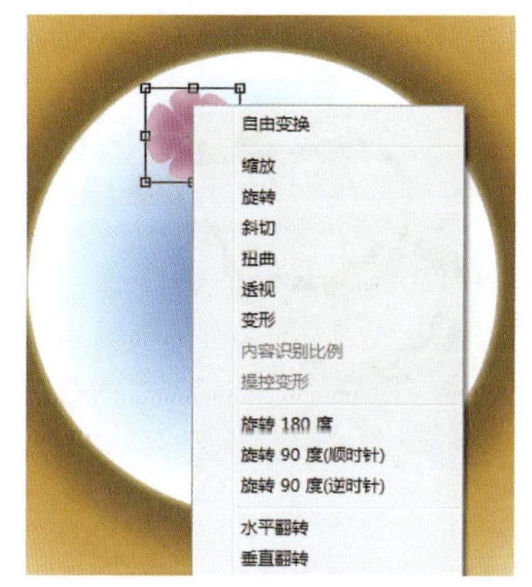

图 1.84　快捷菜单

图 1.85　花的效果

步骤 11：按“Ctrl+J”组合键，复制图层，改变大小后可以按照图 1.86 所示的位置放置。

步骤 12：重复步骤 11，再复制，并调整位置，最终的效果如图 1.62 所示。

1.3.4　练习实践

应用前面介绍的椭圆选框工具以及本节介绍的渐变工具和自由变换工具制作一个变形球体，复制并垂直翻转后，改变透明度，再制作两组颜色不一的球体，效果如图 1.87 所示。

图 1.86　放置花朵后的效果

图 1.87　变形球体效果

任务 1.4　鲜花字

1.4.1　任务描述

本任务运用魔棒工具和磁性套索工具选择部分图像区域，并按照一定方式排列，利用自由变换命令对置入的图像进行变形，输入文字并生成选区，运用图层样式功能为图像设置阴影、投影、外发光等效果，最终效果如图 1.88 所示。

图 1.88　最终效果

1.4.2　相关知识

1. 套索工具组

套索工具组主要用来创建不规则形状的选区。在工具箱上用鼠标右键单击套索工具，会弹出下拉工具列表，可在其中选择不同的套索工具，如图 1.89 所示。

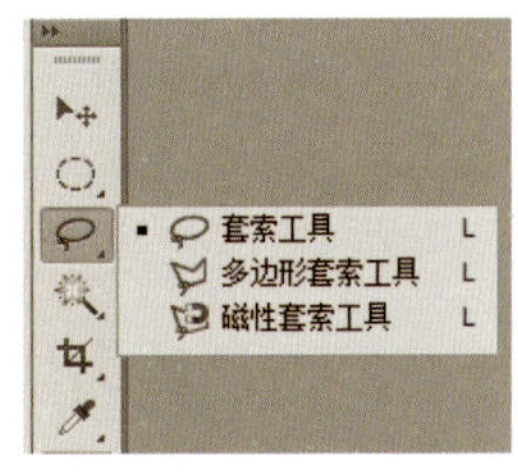

图 1.89　套索工具组

（1）套索工具。

使用套索工具可以通过手控的方式选取不规则形状的曲线区域。单击工具箱中的套索工具，选项栏如图 1.90 所示，其中各项参数的含义与矩形选框工具的选项栏中的参数含义基本相同。

图 1.90　套索工具的选项栏

使用套索工具创建不规则选区的具体操作方法如下。

步骤 1：打开配套素材文件 01/ 相关知识 / 条形图 .jpg，单击工具箱中的套索工具，在其选项栏中对相应的参数进行设置。

步骤 2：将光标移动到图像编辑区中，此时光标变为形状，从要创建选区的起点开始，按住鼠标左键并拖动，如图 1.91 所示。

步骤 3：当起点与终点重合时释放鼠标左键，即可得到选区，如图 1.92 所示。

图 1.91　绘制选区的过程

图 1.92　套索工具创建的选区

（2）多边形套索工具。

使用多边形套索工具可以通过手控的方式选取图像中具有直边的部分，一般多用于选取多边形选区，如三角形、梯形和星形等。右键单击工具箱中的套索工具，在弹出的下拉工具列表中选择多边形套索工具，选项栏如图 1.93 所示。其中各参数的含义与矩形选框工具的选项栏中的参数含义基本相同。

图 1.93 多边形套索工具的选项栏

使用多边形套索工具创建选区的具体操作方法如下。

步骤 1：打开配套素材文件 01/ 相关知识 / 五角星 .jpg，右键单击工具箱中的套索工具，在弹出的菜单中选择多边形套索工具，在其选项栏中对相应的参数进行设置。

步骤 2：将光标移动到图像编辑区中，此时光标变为形状，单击鼠标以确定起点。

步骤 3：移动鼠标，在转折处单击以确定选区的另一个端点，如图 1.94 所示。

步骤 4：当欲选择的范围全部选中且起点与终点重合时，光标变为形状，此时单击鼠标即可得到一个封闭的选区，如图 1.95 所示。

图 1.94 绘制选区

图 1.95 多边形套索工具创建的选区

（3）磁性套索工具。

磁性套索工具是 3 种套索工具中功能最强大的，该工具可以自动与区域的边缘对齐，具有方便、准确、灵活的特点。

右键单击工具箱中的套索工具，在弹出的下拉工具列表中选择磁性套索工具，此时选项栏如图 1.96 所示。磁性套索工具的选项栏中的各项参数作用如下。

图 1.96 磁性套索工具的选项栏

- 羽化和消除锯齿：这两个参数与矩形选框工具中的羽化和消除锯齿参数作用一样。
- 宽度：用于设置磁性套索的宽度，取值范围为 1 ～ 40 像素，值越小，检测越精确。
- 对比度：用于设置创建选区时边缘的对比度，取值范围为 1% ～ 100%，较高的百分比可以检测对比鲜明的边缘；较低的百分比则检测低对比度边缘。

- 频率：用于设置选取时的定位节点的数量，取值范围为 1 ～ 100。值越大，节点越多，如图 1.97 所示。

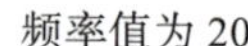

频率值为 20

频率值为 100

图 1.97　不同频率值的节点效果

- 钢笔压力 ：用于设置绘图板的笔刷压力。该选项只有安装了绘图板及其驱动程序后才有效。

使用磁性套索工具创建选区的具体操作方法如下。

步骤 1：打开配套素材文件 01/ 相关知识 / 向日葵 .jpg，右键单击工具箱中的套索工具 ，在弹出的下拉工具列表中选择磁性套索工具 ，在其选项栏中对相应的参数进行设置。

步骤 2：将光标移动到图像编辑区中，此时光标变为 形状，单击鼠标以确定起点。

步骤 3：沿着要选取的区域边缘移动光标，将产生一条套索线并自动附着在图像周围，每隔一段距离将产生一个节点，节点数量与“频率”取值有关。

步骤 4：当起点与终点重合时，光标变为 形状，此时单击鼠标即可得到一个封闭的选区，如图 1.98 所示。

2. 快速选择工具组

快速选择工具组中的工具可用于选择图像内色彩相同或相近的区域，而不必跟踪其轮廓。在工具箱上右键单击快速选择工具 ，出现下拉列表，如图 1.99 所示。

快速选择工具的使用方法是基于画笔模式的。也就是说，可以拖动快速选择工具来“画”出所需要的选区。如果要选取离边缘比较远的较大区域，就要使用大一些的画笔；如果要选取边缘则换成小尺寸的画笔，这样才能尽量避免选取背景像素。

打开配套素材文件 01/ 相关知识 / 向日葵 .jpg，单击工具箱中的快速选择工具，设置画笔大小为“30”，在花朵内部拖动光标，即可创建如图 1.100 所示的选区。继续在花朵内部拖动光标，直到选区创建完成，如图 1.101 所示。

图 1.98　磁性套索工具创建的选区

图 1.99　快速选择工具组

图 1.100　绘制选区

图 1.101　快速选择工具创建的选区

3. 文字工具组

在工具箱中单击文字工具组 T，会弹出下拉工具列表，其中包括横排文字工具 T、直排文字工具 IT、横排文字蒙版工具 T和直排文字蒙版工具 IT。

（1）横排文字工具。

使用横排文字工具 T可以在图像上创建水平排列的文字，操作方法如下。

步骤 1：在工具箱中选择横排文字工具 T，此时选项栏如图 1.102 所示，可对输入的横排文字进行格式设置。

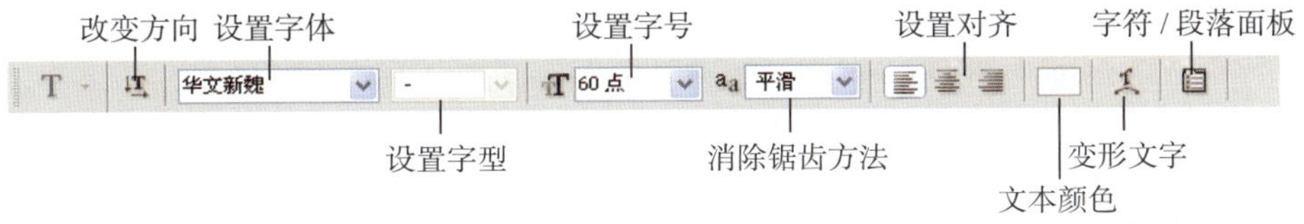

图 1.102　横排文字工具的选项栏

步骤 2：在图像中要放置文字处单击，即可在该位置插入一个文本光标，在光标后面输入要添加的文字，如图 1.103 所示。

（2）直排文字工具。

为图像添加垂直排列文本的操作方法与添加水平排列文本的操作方法相同。

在工具箱中选择直排文字工具 IT，然后在页面中单击并在光标后面输入文字，则可以得到垂直排列的文字，效果如图 1.104 所示。

图 1.103　输入文字

图 1.104　直排文字效果

（3）文字选区工具。

使用横排文字蒙版工具和直排文字蒙版工具能够创建水平或垂直文字选区。文字选区是一类特别的选区，它具有文字的外形，下面通过一个具体的实例来说明文字选区工具的用法。

步骤 1：在工具箱中选择横排文字蒙版工具，在图像中插入一个文本光标，在输入状态下，图像背景呈现淡红色。

步骤 2：在淡红色背景下输入文字，此时文字为实心文字，如图 1.105 所示。

步骤 3：在选项栏中单击“提交所有当前编辑”按钮退出文字编辑状态，可看到图 1.106 所示的文字选择区域。

图 1.105　输入文字

图 1.106　退出文字编辑状态

步骤 4：打开配套素材文件 01 | 相关知识 | 黄花 jpg.，如图 1.107 所示。

步骤 5：按“Ctrl+A”组合键，执行全选操作，按“Ctrl+C”组合键，执行复制操作。

步骤 6：切换到文字选择区域所在文件，选择“编辑 | 选择性粘贴 | 贴入”菜单，得到如图 1.108 所示的图像文字效果。

图 1.107　素材图像

图 1.108　图像文字效果

4. 格式化文本

格式化文本包括对文本字符和对文本段落的格式设置，除了横排文字工具选项栏之外，还可以通过字符 / 段落面板对文字进行设置。

（1）字符面板。

使用字符面板可以对文字的字符属性进行设置，包括设置文字的字体、大小、颜色、间距和行距等。在选项栏中单击“切换字符和段落面板”按钮，可弹出字符面板，如图 1.109 所示。在面板中设置需要改变的选项，然后单击选项栏中的“提交所有当前编辑”按钮确认即可。

下面介绍字符面板中主要的参数，如行距、垂直缩放、水平缩放和字距调整等对文字的影响。

- 设置行间距：在此数据框中输入数值或在下拉列表框中选择一个数值，可以调整两

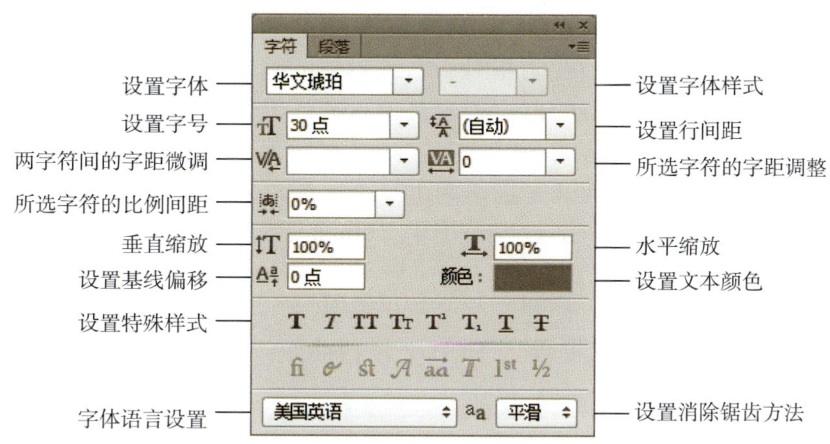

图 1.109　字符面板

行文字之间的距离，数值越大，行间距越大。

- 垂直缩放 / 水平缩放：这两个参数用于改变被选中文字的水平及垂直缩放比例，得到较高或较宽的文字效果。
- 设定所选字符的比例间距：此参数用于设置所有选中文字的间距，数值越大，间距越大。
- 设置特殊样式：单击其中的按钮可以将选中的文字改变为相应的样式，如粗体、斜体、全部大写、小型大写、上标、下标或为文字添加下划线和删除线等。

（2）段落面板。

如果输入的文本较多，形成段落，就需要对段落进行调整。对段落的设置是应用于整个段落而不只是单个字符，例如段前空格、段后空格、对齐方式等，下面讲解如何通过段落面板来设置段落的属性。

单击字符面板右侧的“段落”标签，显示如图 1.110 所示的段落面板。在面板中设置需要改变的选项，然后单击选项栏中的“提交所有当前编辑”按钮 ✓ 确认即可。

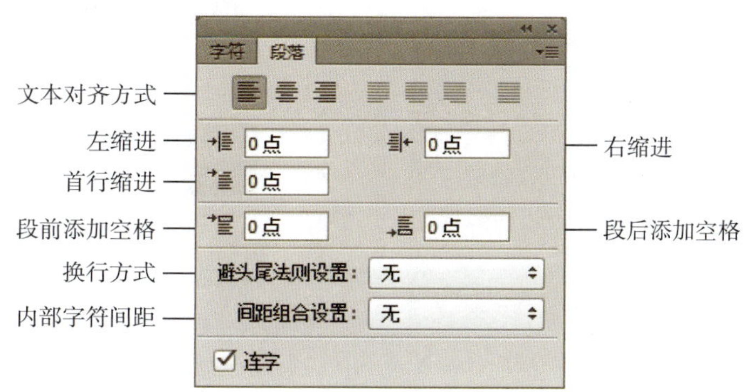

图 1.110　段落面板

段落面板各参数的作用如下。

- 对齐方式：单击其中的选项可为所选文本设置对齐方式。

- 左缩进：设置文字段落的左侧相对于左编辑框的缩进值。
- 右缩进：设置文字段落的右侧相对于右编辑框的缩进值。
- 首行缩进：设置选中段落的首行相对其他行的缩进值。
- 段前添加空格：设置当前文字段落与上一文字段落之间的垂直间距。
- 段后添加空格：设置当前文字段落与下一文字段落之间的垂直间距。
- 连字：设置手动或自动断字，仅适用于 Roman 字符。

5. 文字变形效果

使用文字工具选项栏中的“创建文字变形”按钮 ，可以使文字扭曲变形，呈现更加丰富的视觉效果，Photoshop 提供了 15 种文字扭曲效果，图 1.111 所示为“变形文字”对话框。

6. 置入文件

置入文件功能可以将照片、图片或任何 Photoshop 支持的文件作为智能对象添加到文档中。可以对智能对象进行缩放、定位、斜切、旋转或变形操作，而不会降低图像的质量。

智能对象是包含栅格或矢量图像（如 Photoshop 或 Illustrator 文件）中的图像数据的图层。智能对象将保留图像的源内容及其所有原始特性，从而让用户能够对图层执行非破坏性编辑。

选择“文件 | 置入”菜单，将出现如图 1.112 所示的对话框，然后可以选择要置入的文件，单击“置入”按钮。

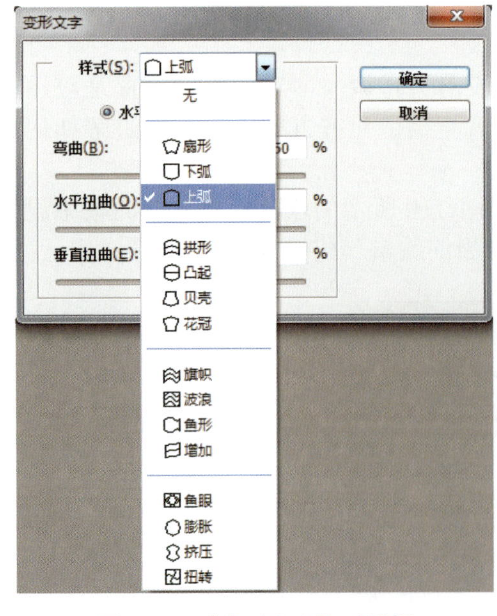

图 1.111 “变形文字”对话框

图 1.112 “置入”对话框

此时用户会发现置入的图像不能应用，图像上面有方框和叉线，如图 1.113 所示。此时，回车或双击图层可以激活置入图像。

想对置入的图像进行编辑，需要在置入的图像所在的图层上单击鼠标右键，选择

“栅格化图层”选项，快捷菜单如图 1.114 所示。

图 1.113　置入图像

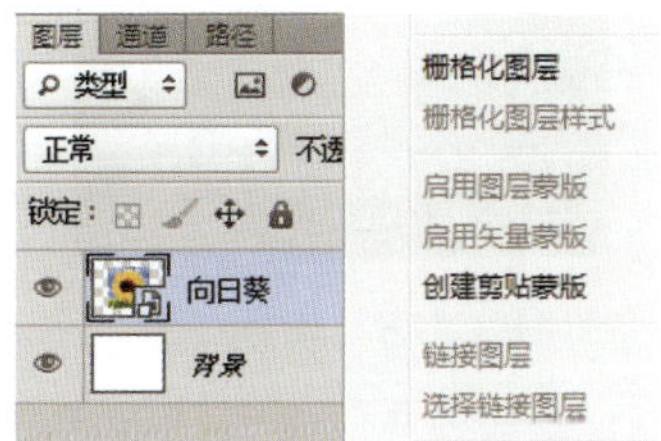

图 1.114　栅格化图层

7. 编辑选区

创建选区后，往往要根据实际情况来对选区进行修改，如移动选区的位置、调整选区大小和形状、旋转选区、反选、保存选区等操作。下面将介绍一些常见的选区编辑操作。

（1）移动选区。

移动选区是对选区进行的最基本的操作。要移动选区，可先选择工具箱中的任意选择工具创建选区，然后将指针移动到选区内，按住鼠标左键，将其拖动到适当的位置后释放鼠标左键即可，移动前后的效果如图 1.115 所示。

图 1.115　选区移动前后的效果

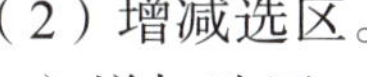
（2）增减选区。

1）增加选区。

步骤 1：利用选项栏中的“添加到新选区”按钮，可以增加选区，打开配套素材文件 01/ 相关知识 / 圆柱体 .jpg，如图 1.116 所示，使用工具箱中的矩形选框工具选取一个矩形范围，如图 1.117 所示。

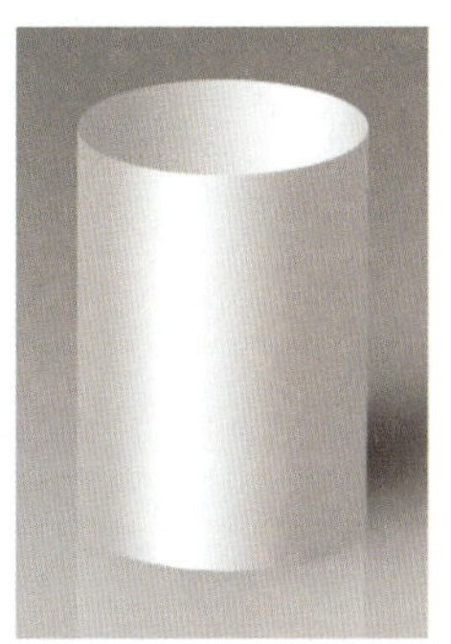
图 1.116　圆柱体

图 1.117　矩形选区

步骤 2：选择工具箱中的椭圆选框工具，按住 Shift 键，从如图 1.118 所示的光标位置开始按住鼠标左键拖动，即可增加选区，效果如图 1.119 所示。

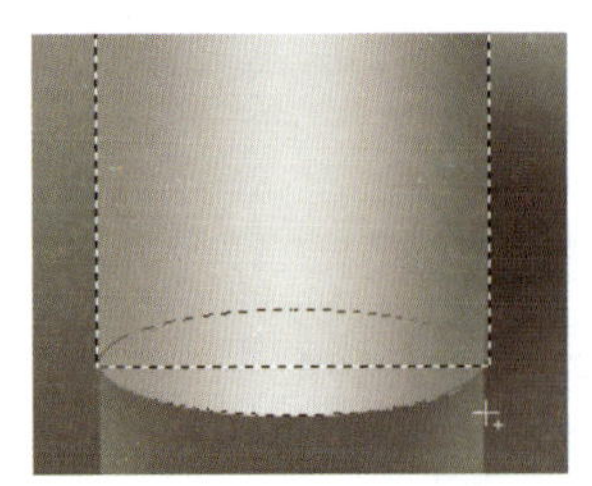
图 1.118　光标位置

图 1.119　增加选区后的效果

2）减去选区。

选择工具箱中的椭圆选框工具，按住 Alt 键，在如图 1.120 所示的光标位置开始按住鼠标左键拖动，即可减去选区，效果如图 1.121 所示。这样就将圆柱体的柱面选中了。

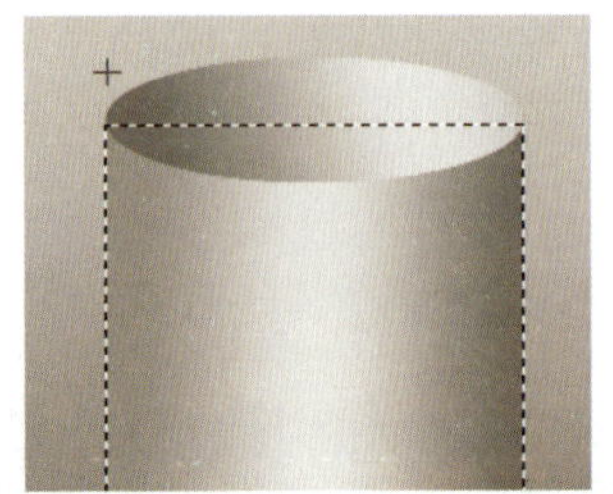
图 1.120　光标位置

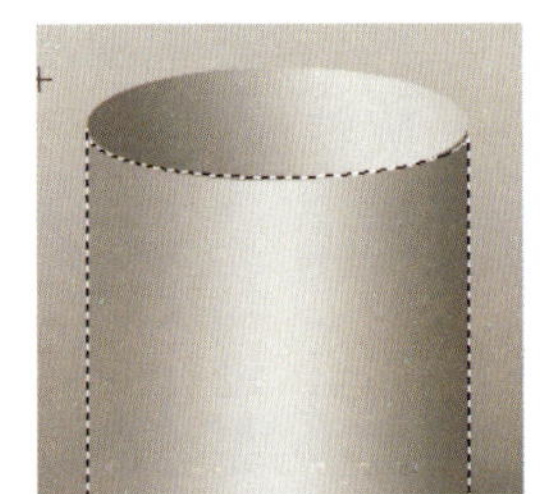
图 1.121　减去选区后的效果

（3）修改选区。

修改选区操作主要包括扩大选区、缩小选区、扩边、变换选区、反选、存储和载入选区等。

1）扩大选区。

扩大选区就是指扩大选区的范围，下面介绍 3 种扩大选区的方法。

方法一：

步骤 1：打开配套素材文件 01/ 相关知识 / 玫瑰花 .jpg，用容差为"15"的魔棒工具单击图像白色区域，然后按"Ctrl+Shift+I"组合键反选，创建选区，如图 1.122 所示。

步骤 2：选择"选择 | 修改 | 扩展"菜单，弹出"扩展选区"对话框，在"扩展量"文本框中输入需要的像素值，如图 1.123 所示。

图 1.122　创建选区

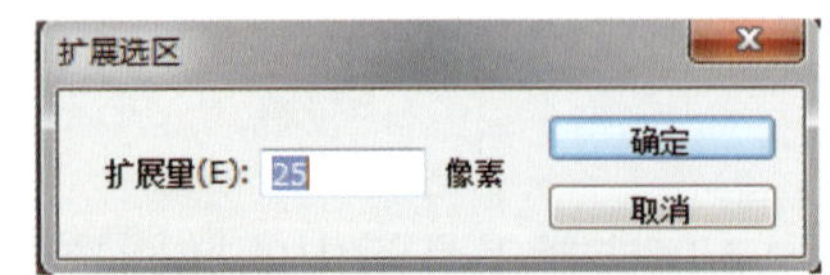

1.123　"扩展选区"对话框

步骤 3：单击“确定”按钮，即可扩大选区，效果如图 1.124 左图所示。将前景色设置为粉色，新建一个图层，然后按“Alt+Delete”组合键填充选区，并按键盘的数字键“5”，将图层变为半透明，可以看到扩展的粉色半透明玫瑰区域，如图 1.124 右图所示。

图 1.124　扩展选区以及填充半透明粉色后的效果

方法二：打开配套素材文件 01/ 相关知识 / 美人蕉 .jpg，在选区已经创建的情况下，选择“选择 | 扩大选取”菜单，可以扩大原有的选取范围，所扩大的范围是原选区相邻和颜色相近的区域，颜色的近似程度由魔棒工具选项栏中的“容差”参数值来决定。执行扩大选取操作前后的选区如图 1.125 所示。

图 1.125　执行扩大选取操作前后的选区

方法三：还是利用方法二所用的素材，在选区已创建的情况下，选择“选择 | 选取相似”菜单，可以扩大原有的选取范围，所扩大的范围是图像中所有近似颜色的区域。执行选取相似操作前后的选区如图 1.126 所示。

图 1.126　执行选取相似操作前后的选区

2）缩小选区。

缩小选区功能可以使选区范围减少，与扩大选区的功能恰好相反。打开配套素材文

件 01/ 相关知识 / 香蕉 .jpg，选择“选择 | 修改 | 收缩”菜单，弹出“收缩选区”对话框，如图 1.127 所示。在该对话框中设置“收缩量”参数值（这里设置为 20），单击“确定”按钮，即可完成缩小选区的操作。收缩选区前后的选区如图 1.128 所示。

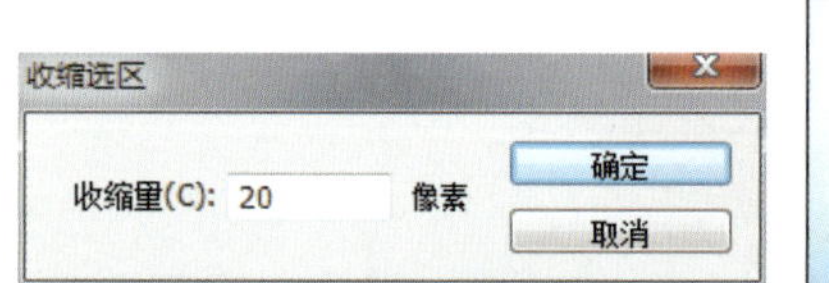

图 1.127 “收缩选区”对话框

图 1.128 收缩选区前后

3）扩边。

选择“选择 | 修改 | 边界”菜单，弹出“边界选区”对话框，如图 1.129 所示。在“宽度”文本框中输入一个像素值，范围为 1 ～ 200（这里输入 50），然后单击“确定”按钮，即可扩边，如图 1.130 所示。

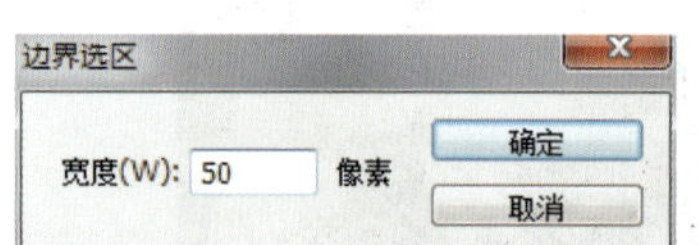

图 1.129 “边界选区”对话框

图 1.130 扩边后的效果

（4）反选。

反选是指选取当前选区之外的部分。方法是选择“选择 | 反向”菜单，或按组合键“Ctrl+Shift+I”，效果如图 1.131 所示。通常情况下，可以先选取图像中易选取的部分，然后通过“反向”操作得到其余需要而不易选取的部分。

图 1.131 原选区与反选效果

（5）存储和载入选区。

选区创建完成后，可以利用 Photoshop 提供的存储选区功能将其保存；也可以将已经保存的选区应用到图像中，即载入选区。

1）存储选区。

选区创建完成后，选择“选择 | 存储选区”菜单，弹出“存储选区”对话框，如图 1.132 所示。其中各项参数的作用如下。

- 文档：用于选择存储选区的目标图像文件，默认为当前图像文件；也可选择“新建”选项，创建一个新文档来保存选区。
- 通道：用于设置保存选区的通道。
- 名称：在“通道”下拉列表框中选择“新建”选项后，该项设置才有效，其作用在于设置新通道的名称。
- 操作：用于设置保存的选区和原选区之间的组合关系。默认为“新通道”，其他选项只有在“通道”下拉列表框中选择了已经保存的 Alpha 通道时才有效。
- 在“存储选区”对话框中设置好各项内容后，单击“确定”按钮即可保存该选区。

2）载入选区。

若要将已保存好的选区应用到图像中，可以选择“选择 | 载入选区”菜单，弹出“载入选区”对话框，如图 1.133 所示。其中各项参数的作用如下。

- 文档：用于选择要载入选区的图像文件。
- 通道：用于选择载入哪一个通道中的选区。
- 反相：用于将选区反选。
- 新建选区：用于将新载入的选区代替原选区。
- 添加到选区：用于将新载入的选区与原选区相加。
- 从选区中减去：用于将新载入的选区与原选区相减。
- 与选区交叉：用于将新载入的选区与原有的选区交叉。

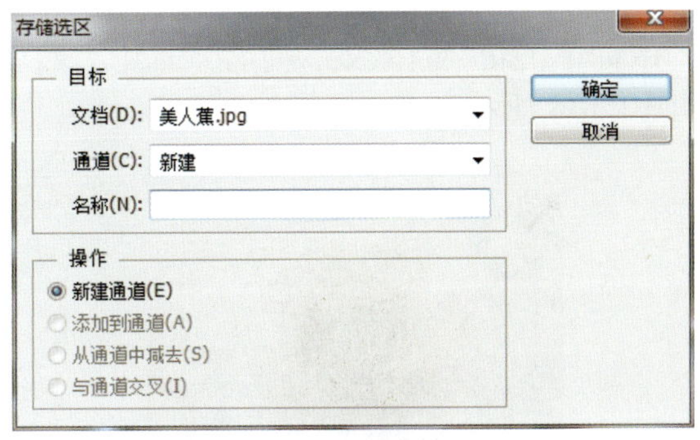

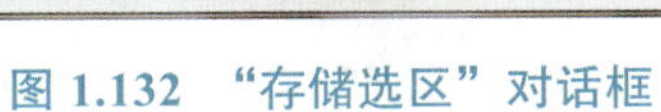
图 1.132 “存储选区”对话框

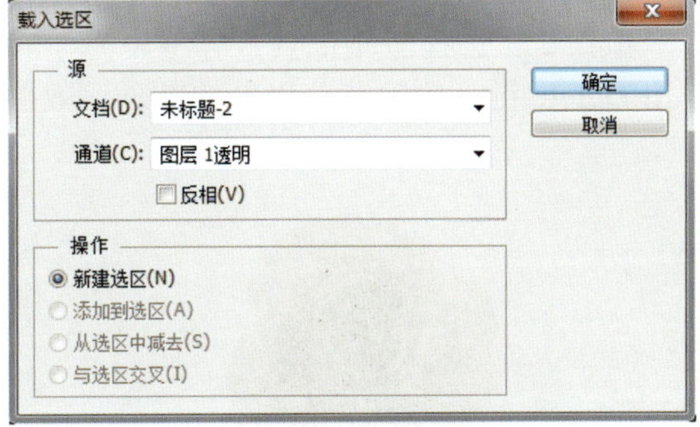

图 1.133 “载入选区”对话框

在“载入选区”对话框中设置好各项内容后，单击“确定”按钮即可载入该选区。

1.4.3 任务实现

步骤 1：在 Photoshop 中打开配套素材文件 01/ 任务 / 背景 .jpg，如图 1.134 所示。

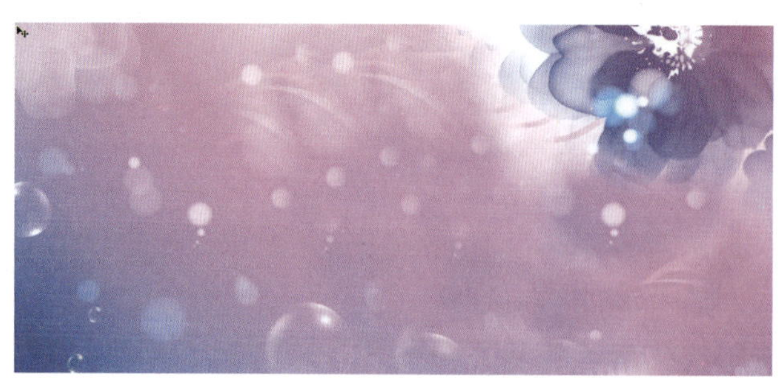

图 1.134　背景图像

步骤 2：选择“文件 | 置入”菜单，置入配套素材文件 01/ 任务 / 向日葵 .jpg，然后按 Enter 键，如图 1.135 所示。

步骤 3：鼠标右键单击“向日葵”图层，在出现的快捷菜单中选择“栅格化图层”选项，如图 1.136 所示。

图 1.135　置入文件

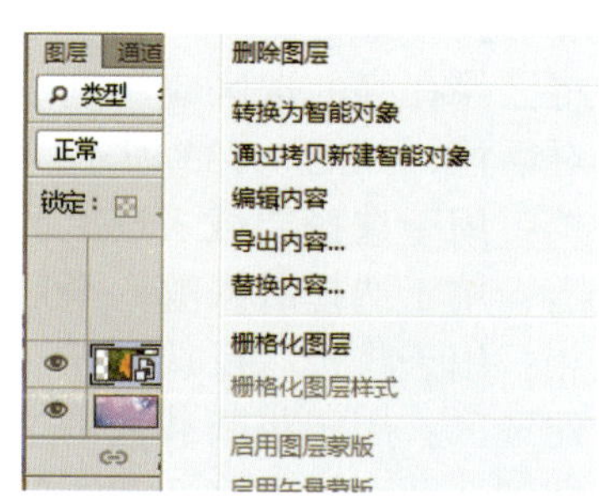

图 1.136　“栅格化图层”选项

步骤 4：选择“文件 | 置入”菜单，置入配套素材文件 01/ 任务 / 红花 .jpg 图像文件，然后按 Enter 键并“栅格化图层”，效果如图 1.137 所示。

步骤 5：选择魔棒工具，容差设为“50”，鼠标单击花朵背景处，将背景选中，然后单击 Delete 键，删除花朵以外的部分，效果如图 1.138 所示。

图 1.137　置入文件

图 1.138　去掉留白处的效果

步骤 6：置入配套素材文件 01/ 任务 / 白花 .jpg，重复步骤 4、步骤 5，注意此时的魔棒工具容差设置为“15”。最终的效果如图 1.139 所示。

步骤 7：置入配套素材文件 01/ 任务 / 黄花 .jpg，栅格化图层，选择磁性套索工具，选择黄花所在的区域，然后按“Ctrl+Shift+I”组合键反选。按 Delete 键，将花以外的图像部分删除。再按“Ctrl+D”组合键取消选区，效果如图 1.140 所示。

图 1.139　白花效果

图 1.140　黄花效果

步骤 8：从工具箱中选择横排文字工具，打开字符面板，并按照如图 1.141 所示进行设置（字体见素材文件夹 01/ 任务 /ilsscript.ttf），输入“HearT”，注意“H”和“T”要大写，输入后的效果如图 1.142 所示。

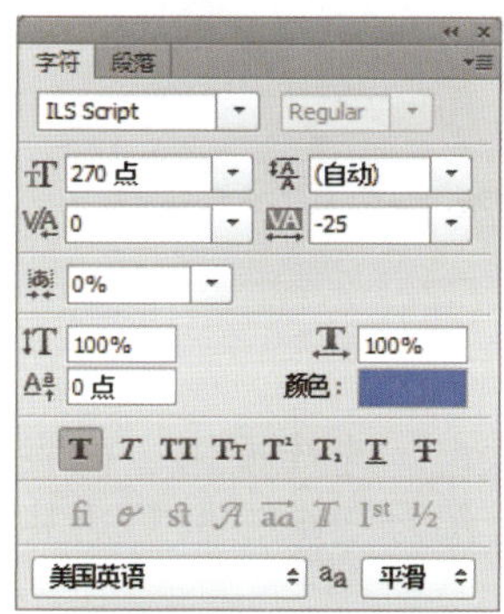

图 1.141　字符面板

图 1.142　文字输入后的效果

步骤 9：按 F7 键，显示图层面板，单击文字所在图层前面的 图标，将文字图层隐藏。按住 Alt 键，拖动各个花朵所在的图层，复制花朵，改变复制的花的大小，让花充满文字区域，按照如图 1.143 所示的位置排放。

图 1.143　花朵排放的位置

步骤 10：取消隐藏文字所在的图层，在文字的上面再装饰一些小花，放置位置和大小可以参考图 1.144。然后单击文字图层下面的图层，按住 Shift 键，再单击背景层上面的图层，然后按“Ctrl+E”组合键将选中的图层合并。

图 1.144　在文字上放置花朵

步骤 11：按 Ctrl 键单击文字图层，生成选区，栅格化文字，然后按 Delete 键删除文字填充部分，再选中文字下面的图层，按“Ctrl+Shift+I”组合键反选，按 Delete 键，删除后的效果如图 1.145 所示。

图 1.145　鲜花字

步骤 12：单击图层面板下面的 fx 按钮添加图层样式，选择投影、内发光、外发光样式，外发光颜色设置为“#0353cc”，内发光颜色设置为“#02e3f7”，其他设置如图 1.146 所示，最终的效果如图 1.88 所示。

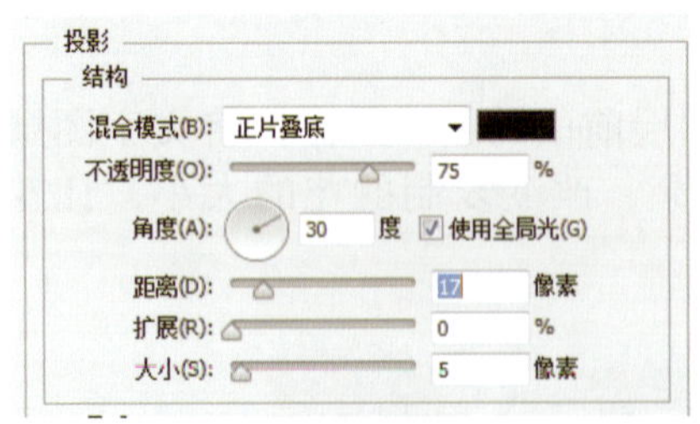

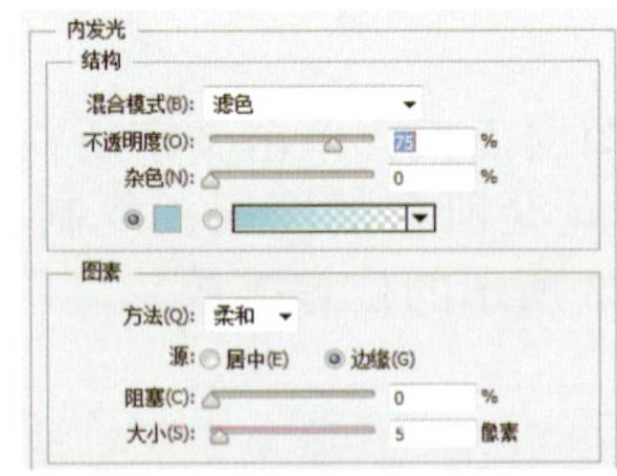

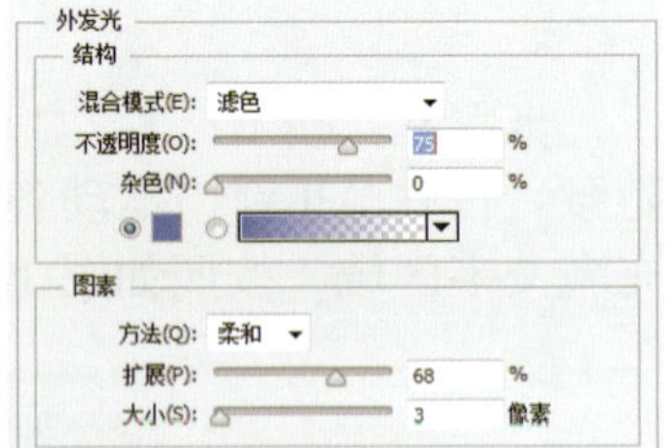

图 1.146　设置图层样式

1.4.4　练习实践

利用本节学到的知识和技能，运用素材文件，制作出如图 1.147 所示的效果。

提示：文字字体是“钟齐流江毛笔草体”，背景可参见配套素材文件 01/ 任务 / 练习实践 / 背景 .jpg。

图 1.147　美好时光效果

任务 1.5　修复数码照片

1.5.1　任务描述

本任务主要是运用仿制图章工具、图案图章工具，搭配多边形套索工具、磁性套索工具及修补工具对撕裂的并有瑕疵的照片进行修复，从图 1.148 左图中可以看出，撕裂的痕迹明显，上面有 2 处明显的污痕，右上角有一个三角区域未覆盖到，小女孩上衣中间白条处有污渍、裙带松了。经过修复和处理，效果如图 1.148 右图所示。

图 1.148　调整前后效果

1.5.2　相关知识

1. 修复画笔工具

修复画笔工具用于去除图像中的瑕疵，可以在不改变原图像形状、纹理、光照及透明度等属性的基础上对图像进行修复。

在工具箱上单击修复画笔工具，此时的修复画笔工具选项栏如图 1.149 所示。

图 1.149 修复画笔工具的选项栏

- 源：用于选择用来修复像素的源，包括“取样”和“图案”两个选项。“取样”表示使用当前图像的像素；“图案”表示使用某图案的像素。选中该选项后，可以单击右侧的下三角按钮，在弹出的下拉列表中选择某一种图案进行填充。
- 对齐：选中该复选框后，可以对像素连续取样，而不会丢失当前的取样点；未选中该复选框，则每次停止或重新开始绘图时将使用初始取样点的样本像素。

使用修复画笔工具修复图像的具体方法如下。

打开配套素材文件 01/ 相关知识 / 雀斑女 .jpg，单击工具箱上的修复画笔工具，在选项栏中设置画笔类型为，选中“取样”单选按钮，将光标移到图像编辑区中的取样点上（无雀斑皮肤处），按住 Alt 键，当光标变成形状时，单击鼠标进行取样。修复前效果如图 1.150 左图所示；松开 Alt 键，将光标移至雀斑处，单击或拖动鼠标，进行修复。修复后的效果如图 1.150 右图所示。

图 1.150 修复前后效果

2. 污点修复画笔工具

使用污点修复画笔工具可以快速移去照片中的污点和不需要的部分。可以在不改变原图像形状、纹理、光照及透明度等属性的基础上与所修复的图像相匹配。污点修复画笔工具不要求指定取样点，而是自动从所修复区域的周围取样。

在工具箱上右键单击修复画笔工具，弹出下拉工具列表，在其中选择污点修复画笔工具，此时的选项栏如图 1.151 所示。

图 1.151 污点修复画笔工具的选项栏

其中，“类型”参数包括“近似匹配”“创建纹理”“内容识别”3 个选项。若选择“近似匹配”选项，将使用要修复区域周围的像素来修复图像；若选择“创建纹理”选项，将使用要修复图像中的所有像素来创建用于修复的纹理；若选择“内容识别”选项，软件将自动分析周围图像的特点，将图像拼接组合后填充在该区域并进行融合，从而达到无缝拼接效果。

3. 修补工具

使用修补工具可以用其他区域或图案中的像素来修复选区内的图像。修补工具会将样本像素的纹理、光照和阴影与源像素相匹配。

在工具箱上右键单击修复画笔工具 ，在弹出的菜单中单击修补工具 ，此时的选项栏如图 1.152 所示。

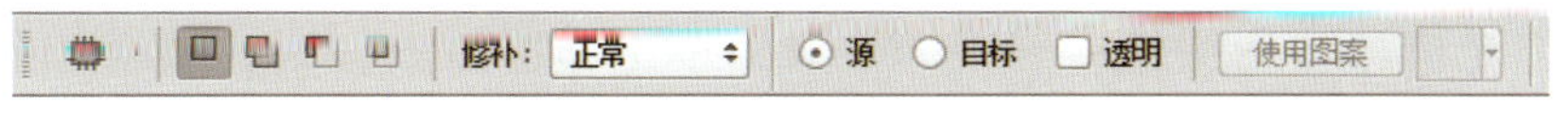

图 1.152　修补工具的选项栏

修补包含“正常”和“内容识别”两种方式。

- 正常：用于移去不需要的图像元素。若选中“源”选项，可采用其他区域的图像对所选区域进行修复；若选中“目标”选项，可采用所选区域的图像对其他区域进行修复；选中“透明”复选框，将对取样点图像与需修补图像进行比较，并将取样点图像中差异较大的图像或颜色修补到目标图像中。
- 内容识别：可合成附近的内容，以便与周围的内容无缝融合。

使用修补工具修复图像的具体方法如下。

步骤 1：打开配套素材文件 01/ 相关知识 / 旧照片 .jpg，右键单击工具箱上的修复画笔工具 ，在弹出的下拉工具列表中选择修补工具 。

步骤 2：在选项栏中选中“源”单选按钮，取消“透明”选项；将光标移到图像中有瑕疵的地方，拖动鼠标创建一个选区，如图 1.153 左图所示。

步骤 3：拖动该选区到取样点位置，如图 1.153 中图所示，即可用取样点的颜色替换原来有瑕疵的区域。

步骤 4：重复以上步骤，再次修补，修补后的效果如图 1.153 右图所示。

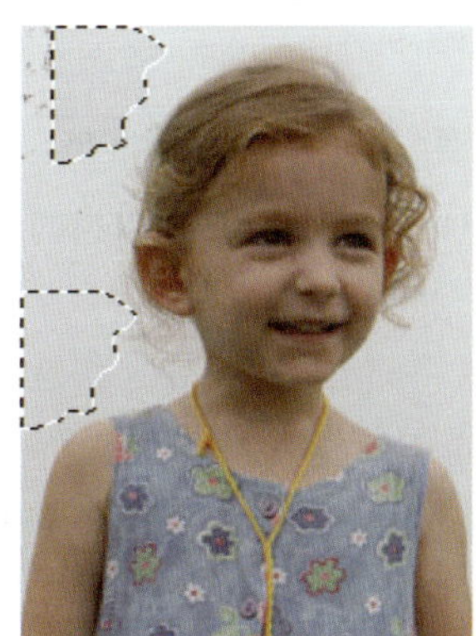

图 1.153　使用修补工具修复图像的过程

4. 红眼工具

由于照相时曝光的原因，人物照片往往会有红眼。Photoshop 提供的红眼工具可移去照片中人眼中的红点以及动物眼中白色或绿色的光点。

在工具箱上右键单击修复画笔工具 ，在弹出的下拉工具列表中选择红眼工具 ，此时的选项栏如图 1.154 所示。

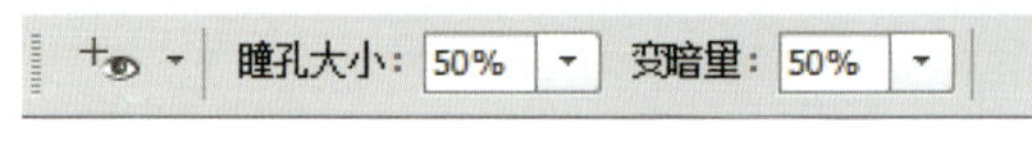

图 1.154　红眼工具的选项栏

- 瞳孔大小：用于设置瞳孔大小。
- 变暗量：用于设置瞳孔的暗度。

打开配套素材文件 01/ 相关知识 / 红眼 .jpg，如图 1.155 左图所示，单击工具箱中的红眼工具，将光标移动到图像中红眼的位置，单击即可除去红眼，效果如图 1.155 右图所示。

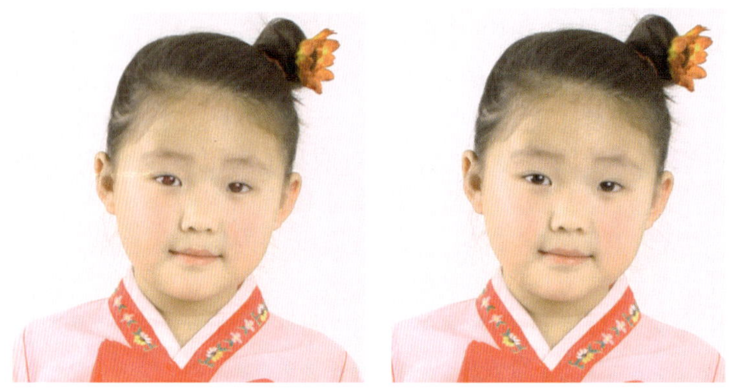

图 1.155　除去红眼前后效果

5. 内容感知移动工具

先用选择工具或者内容感知移动工具选择对象，然后将选择的对象移动或者复制到其他的地方，便可重组与混合图像。

在工具箱中右键单击污点修复画笔工具 ，在弹出的下拉工具列表中选择内容感知移动工具，此时的选项栏如图 1.156 所示。

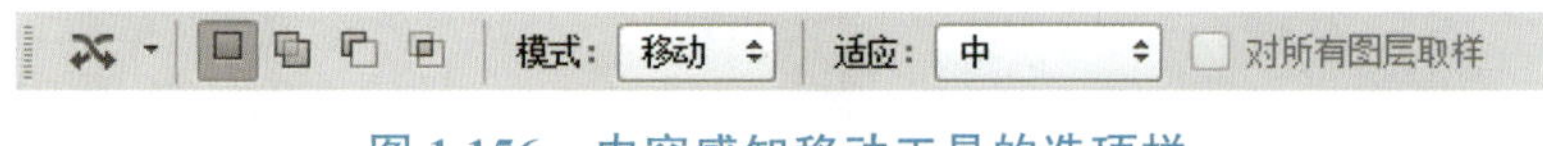

图 1.156　内容感知移动工具的选项栏

- 模式：包含“移动”和“扩展”两种。
  - 移动：创建选区后，可以将选区中的图像移动到完全不同的位置。
  - 扩展：创建选区后，将选区移动到其他位置，便可将选区中的图像复制到新位置。用此方法可对头发、树或者建筑对象进行扩展或收缩。
- 适应：用于选择修复的精度。

打开配套素材文件 01/ 相关知识 / 鸳鸯 .jpg，用快速选择工具创建一个区域，如图 1.157 所示，然后选择内容感知移动工具，选项栏中的“模式”选择“移动”选项，其他项采用默认设置，移动光标到一个新的位置，使用内容感知移动工具移动后的效果如图 1.158 所示。从图中可以看出，虽未精确地选取图像，但对于移动后的空隙位置，Photoshop 会智能修复。

图 1.157　创建选区

图 1.158　移动后的图像

6. Photoshop 帮助

打开 Photoshop 软件，选择“帮助 |Photoshop 联机帮助”菜单，就会弹出如图 1.159 所示的窗口，为在线浏览的形式。

图 1.159　帮助窗口

7. 文件注释

在 Photoshop 中可以将文字注释附加到图像上，这对于在图像中加入评论、制作说明或其他信息非常有用。Photoshop 注释与 Adobe Acrobat 兼容，因此 Acrobat 用户和 Photoshop 用户可通过注释来交换信息。

文字注释在图像上都显示为不可打印的小图标。它们与图像上的位置相关联，而不是与图层相关联。可以显示或隐藏注释，也可以打开文字注释并查看或编辑其内容。

（1）文字注释。

从工具箱中的吸管工具组里面选择注释工具，出现的选项栏如图 1.160 所示，可以在“作者”后面输入作者姓名，姓名将出现在注释窗口的标题栏中。“颜色”用来选择注释图标和注释窗口的标题栏的颜色。

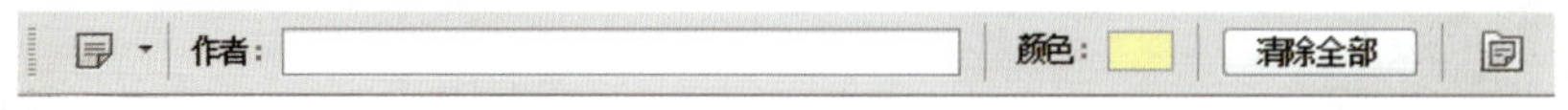

图 1.160　注释工具的选项栏

（2）注释面板。

使用注释面板可以更加快捷地管理图像中的注释内容，如图 1.161 所示。在如图 1.160 所示的“作者”栏输入“张三”，注释面板的左上角便会显示该名字，单击图像内的注释图标，将在注释面板中显示注释文本。

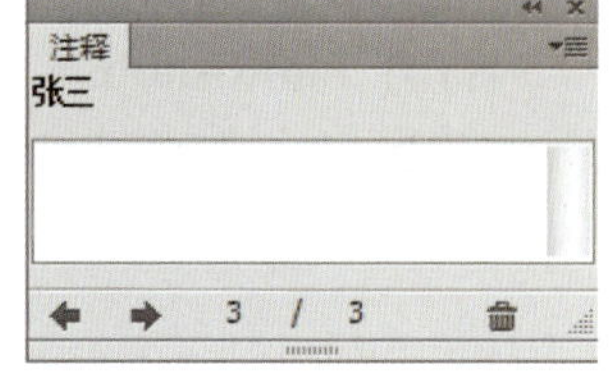

图 1.161　注释面板

8. 仿制图章工具

使用仿制图章工具可以将一幅图像的全部或部分复制到同一幅图像或其他图像内。单击工具箱上的仿制图章工具，此时的选项栏如图 1.162 所示。该选项栏与修复画笔工具的选项栏类似。

图 1.162　仿制图章工具的选项栏

仿制图章工具的使用方法如下。

步骤 1：打开配套素材文件 01/ 相关知识 / 图章 .jpg，单击工具箱上的仿制图章工具；将光标移到图像中的“花朵”部分，按住 Alt 键，当光标变成 ⊕ 形状时，单击鼠标进行取样，如图 1.163 所示。

步骤 2：将光标移到图像中的其他位置，此时光标将变成“○”形状，在适当的位置拖动鼠标，即可仿制出“花朵”图像，如图 1.164 所示。

图 1.163　取样

图 1.164　仿制图像

9. 图案图章工具

在工具箱上右键单击仿制图章工具，在弹出的工具列表中选择图案图章工具，此时的选项栏如图 1.165 所示。

图 1.165　图案图章工具的选项栏

该选项栏与仿制图章工具的选项栏类似，其中不同的选项作用如下。

- 图案：该下拉列表框提供了 Photoshop 自带和用户自定义的图案，选择其中一种后，可使用图案图章工具将图案绘制到图像中。
- 印象派效果：选中该复选框，绘制的图案将变得模糊，类似于印象派的效果。

图案图章工具的使用方法如下。

打开一个素材文件，如图 1.166 左图所示，利用矩形选框工具在图像中的“花”部分创建一个选区，然后选择“编辑 | 定义图案”菜单，将选区内的图像定义成图案；右键单击工具箱上的仿制图章工具，在弹出的下拉工具列表中选择图案图章工具。在选项栏中设置图案为，在图像中拖动光标即可逐渐绘制出所选图案，效果如图 1.166 右图所示。

图 1.166　使用图案图章工具调整前后

1.5.3　任务实现

步骤 1：在 Photoshop 中打开配套素材文件 01/ 任务 / 修改前 .jpg，如图 1.167 左图所示。

步骤 2：首先修复多处的污点及人物外撕裂的痕迹，选择污点修复画笔工具，选择合适的画笔大小，注意在修复细节的时候，可以将图像放大，画笔直径调小，慢慢进行修复，修复后的图像如图 1.167 右图所示。

图 1.167　污点修复前后

步骤 3：将光标移至衣服中间，选择矩形选框工具，在要修复处选择一个区域，如图 1.168 所示。选择修补工具，将要修补处拖动至上面没有污点的白线处，运用上面的图像对所选区域进行修补，修补后的效果如图 1.169 所示。为了更好地实施操作，按“Ctrl++”组合键，将图像放大修复。

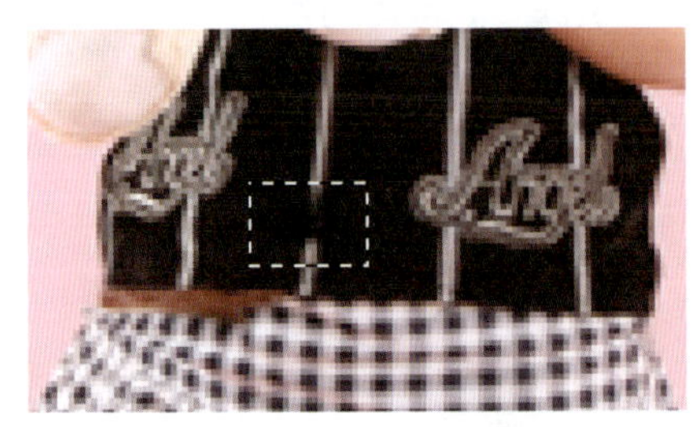

图 1.168　进行取样

图 1.169　修补后的效果

步骤 4：选择仿制图章工具，对上衣和裙子交接处进行修补，首先按住 Alt 键取样，然后多次仿制，取样处及大小如图 1.170 左图所示，修复后的效果如图 1.170 右图所示。

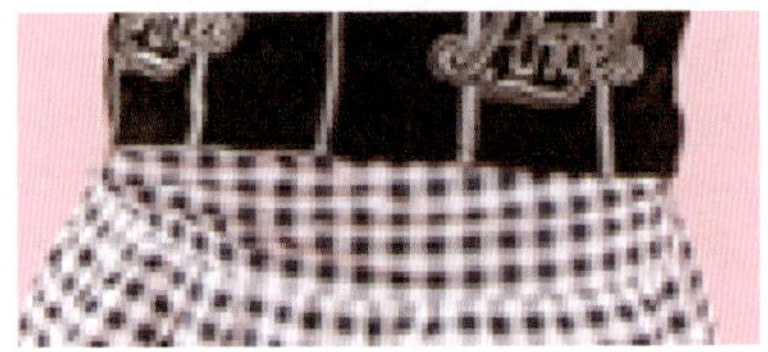

图 1.170　在修补过程中的取样和修复效果

步骤 5：对如图 1.171 左图所示的裙子中间裂痕处的修补，还是利用仿制图章工具，先在非裂痕附近处取样，注意取样位置及画笔大小，然后沿着裂痕处进行修补。修补后如图 1.171 右图所示。

图 1.171　在修补过程中的取样和修复效果

步骤 6：检查最后的修复效果，如图 1.148 右图所示。

1.5.4　练习实践

（1）打开本书的配套素材文件 01/ 练习实践 / 花 .jpg，并按照本节所讲内容，将图 1.172 左图中左上角模糊的礼品盒去掉，处理成如图 1.172 右图所示的效果。

（2）打开本书的配套素材文件 01/ 练习实践 / 红眼 .jpg，利用红眼工具在图 1.173 左图的眼睛处进行修复，多次修复后的效果如图 1.173 右图所示。

图 1.172　处理前后

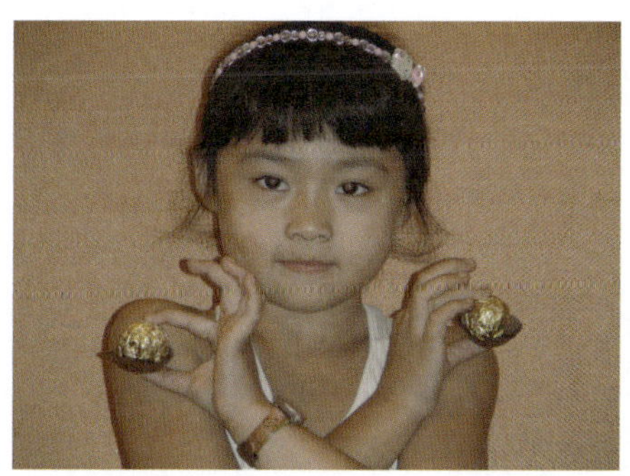
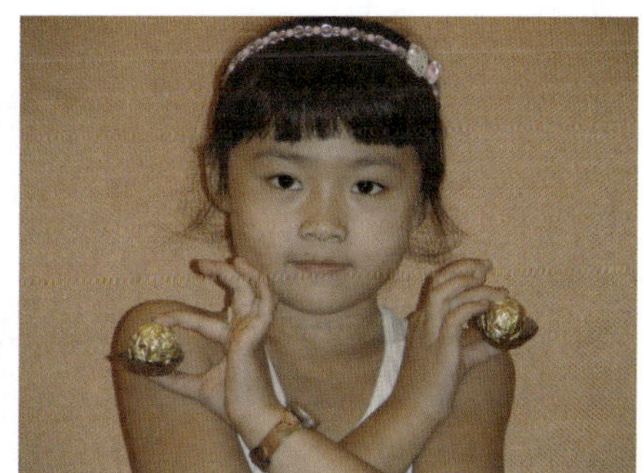

图 1.173　修复前后

任务 1.6　圆角网格

1.6.1　任务描述

本任务主要是运用圆角矩形工具制作一个圆角矩形路径，然后将其转换为选区，并进行描边。将其定义成图案后，用定义的图案填充图片，形成透明网格效果。填充前后效果对比如图 1.174 所示。

图 1.174　填充前后效果

1.6.2　相关知识

1. 形状工具组

形状是一些预先定义的路径，可以对其进行填充、描边或者以其为基础建立选区，工具箱中的形状工具组可用于形状绘制，形状工具组包括矩形、圆角矩形、椭圆、多边形、直线和自定形状等工具，如图 1.175 所示。

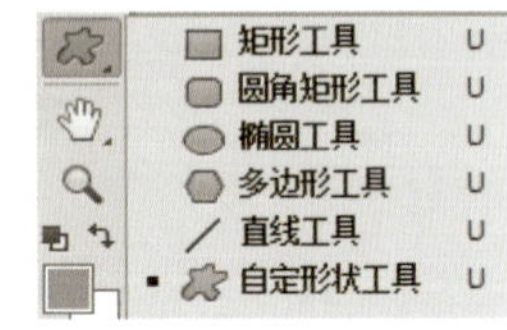

图 1.175　形状工具组

（1）矩形工具。

矩形工具 可以用来绘制矩形或者正方形的形状或路径，单击工具箱中的矩形工具，选项栏会发生变化，如图 1.176 所示。

图 1.176　矩形工具的选项栏

- 绘图模式：有如下 3 个选项。
  - 形状：选中该选项，在编辑窗口中可绘制一个带路径的形状，同时会在“图层”面板中添加一个新的形状图层。
  - 路径：选中该选项，在编辑窗口中可绘制工作路径，创建的工作路径会出现在“路径”面板中。
  - 像素：选中该选项，则既不生成工作路径，也不生成形状图层，只会出现一个由前景色填充的形状，即填充区域，并且，这个填充区域无法作为矢量对象编辑。选中钢笔工具的时候，该按钮为不可用状态。

3 种绘图模式如图 1.177 所示。

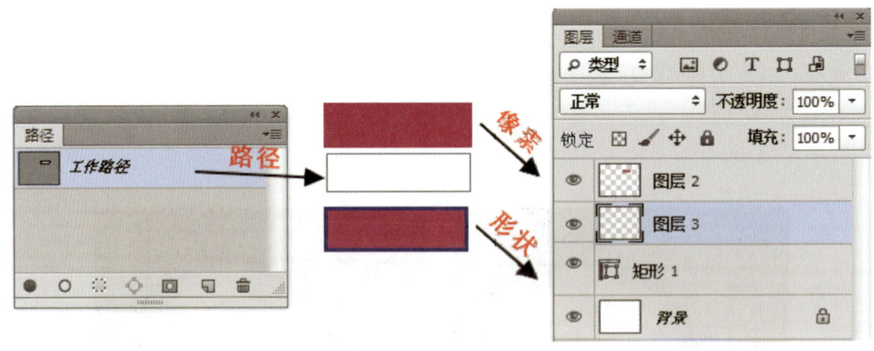

图 1.177　绘图模式

- 建立：单击“选区”按钮，可以将当前路径转换为选区；单击“蒙版”按钮，可以基于当前路径为当前图层创建矢量蒙版；单击“形状”按钮，可以将当前路径转换为形状。
- 按钮：单击此按钮，会出现如图 1.178 所示的矩形工具的参数设置对话框。

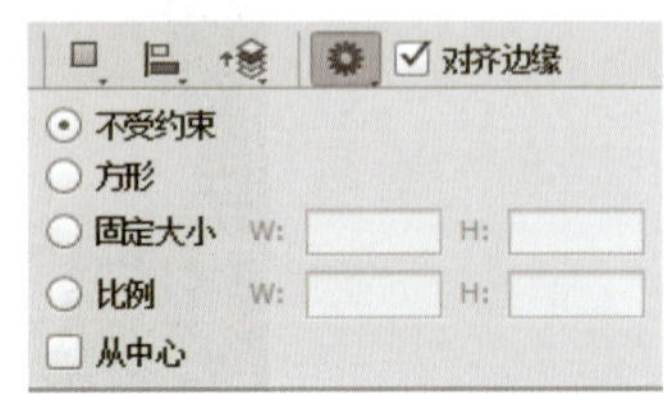

图 1.178　矩形工具的参数

对话框中的各个选项具体作用如下。

- 不受约束：选择该项后，矩形的宽度和高度的比例和大小不受约束。
- 方形：选择该项后，绘制出来的是正方形。
- 固定大小：选择该项后，可以在宽度 W 和高度 H 文本框中输入矩形的宽度和高度。
- 比例：选择该项后，在宽度 W 和高度 H 文本框中输入的数值是宽和高的比例。
- 从中心：选择该项后，从中心开始绘制矩形。

（2）圆角矩形工具。

使用圆角矩形工具 可以绘制出圆角矩形，圆角的大小可以通过半径来控制。选取圆角矩形工具后，出现圆角矩形选项栏，此选项栏和矩形工具选项栏类似，参数作用可参考矩形工具选项栏，唯一的不同是在圆角矩形工具选项栏中有一个“半径”文本框，可以输入圆角矩形半径的数值，默认的单位是像素，不同的数值决定着圆角不同的圆滑度，数值越大，圆角越圆滑。图 1.179 所示的是半径分别为 10 像素、20 像素、30 像素和 40 像素的圆角矩形。

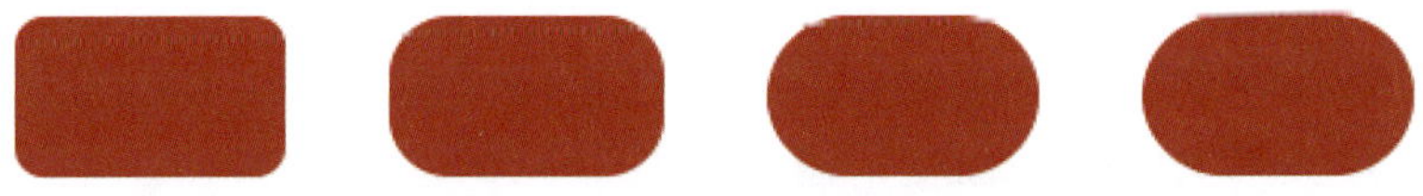

图 1.179　不同半径的圆角矩形

（3）椭圆工具。

椭圆工具 主要用于绘制椭圆或者圆，选中椭圆工具后出现选项栏，椭圆工具的选项栏和矩形工具的选项栏基本相同，可以参考矩形工具选项栏的各项设置。

（4）多边形工具。

使用多边形工具 可以绘制出正多边形，例如正三角形、正五边形等。单击多边形工具，会出现多边形工具选项栏，如图 1.180 所示。

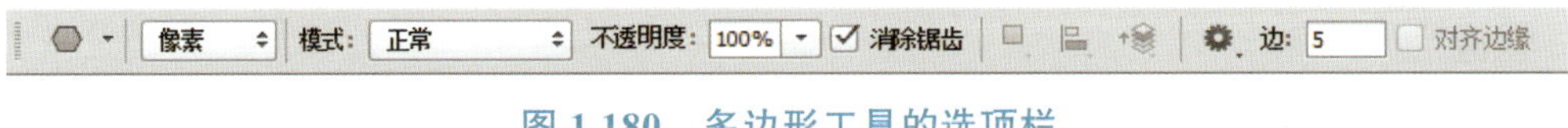

图 1.180　多边形工具的选项栏

- 按钮：单击此按钮，会出现如图 1.181 所示的多边形工具的参数设置对话框。

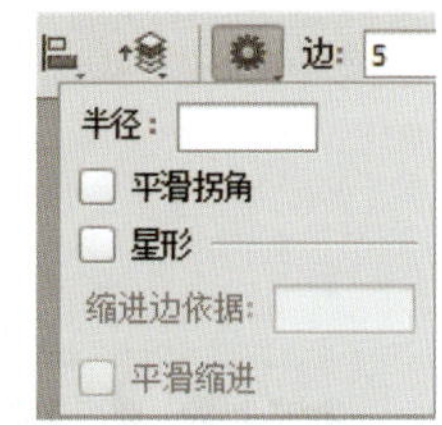

图 1.181　多边形工具的参数

对话框中各个参数的具体作用如下。

- 边：设置绘制的多边形的边数，可以直接在文本框中输入数值，例如：输入“10”，则绘制的图形就是十边形。
- 半径：在文本框中输入多边形的半径，然后在编辑窗口中单击鼠标并拖动，即可绘制满足半径要求的多边形。
- 平滑拐角：选中此选项可使绘制出的多边形的拐角保持平滑。
- 星形：选中此选项，绘制出的多边形为向中心缩进的星形，缩进的程度由其下面的“缩进边依据”文本框中输入的数值来决定。

➢ 平滑缩进：选中此选项，可以使绘制的多边形的边平滑地向中心缩进。

（5）直线工具。

使用直线工具 可以绘制直线和箭头，选项栏如图 1.182 所示。

图 1.182　直线工具的选项栏

● 按钮：单击此按钮，会出现如图 1.183 所示的直线工具的参数设置对话框。对话框中各个参数的具体作用如下。

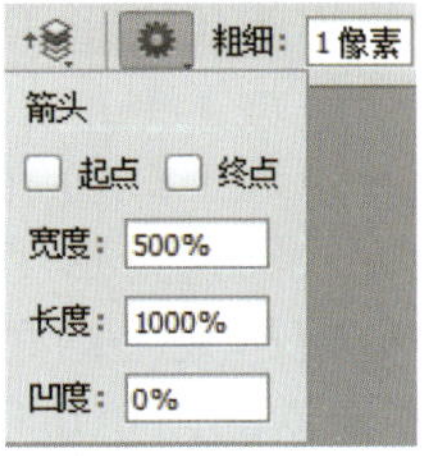

➢ 粗细：可以在“粗细”文本框中输入直线的宽度，默认单位是像素。

➢ 起点：为直线起始端添加箭头。

➢ 终点：为直线终止端添加箭头。

➢ 宽度：可以在“宽度”文本框中输入箭头宽度和直线宽度的比例，输入范围为 10% ～ 1 000%。

➢ 长度：可以在“长度”文本框中输入箭头长度和直线长度的比例，输入范围为 10% ～ 5 000%。

➢ 凹度：定义箭头的凹陷程度，输入范围为 –50% ～ 50%。

图 1.183　直线工具的参数

（6）自定形状工具。

使用自定形状工具 可以绘制一些不规则的形状，也可以自定义一些形状。选择工具箱中的自定形状工具后，选项栏如图 1.184 所示。

图 1.184　自定形状工具的选项栏

自定形状工具选项栏中各个参数的具体作用与其他选项栏类似，在此不再介绍。

在自定形状工具选项栏的“形状”列表中有许多预设的形状，如图 1.185 所示。

2. 描边

用户可以给选区描边，当制作好一个选区后，选择“编辑 | 描边”菜单，将出现如图 1.186 所示的对话框，选择描边的“宽度”和“颜色”即可给选区描边。

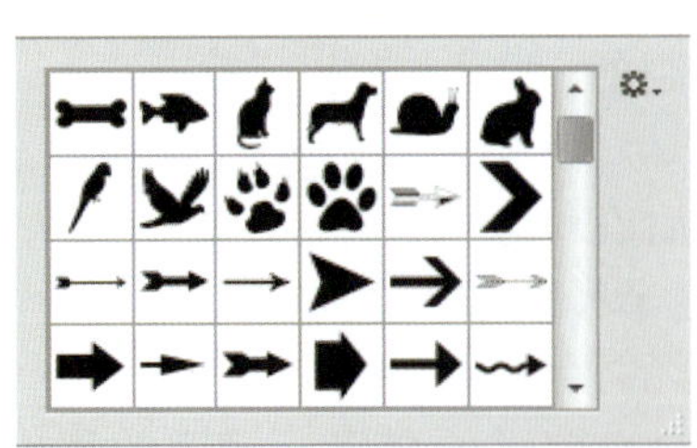

图 1.185　系统提供的预设形状

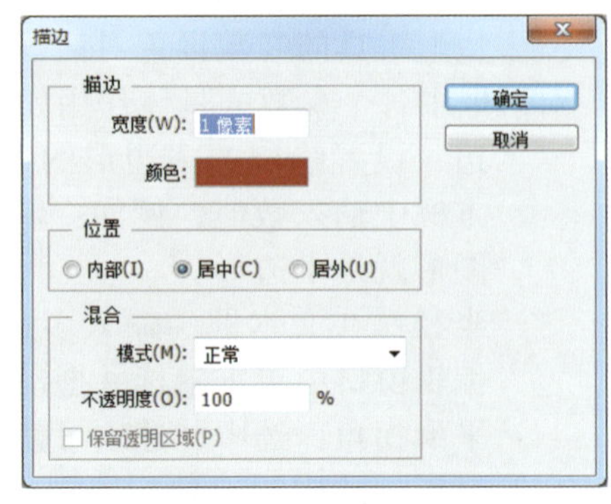

图 1.186　“描边”对话框

3. 填充

用户可以对选区或者图层进行图案填充，选择“编辑 | 填充”菜单，将出现如图 1.187 所示的“填充”对话框。单击“使用”下拉列表，可以选择列表项进行填充，如图 1.188 所示。还可以选择自定图案进行填充。

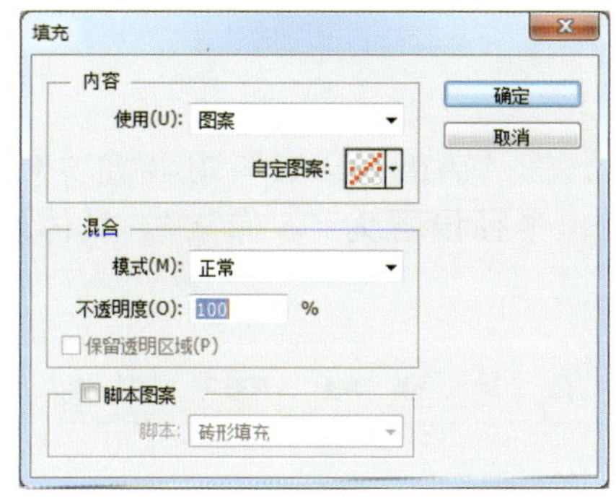

图 1.187 “填充”对话框

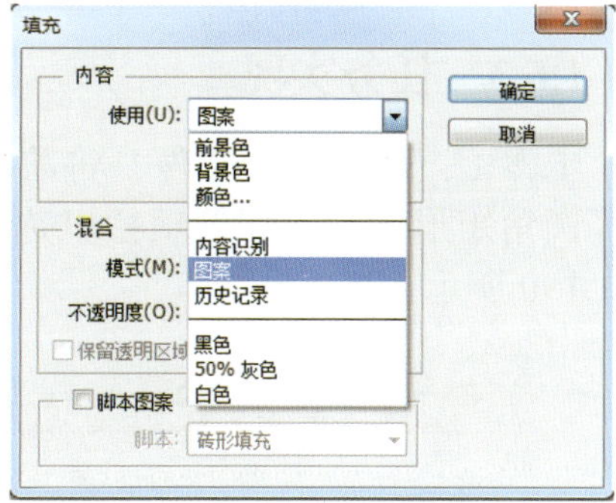

图 1.188 “使用”下拉列表

4. 图像的恢复

在实际设计工作中，经常需要撤销某些操作，恢复之前的图像。Photoshop 提供的还原操作菜单和历史记录面板可实现此功能。

（1）恢复。

大多数误操作都可以还原，也就是说，可将图像的全部或部分内容恢复到上次存储的版本。

- 恢复：选择“文件 | 恢复”菜单，能将被编辑过的图像恢复到上一次存储的状态。
- 还原 / 重做：选择“编辑 | 还原”菜单，可以还原前一次对图像所执行的操作。如果操作不能还原，则此菜单将呈灰色状态。而选择“编辑 | 重做”菜单，则能重新执行前一次操作。
- 向前一步 / 退后一步：与“还原 / 重做”不同的是，可以多次执行“向前一步 / 退后一步”，可将文件还原成处理前或处理后的数个状态。

（2）历史记录面板。

历史记录面板是用来记录操作步骤的，如果有足够的内存，历史记录面板会将所有的操作步骤都记录下来，可以随时返回任意一个操作步骤，查看任意一步操作时图像的效果。不仅如此，配合历史画笔工具和艺术历史画笔工具，还可以将不同步骤所创建的效果结合起来。

选择“窗口 | 历史记录”菜单，会弹出历史记录面板，如图 1.189 所示。

在历史记录面板的最左边是一排方框，单击方框，会出现 图标，表示将此状态作为历史记录面板的“源”图像，一次只能选择一种状态。

如图 1.189 所示， 图标右边的小图像是当前图像的缩微图，被称为“快照”。

图 1.189 历史记录面板

当刚刚打开一个图像时，只有一个“状态”，表明执行了一个操作步骤，其名称通常是“打开”，在其左边是一个滑标，历史记录面板会记录用户的操作，并根据所执行的操作自动命名，滑标会随着操作向下移动。用户用鼠标单击任意一个记录的状态，滑标就会出现在该状态前面，其下面的状态就会变成灰色，名称字体变成斜体。

1.6.3 任务实现

步骤 1：新建一个文件，将前景色设置为暗色，按“Alt+Delete”组合键填充背景，选择圆角矩形工具，在选项栏里选择“路径”模式，半径设置为“5 像素”，具体设置如图 1.190 所示。

图 1.190　圆角矩形工具的选项栏

步骤 2：按住 Shift 键，拖动鼠标绘制一个正圆角矩形路径，如图 1.191 所示。

步骤 3：按“Ctrl+Enter”组合键，将路径转换成选区，如图 1.192 所示。

步骤 4：按“Ctrl+Shift+N”组合键，新建图层，选择“编辑 | 描边”菜单，弹出如图 1.193 所示的“描边”对话框。宽度设置为“1 像素”，填充白色，单击“确定”按钮。

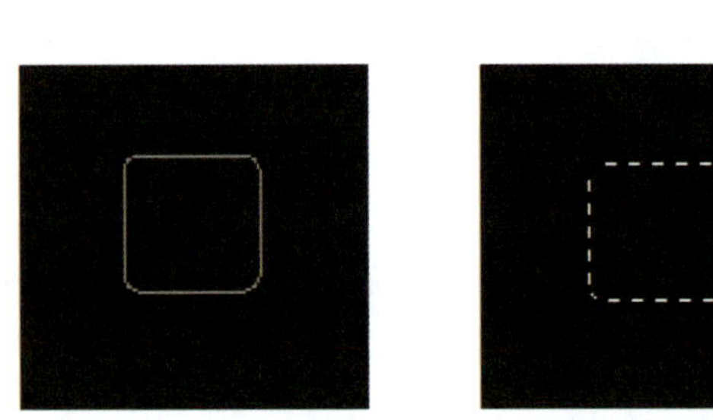

图 1.191　圆角矩形路径

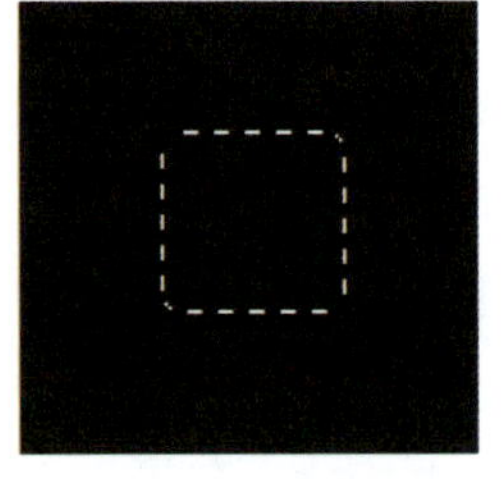

图 1.192　圆角选区

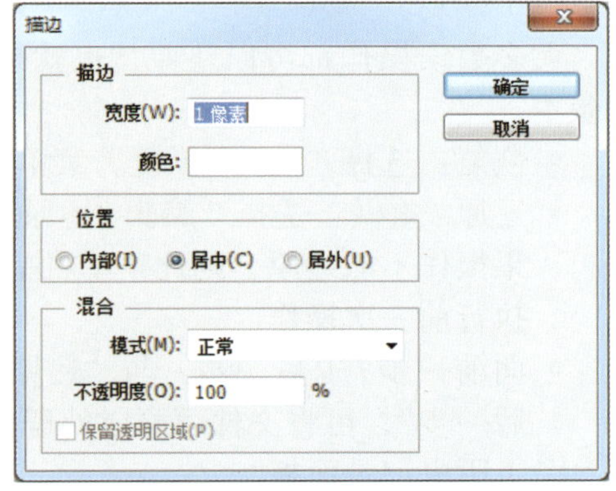

图 1.193　“描边”对话框

步骤 5：按“Ctrl+D”组合键取消选区，用矩形选框工具将白边选中，如图 1.194 所示。将背景层隐藏，如图 1.195 所示。

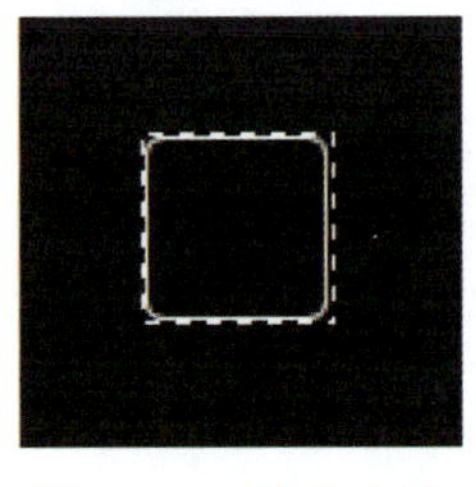

图 1.194　选中白边

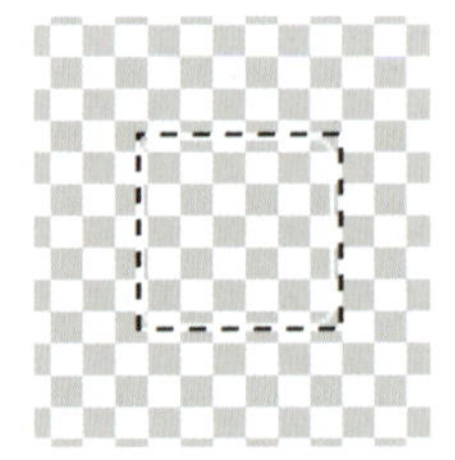

图 1.195　隐藏背景层

步骤 6：选择“编辑 | 定义图案”菜单，打开“图案名称”对话框，在“名称”文本

框输入“白边”，单击“确定”按钮，如图 1.196 所示。

图 1.196 “图案名称”对话框

步骤 7：按“Ctrl+O”组合键，打开本书配套素材文件 01/ 任务 / 美女 .jpg，如图 1.197 所示。

步骤 8：选择“编辑 | 填充”菜单，将出现如图 1.198 所示的“填充”对话框，在“填充”对话框里单击打开“自定图案”下拉列表，选择刚才定义的“白边”图案，然后单击“确定”按钮。最终的效果如图 1.174 右图所示。

图 1.197 背景图片

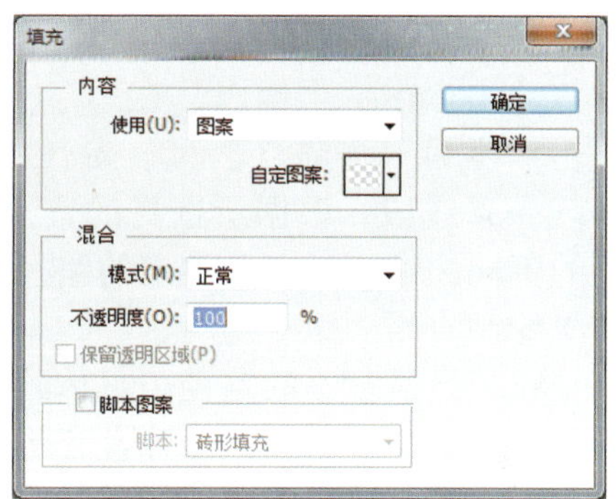

图 1.198 “填充”对话框

1.6.4 练习实践

打开本书的配套素材文件 01/ 练习实践 / 美女 .jpg，利用椭圆工具、矩形选框工具、定义图案工具、填充命令等制作如图 1.199 所示的圆形网格效果。

图 1.199 圆形网格效果

任务 1.7　七星瓢虫

1.7.1　任务描述

本任务主要是利用椭圆工具制作瓢虫的身体以及身上的黑点，再利用钢笔工具制作头和两个触须，利用减淡工具和加深工具处理绘制的圆，使其具有高光和阴影的效果，用单列选框工具绘制身体分割线。绘制后的效果如图 1.200 所示。

图 1.200　最终效果

1.7.2　相关知识

1. 钢笔工具

钢笔工具 是最常使用的路径工具之一，利用它可以绘制直线路径或曲线路径。选择钢笔工具，在编辑窗口的任意位置单击产生一个锚点，在另一个位置单击产生另一个锚点，两个锚点之间会出现一条线段，根据所选择的锚点和线段的不同，可绘制多种类型的路径。

（1）绘制直线。

直线路径是最基本的路径，具体绘制步骤如下。

步骤 1：选取工具箱中的钢笔工具，在选项栏中选择“路径”模式，移动光标到编辑窗口并单击，绘制出直线路径的起始点，如图 1.201 所示。

步骤 2：移动光标到另一个位置再次单击，出现一条连接第一个点和第二个点的线段，一条线段就绘制好了，如图 1.202 所示。

步骤 3：按照相同的方法绘制第二条、第三条、第四条线段，完成多边形的绘制，因为绘制的是一个封闭图形，所以要把起点和终点重合，当光标的形状变为 时，如图 1.203 所示，表示终点已经连接起点，这时单击鼠标就会绘制出封闭的路径。

图 1.201　绘制起始点

图 1.202　绘制第一条线段

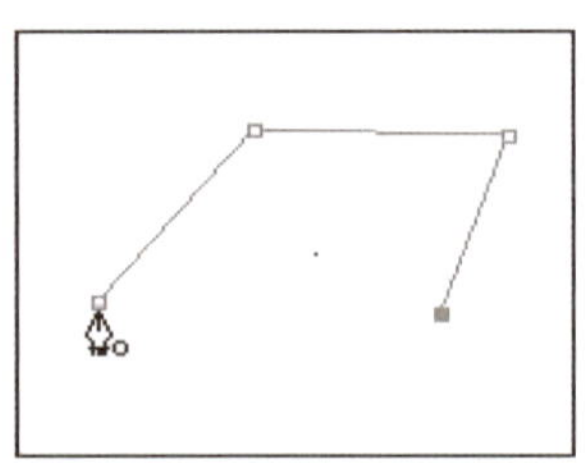

图 1.203　多边形封闭路径

（2）绘制曲线。

利用钢笔工具还可以绘制曲线路径，绘制路径的关键在于锚点，锚点的位置确定线段的起点和终点。在实际操作中，锚点的位置比较容易确定，难点在于锚点方向线的控制，方向线有两个控制因素，一个是角度，一个是长度。角度是锚点处的曲线切线，在实际操作中要使其朝向下一个锚点的方向，这样角度就容易把握；长度影响着曲线和方向线相离的距离，如果曲线的跨度很大，方向线要长一些，反之则短些，下面就以波浪线为例说明曲线的绘制过程。

步骤 1：选择工具箱中的钢笔工具，在选项栏中选取“路径”模式，移动光标到编辑窗口单击，绘制曲线的第一个锚点，如图 1.204 所示。

步骤 2：选择另一个位置再次单击鼠标，确定第二个锚点，按住鼠标左键不放拖动鼠标，这时就会出现一条曲线，如图 1.205 所示。

第二个锚点称为对称曲线锚点，该锚点两端会有一对呈 180° 的方向线，它们的长度相同，方向线影响着曲线段的形状，方向线越长，曲线段越长，方向线角度越大，曲线段斜度也越大。在绘制过程中按住 Ctrl 键，当光标变成 形状时，拖动方向点就可以改变方向线的长短和锚点的位置。在绘制过程中按住 Alt 键，单击绘制好的锚点，此时方向线会折断。锚点两端的方向点各自独立，这样有利于曲线方向的控制。

步骤 3：按照相同的方法绘制第二条、第三条、第四条曲线，最后的波浪线如图 1.206 所示。

图 1.204　绘制第一个锚点

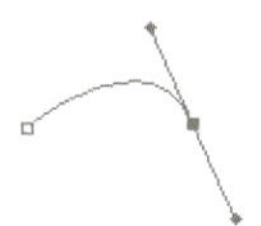

图 1.205　绘制第一条曲线

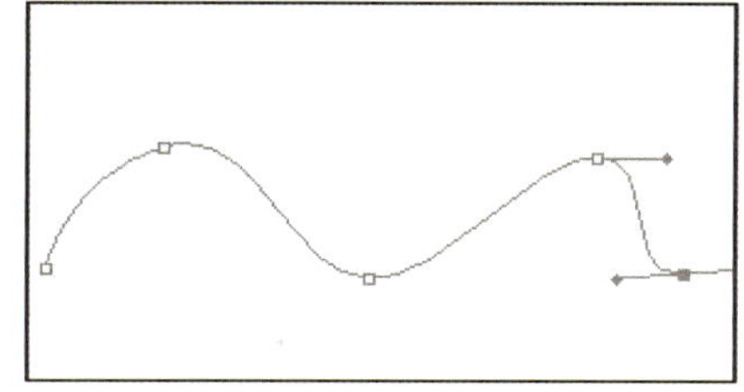

图 1.206　绘制好的波浪线

绘制好路径后，还可以对其进行描边或填充，制作出逼真的图像效果。

（3）钢笔工具选项栏。

在工具箱中选取钢笔工具后会显示钢笔工具的选项栏，其中包含了形状图层、路径、修改路径方式和橡皮带等选项，如图 1.207 所示。当选取不同的路径工具时，选项栏中的选项会发生相应的变化。部分选项在讲解形状工具的时候已经介绍过，可以参见前面的内容。

图 1.207　钢笔工具的选项栏

钢笔工具选项栏中部分参数的具体作用如下。

- 橡皮带：用鼠标单击 按钮，出现橡皮带的下拉菜单，当选中橡皮带前面的复选框后，光标在图像上移动时就会有一条假想的线段，只有单击鼠标后，这条线段才会真正存在；如果没有选中此复选框，假想的线段就不会出现。
- 自动添加 / 删除：选中自动添加 / 删除前面的复选框后，钢笔工具就有了增加和删除锚点的功能，选中绘制的线段，把光标移动到线段上，当光标变成 时，单击鼠标可以增加锚点；移动光标到选中的锚点上，当光标变成 时，单击鼠标可以删除此锚点。

2. 路径选择工具组

当绘制的图像没有满足要求时，就需要对图像进行编辑和修整。首先要选取路径，这就要使用路径选择工具组。路径选择工具组包括路径选择工具和直接选择工具两种，如图 1.208 所示。

路径选择工具 A
直接选择工具 A

图 1.208　路径选择工具组

（1）路径选择工具。

使用路径选择工具 可以选择一条或几条路径并可以对其进行移动、组合、排列、分发和变换。路径选择工具选项栏如图 1.209 所示，其中各个参数的具体作用与钢笔工具选项栏的类似，这里不再做介绍。

图 1.209　路径选择工具的选项栏

要选择路径组件（包括形状图层中的形状），可选择路径选择工具，并单击路径组件中的任意位置。如果路径由几个路径组件组成，则只有指针所指的路径组件被选中。

要同时选择其他的路径组件或线段，可选择路径选择工具或直接选择工具，然后按住 Shift 键并选择其他的路径或线段。

（2）直接选择工具。

直接选择工具 用来选择、移动工作路径上的一个或多个锚点和线段。选取工具箱中的路径选择工具，单击编辑窗口中的路径，则整个路径都被选中，所有的锚点都以实心显示；使用工具箱中的直接选择工具单击路径时，只有被选中的锚点才是实心的。下面介绍直接选择工具的用法。

- 选择锚点。

使用直接选择工具可以选择一个锚点，也可以同时选择多个锚点。具体操作过程如下。

步骤 1：在编辑窗口中绘制一条工作路径，在工具箱中选择直接选择工具，移动光标到工作路径上单击，则所有锚点都以空心方块显示，如图 1.210 左图所示。

步骤 2：移动光标到锚点 2 上单击，这时锚点 2 变成实心方块，说明锚点 2 被选中，如图 1.210 中图所示。如果想选中多个锚点，可以在按住 Shift 键的同时用鼠标单击要选择的各个锚点，这样多个锚点就被同时选中了，例如同时选中锚点 2、3、4，如图 1.210 右图所示。

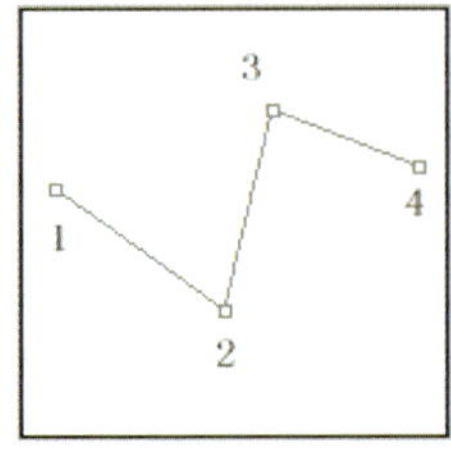

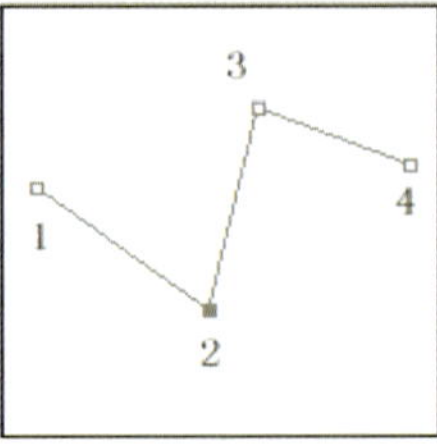

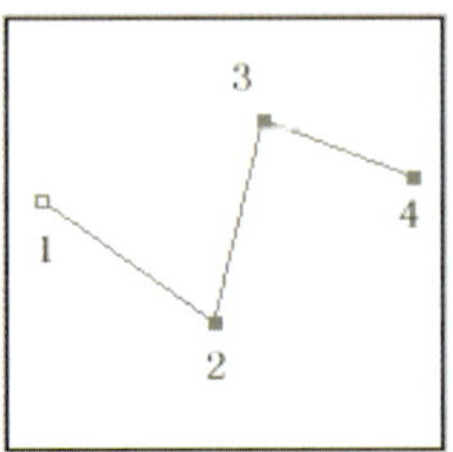

图 1.210　选中一个或多个锚点

- 移动锚点和线段。

可以使用直接选择工具移动锚点和线段，具体操作步骤如下。

步骤 1：选取工具箱中的直接选择工具，在编辑窗口中的工作路径任意位置上单击，每个锚点都显示为空心方块，如图 1.211 左图所示。

步骤 2：把光标移动到锚点 2 上，按住鼠标左键不放并拖动到一个新的位置，如图 1.211 中图所示。

步骤 3：按住 Shift 键再选中锚点 3、4，把光标移动到选中的 3 个锚点中的任意一个上面，按住鼠标左键并拖动到新的位置，如图 1.211 右图所示。

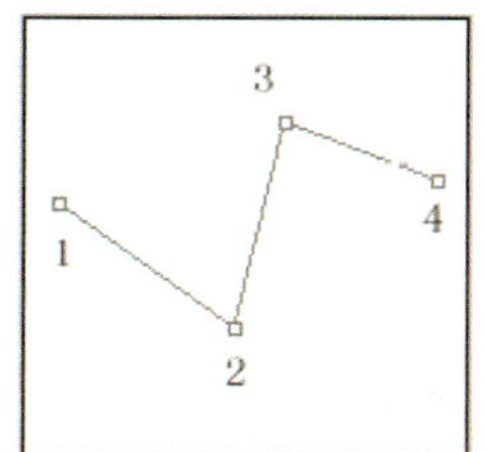

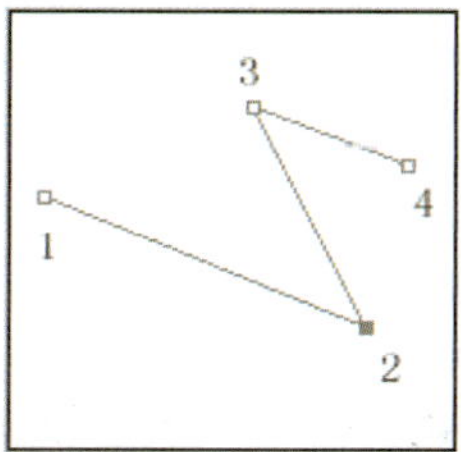

图 1.211　移动一个或多个锚点

3. 单行和单列选框工具

使用工具箱中的单行选框工具 或单列选框工具 ，可以选取单行或单列的区域，具体操作方法如下。

步骤 1：右键单击工具箱中的矩形选框工具 ，在弹出的菜单中选择单行选框工具 或单列选框工具 。

步骤 2：在单行选框工具或单列选框工具的选项栏中进行相应参数的设置，该选项栏中的参数与矩形选框工具的选项栏中的参数基本相同。

步骤 3：在图像编辑区中的适当位置单击鼠标，即可创建一个高度为“1 像素”或宽度为“1 像素”的选区，分别如图 1.212 和图 1.213 所示。

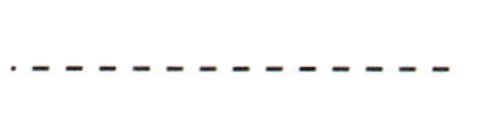

图 1.212　创建单行选区

图 1.213　创建单列选区

4. 减淡工具和加深工具

（1）减淡工具。

减淡工具的主要作用是将图像部分区域颜色变淡，或通过提高图像的曝光度而增加图像部分区域的亮度。单击工具箱上的减淡工具 ，此时的选项栏如图 1.214 所示。

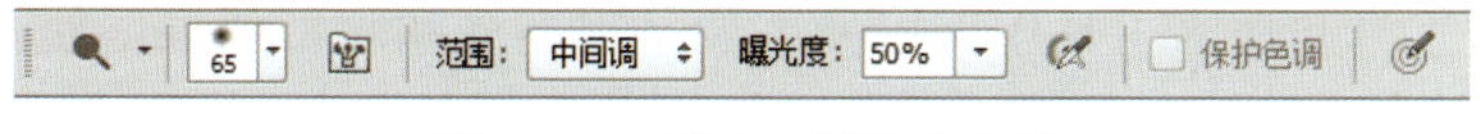

图 1.214　减淡工具的选项栏

- 范围：该下拉列表框用于选择更改范围，包括中间调、阴影和高光 3 个选项，若选择“中间调”选项，可以更改图像灰色的中间范围；若选择“阴影”选项，可以更改图像暗区；若选择“高光”选项，可以更改图像亮区。

- 曝光度：用于改变图像的曝光度。可以直接在数值框中输入数值，也可以单击 ▶ 按钮，在弹出的调节杆上拖动滑块改变数值。

减淡工具的使用方法如下。

打开本书的配套素材文件 01/ 相关知识 / 城堡 .jpg，选择工具箱上的减淡工具 ，参数可以根据需要进行调整。

将光标移到图像中较暗的区域，拖动光标，加亮图像，前后效果如图 1.215 所示。可以看到图 1.215 左图有些景色较深，分不清轮廓，经过减淡工具处理后，效果有了明显改善。

图 1.215　使用减淡工具加亮图像前后

（2）加深工具。

加深工具的作用与减淡工具相反，通过降低图像的曝光度来减少图像的亮度。加深工具的使用方法如下。

打开本书的配套素材文件 01/ 相关知识 / 眼睛 .jpg，如图 1.216 左图所示，右键单击工具箱上的减淡工具 ，在弹出的下拉工具列表中选择加深工具 ；在加深工具的选项栏中对各参数进行设置，这里的参数与减淡工具的选项栏中的参数基本类似。将光标移到图像中想要加深的部分，拖动光标即可使眼睛周边以及眉毛部分区域颜色变深，使眼睛更立体、更突出，加深后的效果如图 1.216 右图所示。

图 1.216　使用加深工具加深图像前后

另外，减淡工具和加深工具还可以使图像呈现高光和阴影效果，使图像更逼真，更有立体感。

5. 橡皮擦工具组

（1）橡皮擦工具。

橡皮擦工具用于擦除图像的颜色。当图像中的某部分被擦除后，在擦除的位置上将填入背景色；若擦除内容处于一个透明的图层，擦除后将变为透明。单击工具箱上的橡皮擦工具，此时的选项栏如图 1.217 所示。

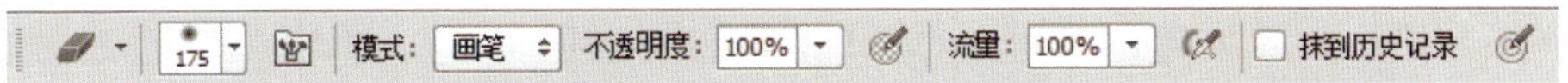

图 1.217　橡皮擦工具的选项栏

该选项栏中的“模式”参数用于设置擦除方式，包括“画笔”“铅笔”“块”3 个选项。选择“画笔”和“铅笔”方式擦除图像时，使用的颜色来源是背景色，这时可以根据需要选择不同的画笔形状和大小；当选择“块”方式擦除图像时，不能选择画笔形状和大小，此时只有“抹到历史记录”复选框可以设置，选择该复选框后，橡皮擦具有类似历史记录画笔工具的功能，能够恢复某一历史记录的状态。

橡皮擦工具的使用方法如下。

步骤 1：打开配套素材文件 01/ 相关知识 / 蝴蝶 .jpg。

步骤 2：选择工具箱上的橡皮擦工具。

步骤 3：在选项栏中设置画笔类型为，模式为“画笔”。

步骤 4：将工具箱中的背景色设置为图像的背景色（用吸管工具在图像背景区域单击即可），将图像上面的文字用橡皮擦工具擦除，擦除文字前后的效果如图 1.218 所示。

图 1.218　擦除文字前后

步骤 5：多次重复步骤 4，接着选取蝴蝶身上的不同颜色，对蝴蝶身上的文字进行擦除，擦除文字前后的效果如图 1.219 所示。

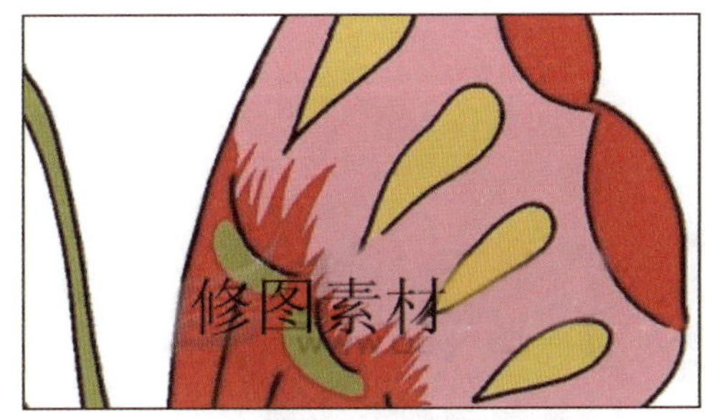

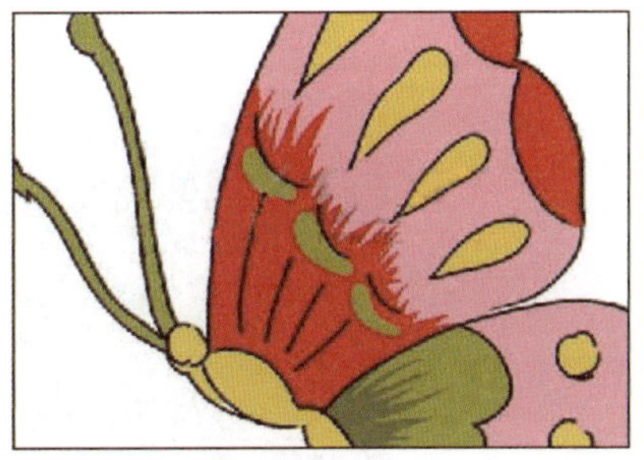

图 1.219　擦除文字前后

（2）背景橡皮擦工具。

背景橡皮擦工具用于将图层上的像素抹成透明状，从而在抹除背景的同时在前景中保留对象的边缘。通过指定不同的取样和容差选项，可以控制透明度的范围和边界的锐化程度。

右键单击工具箱上的橡皮擦工具，在弹出的下拉工具列表中选择背景橡皮擦工具。此时的选项栏如图 1.220 所示。该选项栏中的各参数作用如下。

图 1.220　背景橡皮擦工具的选项栏

- 画笔：用于设置画笔的大小，但只能选取圆形的画笔。单击列表框右侧的下三角按钮，会弹出如图 1.221 所示的画笔面板。

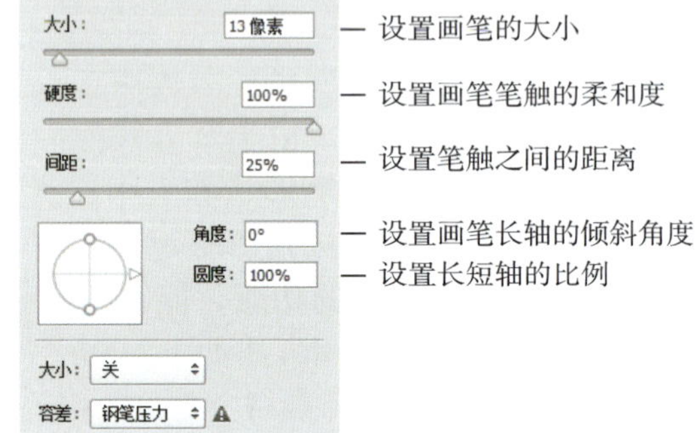

图 1.221　画笔面板

- 连续取样 ：可擦除光标经过的图像区域。
- 取样一次 ：只擦除包含第一次单击的区域。
- 取样背景色板 ：只擦除包含当前背景色的图像区域。
- 限制：用于设置擦除方式，包括“不连续”、“连续”和“查找边缘”3 个选项，“不连续”表示擦除图像中任一位置的颜色；“连续”表示擦除取样点及与取样点相近且相接的颜色；“查找边缘”表示擦除取样点和取样点相连的颜色，同时更好地保留形状边缘的锐化程度。
- 容差：单击 按钮，在弹出的调节杆上拖动滑块，可以改变容差值，容差值越大，抹除的颜色范围越广。
- 保护前景色：选中该复选框，可以防止将具有前景色的图像区域擦除。

背景橡皮擦工具的使用方法如下。

步骤 1：打开配套素材文件 01/ 相关知识 / 玫瑰花束 .jpg，右键单击工具箱上的橡皮擦工具，在弹出的下拉工具列表中选择背景橡皮擦工具。

步骤 2：在其选项栏中单击 按钮，设置“限制”为“连续”。

步骤 3：在图像编辑区内的背景部分拖动光标，即可擦除图像，擦除背景前后的效果如图 1.222 所示。

图 1.222　擦除背景前后

（3）魔术橡皮擦工具。

用魔术橡皮擦工具在图层中单击时，该工具会将所有相似的像素更改为透明。如果在已锁定透明度的图层中工作，这些像素将更改为背景色。如果在背景中单击，则将背景转换为图层并将所有相似的像素更改为透明。

使用方法和上面两种橡皮擦类似，这里不再举例说明。

1.7.3 任务实现

步骤 1：打开本书的配套素材文件 01/ 任务 / 绿叶 .jpg，效果如图 1.223 所示。

图 1.223 背景图像

步骤 2：选择钢笔工具，选择“路径”模式，绘制一个如图 1.224 左图所示的半圆形状，按“Ctrl+Enter”组合键，生成选区，按“Ctrl+Shift+N”组合键新建图层，将前景色设置为深灰色，并按“Alt+Delete”组合键填充选区，并按“Ctrl+D”组合键取消选区，填充效果如图 1.224 右图所示。

图 1.224 绘制选区并填充深灰色

步骤 3：选择减淡工具，在所绘形状上面进行颜色减淡操作，让其呈现高光效果，如图 1.225 所示。

步骤 4：按“Ctrl+Shift+N”组合键，新建一个图层，前景色设置为“#c30606”，选择椭圆工具，在选项栏中选择“像素”模式，按住 Shift 键，绘制一个圆形，效果如图 1.226 所示。

图 1.225 高光效果

图 1.226 圆形效果

步骤 5：用减淡工具将圆的左上和右上以及中间减淡，用加深工具将边缘加深，处理后的效果如图 1.227 左图所示。

步骤 6：按“Ctrl+Shift+N”组合键，新建一个图层，选择椭圆工具用“像素”填充模式在上面画一些大小不一的黑点，绘制后的效果如图 1.227 右图所示。

步骤 7：按“Ctrl+Shift+N”组合键，新建一个图层，选择单列选框工具，前景色设置为暗红色，在图像中间单击，按“Alt+Delete”组合键填充选区，再按“Ctrl+D”组

图 1.227　减淡、加深后的效果和加上黑点的效果

合键去掉选区，效果如图 1.228 左图所示。

步骤 8：选择橡皮擦工具将身体外的线擦掉，效果如图 1.228 右图所示。

步骤 9：按“Ctrl+Shift+N”组合键，新建图层，选择钢笔工具在前端画一段曲线，如图 1.229 所示。

图 1.228　细线填充后的效果以及擦除后的效果　　　　图 1.229　曲线段

步骤 10：选择画笔工具，在选项栏中如图 1.230 所示进行设置，硬度为“100%”，大小为“5 像素”。

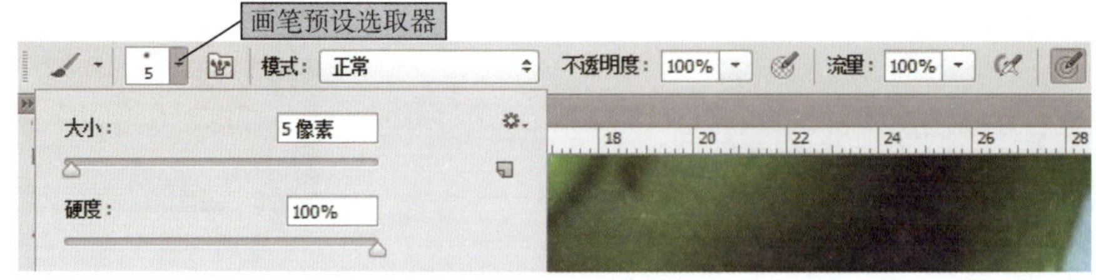

图 1.230　画笔设置

步骤 11：前景色设置为黑色，按 Enter 键，给路径描边，再按 Delete 键，删除路径，然后选择椭圆工具在曲线前端绘制一个深灰色的圆形，效果如图 1.231 所示。

步骤 12：选择移动工具，按住 Alt 键的同时拖动鼠标复制一个触须，然后进行水平翻转，效果如图 1.232 所示。

图 1.231　触须效果

图 1.232　复制、翻转后的效果

步骤 13：将“背景”图层以外的所有图层选中，按“Ctrl+E”组合键合并选中的图层。可以多复制几只瓢虫，改变大小、方向或者翻转，最终效果如图 1.200 所示。

1.7.4　练习实践

（1）打开本书的配套素材文件 01/ 练习实践 / 鸡蛋 .jpg 和小女孩 .jpg，如图 1.233 所示，然后使用钢笔工具绘制路径，生成选区，再使用加深工具、减淡工具调整鸡蛋的明暗区域、孩子的面部光泽，最终效果如图 1.234 所示。

图 1.233　素材文件

图 1.234　最终效果

（2）打开本书的配套素材文件夹 01/ 练习实践 / 海边美女 .jpg，使用背景橡皮擦工具擦除图像的背景色（结合磁性套索工具可以很方便地将图中的背景擦除干净，且不影响前景色）。擦除原有背景后可以再添加想要的背景，擦除背景前后及填充新背景后的效果如图 1.235 所示。

图 1.235　擦除背景前后及填充新背景后的效果

任务 1.8 邮票

1.8.1 任务描述

本任务主要是在两张图片（一张作为背景，另一张作为邮票主体）的基础上，利用画笔工具、选择工具制作出邮票的效果，如图 1.236 所示。

图 1.236 邮票效果

1.8.2 相关知识

1. 画笔工具

使用画笔工具可以绘制出比较柔和的线条，单击工具箱中的画笔工具 ，选项栏如图 1.237 所示。

图 1.237 画笔工具的选项栏

该选项栏中的各项参数作用如下。

- ：单击该按钮可打开“工具预设”选取器，如图 1.238 所示。其主要作用是存储画笔笔尖设置（如画笔大小、硬度和喷枪）以及“画笔”面板中提供的画笔选项。
- 画笔 ：单击“画笔”列表框右侧的下三角按钮，可打开画笔下拉面板，如图 1.239 所示。在其中可以选择不同类型的笔尖、不同大小的画笔。
- 按钮：切换“画笔”面板。单击此按钮可以显示或者隐藏“画笔”面板。
- 模式：单击打开“模式”下拉列表框，可在其中选择绘图时的颜色混合模式。
- 不透明度：用来设置画笔的不透明度，取值范围为 1% ～ 100%。用户可以直接在下拉列表框中输入值，也可以单击下拉列表框右侧的下三角按钮，在打开的下拉列表中拖动滑块来设置值。取值越小透明程度越大。

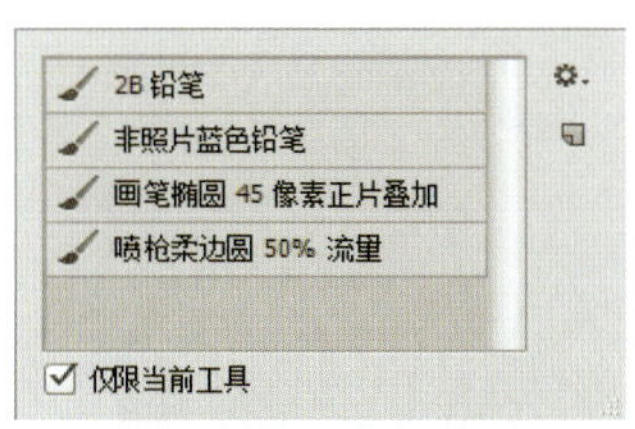

图 1.238　工具预设

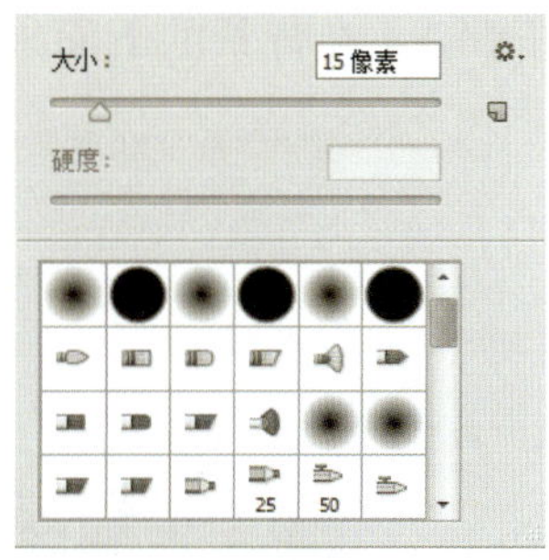

图 1.239　画笔下拉面板

- 流量：用来设置着墨的浓度，取值范围为 1% ～ 100%。用户可以直接在下拉列表框中输入值，也可以单击下拉列表框右侧的下三角按钮，在打开的下拉列表中拖动滑块来设置值。取值越小，颜色越浅；取值越大，颜色越深。
- ：单击该按钮可以使用“喷枪工具”。

利用画笔工具绘制图形的方法如下。

步骤 1：新建一个文件，选择渐变工具，并设置为“蓝色—白色—绿色”线性渐变，然后填充文件背景，如图 1.240 所示。

图 1.240　填充背景

步骤 2：选择画笔工具 ，设置前景色为绿色，按 F5 键打开画笔面板，选择如图 1.241 所示的各项参数。在“画笔笔尖形状”里选择“Grass”，大小设置为“134 像素”，然后选择“散布”选项，按照图 1.242 所示进行设置。

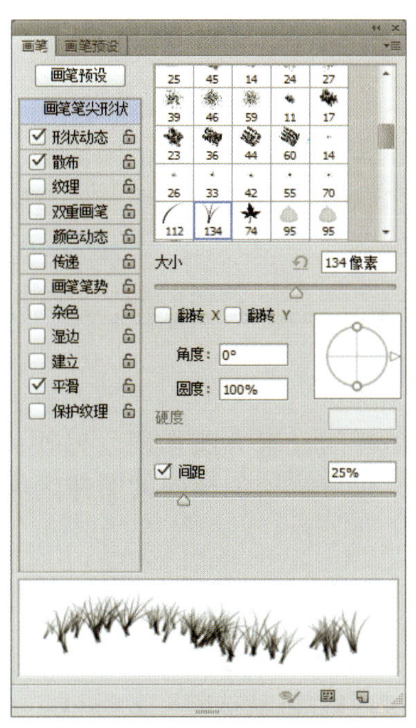

图 1.241　画笔面板

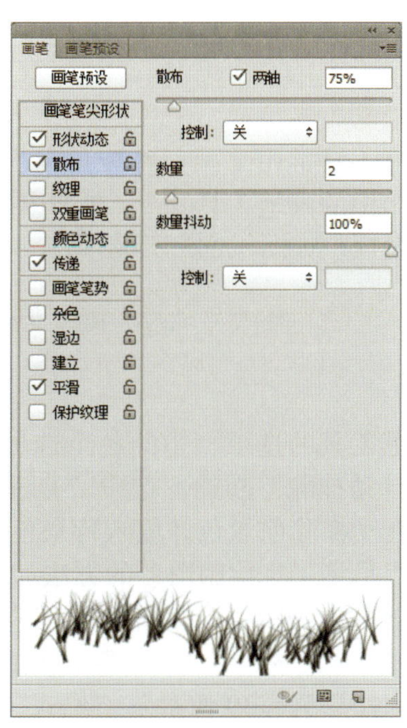

图 1.242　“散布”选项

步骤 3：在背景的下面来回拖动光标，直到满意为止，效果如图 1.243 所示。

图 1.243　绘制效果

步骤 4：将前景色设置为黄色。再次选择画笔工具，“画笔笔尖形状”选择“Scattered Maper Leaves”，直径设置为“74 像素”，“形状动态”选项里面的“大小抖动”设置为“100%”，其他选项同步骤 2 的设置。

步骤 5：在图像下部拖动光标，最终效果如图 1.244 所示。

图 1.244　最终效果

2. 铅笔工具

铅笔工具常用来画一些棱角突出、尖锐的线条，特别适用于绘制位图图像。右键单击工具箱中的画笔工具 ，在弹出的下拉工具列表中单击铅笔工具 ，即可将其选中，此时的选项栏如图 1.245 所示。

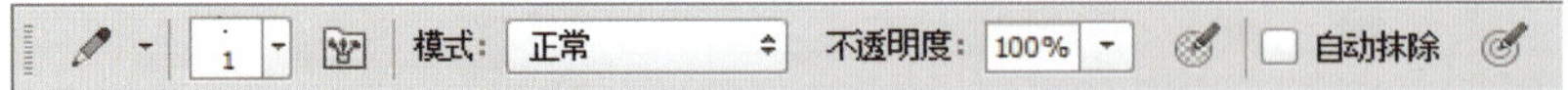

图 1.245　铅笔工具的选项栏

铅笔工具的选项栏中的各个选项与画笔工具选项栏的设置方法相同。另外，增加了一个“自动抹除”功能。选中“自动抹除”复选框，在与前景色相同的图像区域中绘图时，会自动擦除前景色并填入背景色。

利用铅笔工具绘制图形的方法如下。

步骤 1：右键单击工具箱中的画笔工具 ，在弹出的下拉工具列表中选择铅笔工具 。

步骤 2：设置前景色为“#cf017a”，在铅笔工具的选项栏中设置“画笔”选项为“喷枪”，“大小”为“30 像素”，“模式”为“溶解”，并选中“自动抹除”复选框。

步骤 3：将光标移到绘图区，这时光标会变成已选择的画笔形状，绘制一个“PS”

字样，如图 1.246 所示。

图 1.246　用铅笔工具绘制的图形

3. 颜色替换工具

使用颜色替换工具可以将图像中选择的颜色替换为新颜色。右键单击工具箱中的画笔工具，会弹出一个下拉工具列表，在其中选择颜色替换工具，此时的选项栏如图 1.247 所示。

图 1.247　颜色替换工具的选项栏

该选项栏中的几个重要参数作用如下。

- 画笔：在下拉列表中可以调整画笔的直径、硬度及间距。
- 连续取样：在图像中拖动光标，可以将光标经过的区域的颜色替换成新设置的前景色。
- 取样一次：在整个图像中，只将鼠标第一次单击的颜色区域替换成新设置的前景色。
- 取样背景色板：在整个图像中，只将背景色替换成新设置的前景色。

颜色替换工具的使用方法如下。

步骤 1：打开配套素材文件 01/ 相关知识 / 紫花 .jpg，如图 1.248 左图所示。

步骤 2：右键单击工具箱中的画笔工具，在弹出的下拉工具列表中选择颜色替换工具。

步骤 3：设置前景色为红色，在选项栏中将“画笔预设”下拉列表的“大小”设置为“60 像素”，单击按钮。

步骤 4：在图像中红色部分单击，拖动光标，图像中的“紫花”将变成“红花”，而其他部分不变，设置后的效果如图 1.248 右图所示。

图 1.248　应用颜色替换工具前后

1.8.3　任务实现

步骤 1：打开配套素材文件 01/ 任务 / 花朵背景 .jpg，效果如图 1.249 所示。

步骤 2：选择“文件 | 置入”菜单，置入配套素材文件 01/ 任务 / 邮票 .jpg，按 Enter 键并栅格化图层，效果如图 1.250 所示。

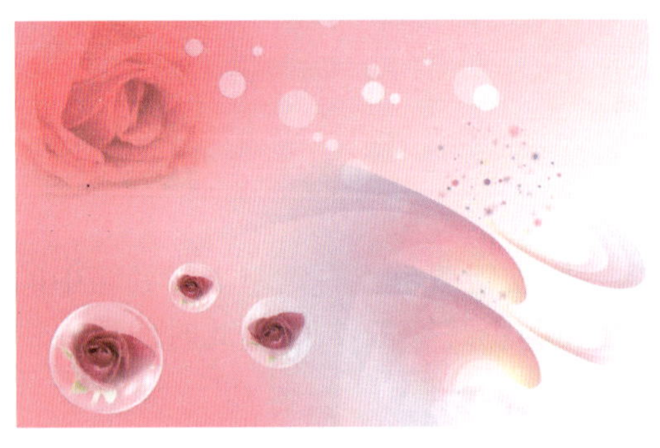

图 1.249　背景图像

图 1.250　置入文件

步骤 3：按“Ctrl+Shift+N”组合键，新建图层，选择画笔工具，按 F5 键，打开画笔面板，将画笔按照图 1.251 所示进行设置，硬度设为“100%”，大小为“15 像素”；间距设为“166%”，前景色设置为白色，按住 Shift 键，拖动光标，将出现如图 1.252 所示的效果。

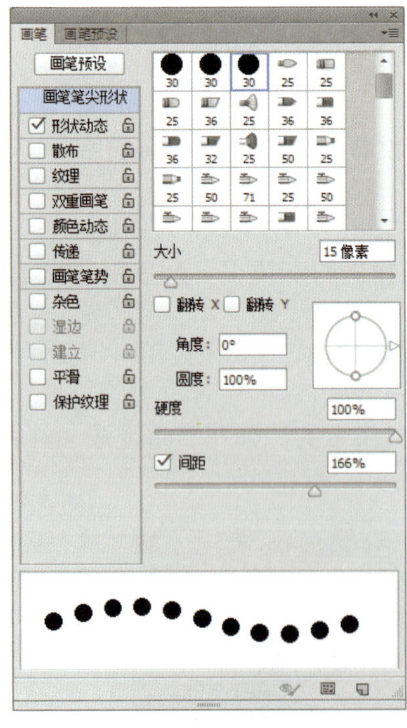

图 1.251　画笔面板

图 1.252　画笔效果

步骤 4：向下拖动光标，绘制白色圆点，注意横向和纵向的距离和位置要整齐，不要错开，更不要断开，效果如图 1.253 所示。

步骤 5：重复步骤 4，注意连接处要对齐，效果如图 1.254 所示。

图 1.253　行、列效果

图 1.254　完成效果

步骤 6：选择矩形选框工具，绘制一个从左上角的圆点的中心到右下角圆点的中心的选区，如图 1.255 所示。

步骤 7：按 F7 键，在出现的图层面板中选择“邮票”图层，按住“Ctrl+Shift+I”组合键，反选，按 Delete 键，删除多余的邮票边缘，效果如图 1.256 所示。

图 1.255　选择区域

图 1.256　删除多余边缘

步骤 8：按住“Ctrl+Shift+I”组合键，反选，按住 Alt 键，用矩形选框工具减去选区，选择范围如图 1.257 所示，将前景色设置为白色，然后按“Alt+Delete”组合键填充选区，效果如图 1.258 所示。

图 1.257　选择区域

图 1.258　填充白色

步骤 9：选择邮票图层，按住 Shift 键，再单击“图层 1”，将两层都选中，然后按“Ctrl+E”组合键合并图层，按图层面板下面的 fx. 按钮，添加图层样式，在出现的快捷菜单中选择“投影”菜单，默认设置即可，单击“确定”按钮。至此，邮票制作完成，最终的效果如图 1.236 所示。

1.8.4 练习实践

打开本书的配套素材文件 01/ 练习实践 / 明星 .jpg，利用画笔工具、选择工具、填充工具、颜色替换工具制作出如图 1.259 所示的邮票效果。注意本练习实践与任务中的邮票的边缘效果是不同的。

图 1.259 邮票效果

第 2 单元

色彩应用

教学目标

- 熟悉各种色彩调整命令。
- 掌握调整图像色调的方法。
- 掌握调整图像色彩的方法。

课前导读

图像中的色彩不仅能够真实地记录事物，还能给浏览者带来不同的心理感受。在设计图像时，如果能够在色彩和色调和谐统一的基础上，富有创造性地使用色彩，便可以营造出各种独特的氛围和意境，使图像更具表现力和冲击力。

Photoshop 为用户提供了功能非常全面的色彩控制与修正命令，本单元将结合几个典型的色彩调整任务帮助读者掌握“色阶”“曲线”“色相 / 饱和度”“色彩平衡”等色彩调整命令的使用。

任务 2.1 彩蝶

2.1.1 任务描述

原始素材图像整体显得灰暗，蝴蝶本身的亮丽色彩完全没有表现出来。本任务主要通过综合运用“曲线”、“亮度 / 对比度”及“色相 / 饱和度”等命令对明暗度与颜色进行调整，实现图像明暗平衡，使色彩效果更加逼真，调整前后的效果对比如图 2.1 和图 2.2 所示。

2.1.2 相关知识

1. 颜色深度

颜色深度用来度量图像中有多少颜色信息可用于显示或者打印。其单位是（bit），所以

图 2.1 原图像

图 2.2 效果图

颜色深度有时也称为位深度。常用的颜色深度是 1 位、8 位、24 位和 32 位。1 位有两个可能的数值：0 或者 1。较大的颜色深度（每像素信息的位数更多）意味着数字图像具有较多的可用颜色和较精确的颜色表示。

2. 色彩模式

要在 Photoshop 中正确地选择颜色，必须了解色彩模式。色彩模式是数字世界中表示颜色的一种算法。在数字世界中，为了表示各种颜色，人们通常将颜色划分为若干分量。成色原理的不同，决定了显示器、投影仪、扫描仪这类靠色光直接合成颜色的设备与打印机、印刷机这类使用颜料的印刷设备在生成颜色方式上的区别。

（1）位图模式。

位图模式用两种颜色（黑和白）来表示图像中的像素。位图模式的图像也叫作黑白图像。因为其颜色深度为 1，也称为一位图像。由于位图模式只用黑白两色来表示图像的像素，在将图像转换为位图模式时会丢失大量细节，为此，Photoshop 提供了几种算法来模拟图像中丢失的细节。

（2）灰度模式。

灰度模式可以使用多达 256 级灰度来表现图像，使图像的过渡更平滑细腻。灰度图像的每个像素有一个 0（黑色）到 255（白色）的亮度值。灰度值也可以用黑色油墨覆盖的百分比来表示（0% 等于白色，100% 等于黑色）。

（3）双色调模式。

双色调模式采用 2 ～ 4 种彩色油墨来进行双色调（2 种颜色）、三色调（3 种颜色）和四色调（4 种颜色）混合成色。在将灰度图像转换为双色调模式的过程中，可以对色调进行编辑，产生特殊的效果。双色调模式最主要的用途是使用尽量少的颜色表现尽量多的颜色层次，这对于减少印刷成本是很重要的，因为在印刷时，每增加一种色调都会增加印刷成本。

（4）索引颜色模式。

索引颜色模式是网络和动画中常用的图像模式，当彩色图像转换为索引颜色的图像后包含近 256 种颜色。索引颜色图像包含一个颜色表，如果原图像中颜色不能用 256 色表现，则 Photoshop 会从可使用的颜色中选出最相近的颜色来模拟这些颜色，这样可以减小图像文件的尺寸。颜色表用来存放图像中的颜色并为这些颜色建立颜色索引，颜色表可在转换的过程中定义或在声明索引图像后修改。

（5）RGB 颜色模式。

RGB 色彩就是通常所说的三原色，R 代表 Red（红色），G 代表 Green（绿色），B 代表 Blue（蓝色）。之所以称为三原色，是因为在自然界中肉眼所能看到的任何色彩都可以由这 3 种色彩混合叠加而成，因此也称为加色模式。RGB 颜色模式又称 RGB 色空间，它是一种色光表色模式。该模式广泛应用于生活中，如电视机、计算机显示屏、幻灯片等都是利用光来呈色。印刷出版中常需扫描图像，扫描仪在扫描时首先提取的就是原稿图像上的 RGB 色光信息。RGB 颜色模式是通过 R、G、B 的辐射量来描述任一颜色。计算机定义颜色时，R、G、B 3 种成分的取值范围是 0 ～ 255，0 表示没有刺激量，255 表示刺激量达最大值。R、G、B 均为 255 时就合成了白色，R、G、B 均为 0 时就形成了黑色。显示器、电视、幻灯片、网络、多媒体一般使用 RGB 颜色模式。RGB 颜色模式如图 2.3 所示。

（6）CMYK 颜色模式。

CMYK 颜色模式是一种减色混合模式，是将本身不能发光，但能吸收一部分光，并将余下的光反射出去的色彩混合。CMYK 代表印刷上用的 4 种颜色，C 代表青色（Cyan），M 代表洋红色（Magenta），Y 代表黄色（Yellow），K 代表黑色（Black）。因为在实际应用中，青色、洋红色和黄色很难叠加形成真正的黑色，最多不过是褐色而已，因此才引入了 K（黑色）。黑色的作用是强化暗调，加深暗部色彩。CMYK 颜色模式如图 2.4 所示。

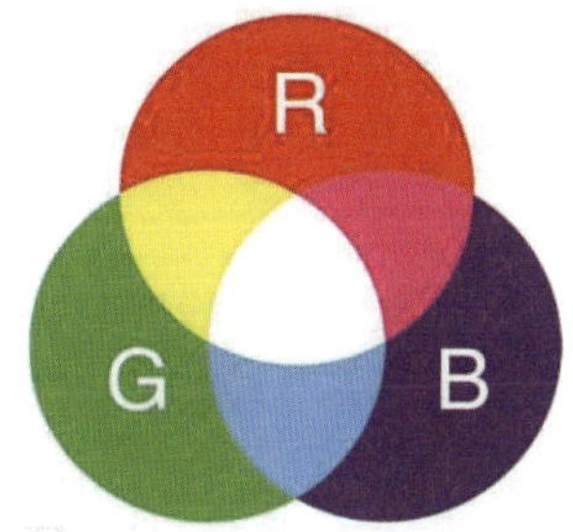

图 2.3　RGB 颜色模式

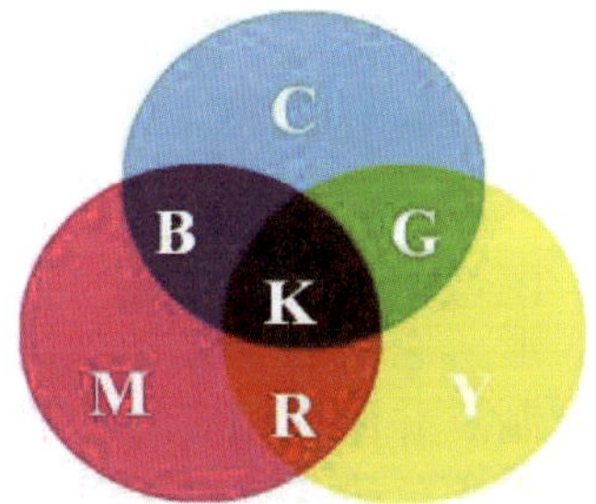

图 2.4　CMYK 颜色模式

（7）Lab 颜色模式。

Lab 颜色模式是 Photoshop 进行颜色模式转换时使用的中间模式。例如，将 RGB 图像转换为 CMYK 颜色模式时，Photoshop 会先将其转换为 Lab 颜色模式，再由 Lab 颜色模式转换为 CMYK 颜色模式。因此，Lab 的色域最宽，它涵盖了 RGB 和 CMYK 的色域。Lab 颜色模式由 3 个通道组成，但不是 R、G、B 通道。它的一个通道是明度，即 L。另外两个是色彩通道，用 A 和 B 来表示。A 通道包括的颜色是从深绿色（低亮度值）到灰色（中亮度值）再到亮粉红色（高亮度值）；B 通道则是从亮蓝色（低亮度值）到灰色（中亮度值）再到黄色（高亮度值）。因此，这些色彩混合后将产生明亮的色彩。

（8）多通道模式。

多通道模式是一种减色模式，将 RGB 图像转换为该模式后，可以得到青色、洋红色和黄色通道。此外，如果删除 RGB、CMYK、Lab 颜色模式的某个颜色通道，图像会自动转换为多通道模式。在多通道模式中，每个通道都合用 256 灰度级存放图像中颜色元素的信息。该模式多用于特定的打印或输出。

3. 曲线

“曲线”命令的功能非常强大，它可以对整个图片或单个颜色通道进行亮度、颜色及对比度的调整。该命令可以精确地调整高光区域、阴影区域和中间调区域中任意一点的色调与明暗度。更重要的是，这种调整可以是纯感性化的线性调整，也可以是纯理性化的数据精确调整。

选择“图像 | 调整 | 曲线”菜单，打开“曲线”对话框，如图 2.5 所示。

“曲线”对话框的部分选项说明如下。

- 坐标栏：曲线的水平轴表示原来图像的亮度值，即图像的输入值，垂直轴表示处理后新图像的亮度值，即图像的输出值。在曲线上单击可创建调节点并进行调整。拖动调节点可以设置调节点的位置和曲线弯曲的弧度，达到调整图像明暗度的目的。上弦线可以使图像变亮，下弦线可以使图像变暗，若线型呈“S”形，则可以调整图像的对比度。选择不需要的调节点，按 Delete 键或直接拖至曲线外，可以删除调节点。
- 曲线按钮 ：在默认情况下，该按钮为选中状态，可在曲线上移动、添加和删除控制点。
- 铅笔按钮 ：选择该按钮，可以在表格中画出各种曲线。
- 平滑按钮：选择了“铅笔”按钮，并在表格中绘制完曲线后，该按钮才可使用。单击该按钮，曲线会更加平滑，直到变成默认的直线状态。
- 自动按钮：单击该按钮，系统会对图像应用“自动颜色校正选项”对话框中的设置。
- 图像调整工具 ：选择该工具后，将光标放在图像上，曲线上会出现一个空的圆形，它代表了光标处的色调在曲线上的位置，在画面中单击并拖动光标可添加控制点并调整相应的色调。
- 输入色阶：显示了调整前的像素值。
- 输出色阶：显示了调整后的像素值。
- 设置黑场、灰点、白场 ：利用吸管工具也可以对图像的明暗度进行调节，使用黑色吸管工具 可以使图像变暗，使用白色吸管工具 可以加亮图像，灰色吸管工具 用于去除图像的偏色。

单击“曲线”对话框中“曲线显示选项”前的按钮，可以显示曲线更多的选项，如图 2.6 所示。

- 显示数量：可以切换显示强度值和百分比。
- 简单网格 / 详细网格：按下“简单网格”按钮 ，会以 25% 的增量显示网格；按下“详细网格”按钮 ，则以 10% 的增量显示网格。在详细网格状态下，可以更加准确地将控制点对齐到直方图上。按住 Alt 键单击网格，也可以在这两种网格间切换。
- 通道叠加：可在复合曲线上叠加各个颜色通道的曲线。
- 直方图：可在曲线上叠加直方图。
- 基线：可在网格上显示以 45 度角绘制的基线。

- 交叉线：调整曲线时，显示水平线和垂直线，以帮助用户在相对于直方图或网格拖动时将点对齐。

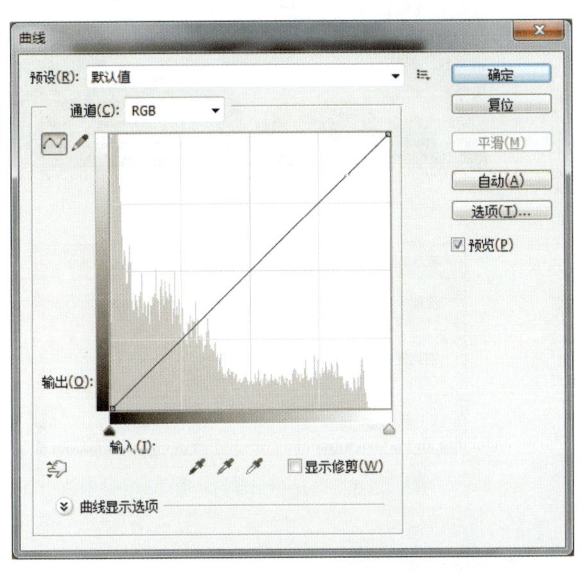

图 2.5 “曲线”对话框

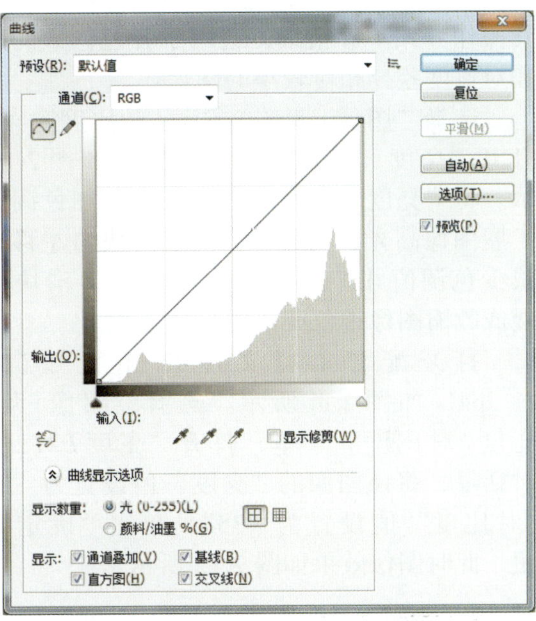

图 2.6 曲线显示选项

打开配套素材文件 02/ 相关知识 / 风景 .jpg，如图 2.7 所示，由于天气情况该照片拍摄效果不理想，可以对其进行“曲线”调整。选择“图像 | 调整 | 曲线”菜单，打开“曲线”对话框，按照图 2.8 所示进行设置，单击“确定”按钮，此时图像色彩变得鲜亮，给人郁郁葱葱的感觉，效果如图 2.9 所示。

图 2.7 原图像

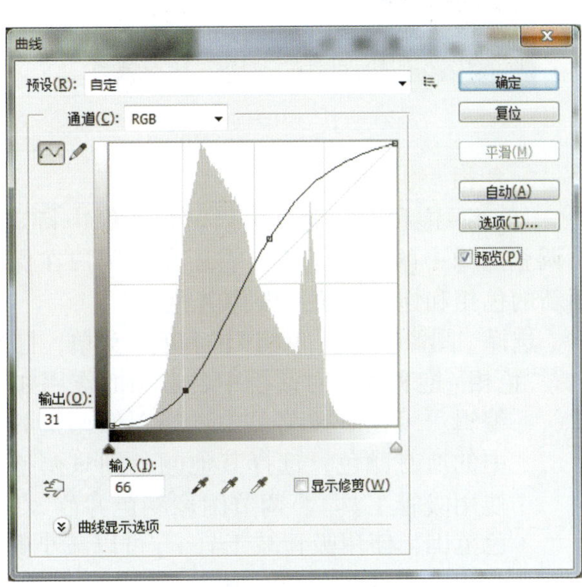

图 2.8 调整曲线

4. 亮度 / 对比度

“亮度 / 对比度”命令用于对图像的色调范围进行简单的调整，此命令属于粗放式调整，其操作方式不够精细，适用于各色调区的亮度和对比度差异相对较小的图像。

图 2.9　调整后的效果

选择“图像 | 调整 | 亮度 / 对比度”菜单，打开“亮度 / 对比度”对话框，如图 2.10 所示。将“亮度”滑块向右移动会增加色调值并扩展图像高光，而将“亮度”滑块向左移动会减少色调值并扩展阴影。“对比度”滑块可扩展或收缩图像中色调值的总体范围。

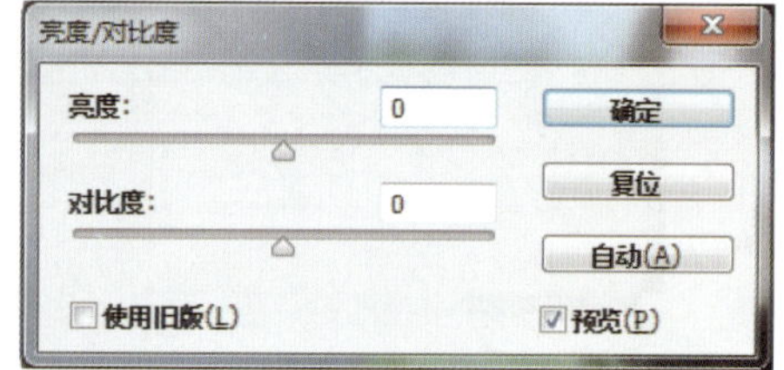

图 2.10　“亮度 / 对比度”对话框

打开配套素材文件 02/ 相关知识 / 乡村 .jpg，如图 2.11 所示。选择“图像 | 调整 | 亮度 / 对比度”菜单，打开“亮度 / 对比度”对话框，将该图像的“亮度”值设置为“80”，“对比度”值设置为“35”，单击“确定”按钮，此时图像效果如图 2.12 所示。

图 2.11　原图像

图 2.12　调整后的效果

5. 色相 / 饱和度

“色相 / 饱和度”命令可以调整图像中特定颜色分量的色相、饱和度和亮度，或者同时调整图像中的所有颜色。它还允许用户在保留原始图像的核心亮度值信息的同时，应用新的色相和饱和度值给图像着色。

选择“图像 | 调整 | 色相 / 饱和度”菜单，打开“色相 / 饱和度”对话框，如图 2.13 所示。“色相 / 饱和度”对话框中各选项的作用如下。

- 编辑：可在下拉菜单中选择图像调整的范围。选择“全图”选项会同时调整图像中的所有颜色；选择其他颜色则只调整所选颜色的色相、饱和度及亮度；也可以使用吸管工具 调节图像颜色并修改颜色范围，使用吸管加工具 可以扩大颜色范围，使用吸管减工具 可以减小颜色范围。
- 色相：通过在文本框中输入数值或拖动滑块进行调整，得到一个新的颜色。
- 饱和度：使用“饱和度”调节滑块可调节颜色的纯度。向右拖动增加纯度，向左拖动降低纯度。

- 明度：使用“明度”调节滑块可调节像素的亮度，向右拖动增加亮度，向左拖动减少亮度。
- 图像调整工具 ：选择该工具后，将光标放在要调整的颜色上，单击并拖动鼠标即可修改单击处的颜色的饱和度，向左拖动鼠标可以降低饱和度，向右拖动则增加饱和度。如果按住 Ctrl 键拖动鼠标，则可以修改色相。
- 颜色条：在对话框的底部显示有两个颜色条，代表颜色在颜色条中的次序及选择范围。上面的颜色条显示调整前的颜色，下面的颜色条显示调整后的颜色。
- 着色：选中该复选框可为图像上色，或设置单色调效果。

打开配套素材文件 02/ 相关知识 / 女孩子 .jpg，如图 2.14 所示。

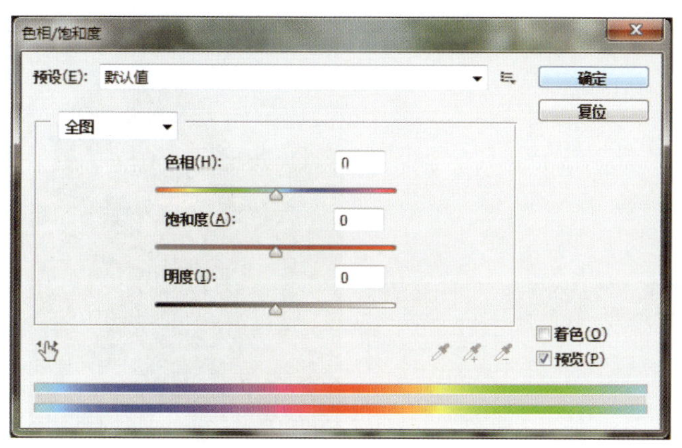

图 2.13 “色相 / 饱和度”对话框

图 2.14 原图像

选择“图像 | 调整 | 色相 / 饱和度”菜单，打开“色相 / 饱和度”对话框，单击“编辑”下拉菜单，选择“蓝色”，拖动颜色条（上方）最左侧的滑块至颜色条的最左端，调整“色相”值为“ –98”，“饱和度”值为“17”，“明度”值为“ –45”，如图 2.15 所示，单击“确定”按钮，此时图像中人物衣服的颜色发生变化，效果如图 2.16 所示。

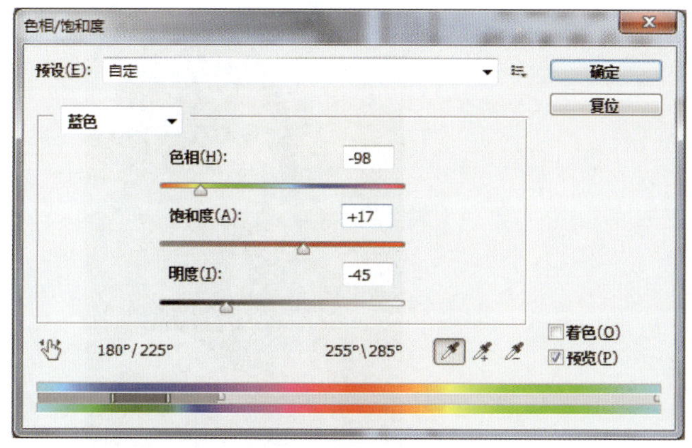

图 2.15 调整参数

图 2.16 调整后的图像

6. 自然饱和度

“自然饱和度”是用于调整色彩饱和度的命令，它的特别之处是可在增加饱和度的同时防止颜色过于饱和而出现溢色，非常适合处理人物照片。用“自然饱和度”命令可以增加人物照片中色彩的饱和度，让人物皮肤颜色红润、健康、自然，从而有效避免出现难看的溢色。

打开配套素材文件 02/ 相关知识 / 郊外人物 .jpg，如图 2.17 所示。由于天气情况不是太好，人物的肤色不够红润，周围景物有些灰暗。选择“图像 | 调整 | 自然饱和度”菜单，打开“自然饱和度”对话框。该对话框中有两个滑块，向左拖动可以降低颜色的饱和度，向右拖动则增加饱和度。现向右拖动“饱和度”滑块至值为“100”，如图 2.18 所示。可以看到图像中所有颜色的饱和度都增加了，色彩过于鲜艳，人物皮肤的颜色显得非常不自然，如图 2.19 所示。

图 2.17　原图像

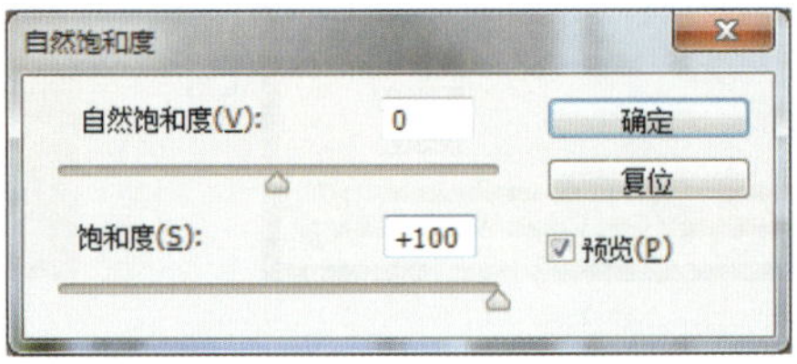

自然饱和度
自然饱和度(V):　0
确定
复位
饱和度(S):　+100
预览(P)

图 2.18　调整饱和度

图 2.19　调整后的图像

拖动“自然饱和度”滑块至值为“100”，如图 2.20 所示，可以看到图像效果完全不同，Photoshop 不会生成过于饱和的颜色，并且即使是将饱和度调整到最高值，皮肤颜色变得红润以后，仍能保持自然、真实的效果，如图 2.21 所示。

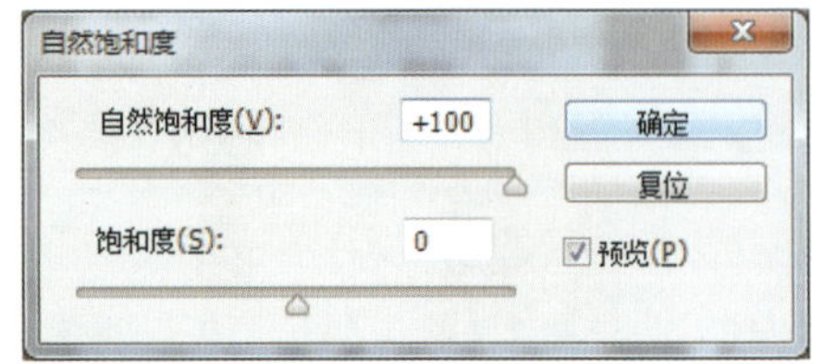

图 2.20　调整自然饱和度

图 2.21　调整后的图像

2.1.3 任务实现

步骤 1：打开配套素材文件 02/ 任务 / 蝴蝶 .jpg，如图 2.1 所示。

步骤 2：选择“图像 | 调整 | 曲线”菜单，打开“曲线”对话框，按照图 2.22 所示调整曲线，单击“确定”按钮，图像效果如图 2.23 所示。

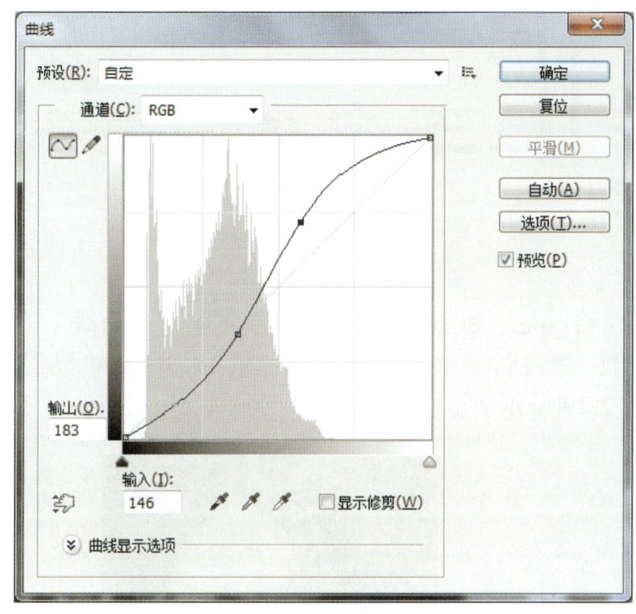

图 2.22 调整曲线

图 2.23 调整曲线后的效果

步骤 3：选择“图像 | 调整 | 亮度 / 对比度”菜单，打开“亮度 / 对比度”对话框，设置“亮度”值为“21”、“对比度”值为“23”，如图 2.24 所示，单击“确定”按钮。图像效果如图 2.25 所示。

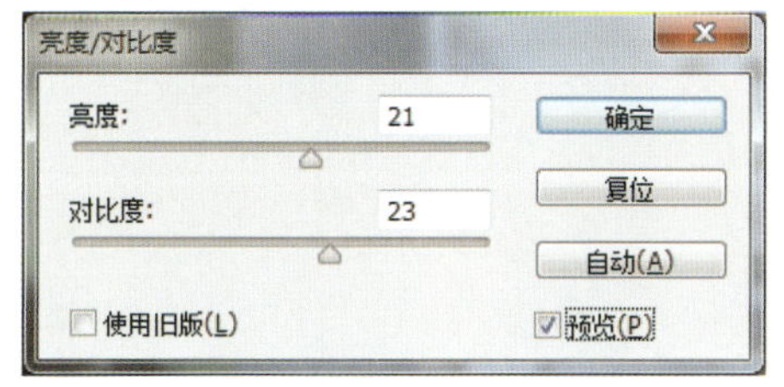

图 2.24 调整亮度和对比度

图 2.25 调整亮度和对比度后的效果

步骤 4：选择“图像 | 调整 | 色相 / 饱和度”菜单，打开“色相 / 饱和度”对话框，调整全图的“饱和度”值为“35”，如图 2.26 所示。

步骤 5：对全图中的“红色”进行调整，设置“饱和度”值为“37”，如图 2.27 所示，单击“确定”按钮。至此，图像调整完毕，最终效果如图 2.2 所示。

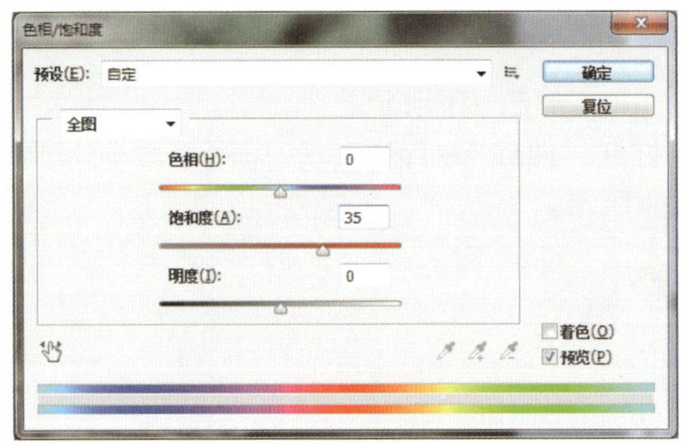

图 2.26　调整全图饱和度

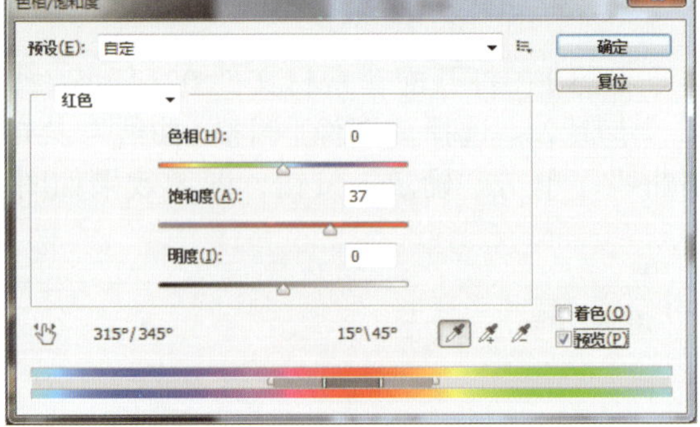

图 2.27　调整红色饱和度

2.1.4　练习实践

打开配套素材文件 02/ 练习实践 / 模特 .jpg，如图 2.28 所示，综合运用“曲线”“色相 / 饱和度”“亮度 / 对比度”等命令对图像进行调整，打造亮紫色效果，使人物显得更加时尚、充满活力。调整后的效果如图 2.29 所示。

图 2.28　原图像

图 2.29　效果图

任务 2.2　晴空万里

2.2.1　任务描述

受到天气的影响，照片拍摄效果不好，乌云密布，让人感到心情压抑。本任务将利用“色阶”对高光部分进行调整，使图像色调变亮，再利用“色彩平衡”对图像的颜色进行校正，使其接近于晴天的效果，最后再使用“包相 / 饱和度”调整图像的饱和度。调整前后的效果对比如图 2.30 和图 2.31 所示。

图 2.30　原图像

图 2.31　效果图

2.2.2　相关知识

1. 色阶

“色阶”命令允许用户通过修改图像暗调、中间调和高光部分的亮度来调整图像的色调范围和色彩平衡。

下面以一个实例来介绍“色阶”命令的功能及其所实现的效果。

步骤 1：打开配套素材文件 02/ 相关知识 / 秋树 .jpg，如图 2.32 所示。

步骤 2：选择“图像 | 调整 | 色阶”菜单，打开“色阶”对话框，如图 2.33 所示。直方图中呈山峰状的图谱显示了像素在各个颜色处的分布，峰顶表示具有该颜色的像素数量多。左侧表示暗调区域，右侧表示高光区域。

图 2.32　原图像

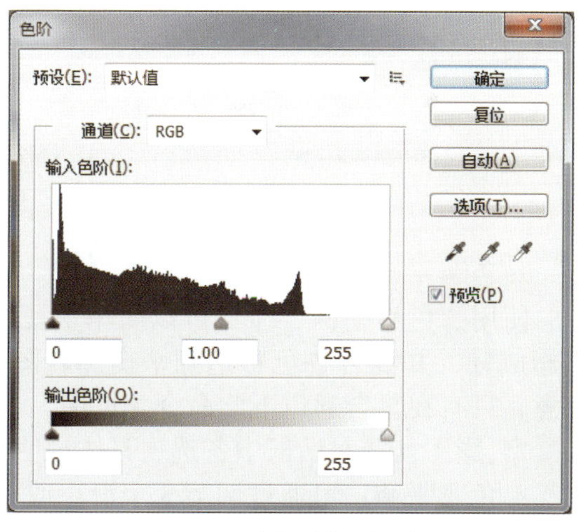

图 2.33　“色阶”对话框

“色阶”对话框中各选项具体说明如下。

- 通道：用于选择要进行色调调整的颜色通道。
- 输入色阶：通过设置暗调、中间调和高光的色调值来调整图像的色调和对比度。
- 输出色阶：用于改变图像的对比度，在最下边的颜色条中向右拖动左边的滑块可加亮图像，向左拖动右边的滑块可将图像变暗，两个滑块分别对应两个文本框。

- 载入预设：用于将定义好的色阶设置导入，这样可不用对图像进行再次调整。
- 自动按钮：用于对图像色阶做自动调整。
- 选项按钮：用于对自动色阶调整进行修正。
- 复位按钮：用于取消当前所做的设置并关闭对话框，按住 Alt 键，此按钮将变成“取消”按钮，单击此按钮可以将图像恢复到调整前的状态。
- 吸管工具：利用吸管工具也可以对图像的明暗度进行调节，使用黑色吸管工具 可以使图像变暗，使用白色吸管工具 可以加亮图像，灰色吸管工具 用于去除图像的偏色。

步骤 3：在“输入色阶”暗调区域的文本框中设置数值为“9”，在高光区域的文本框中设置数值为“180”，如图 2.34 所示，调整后的图像效果如图 2.35 所示。调整色阶后的图像明暗平衡。

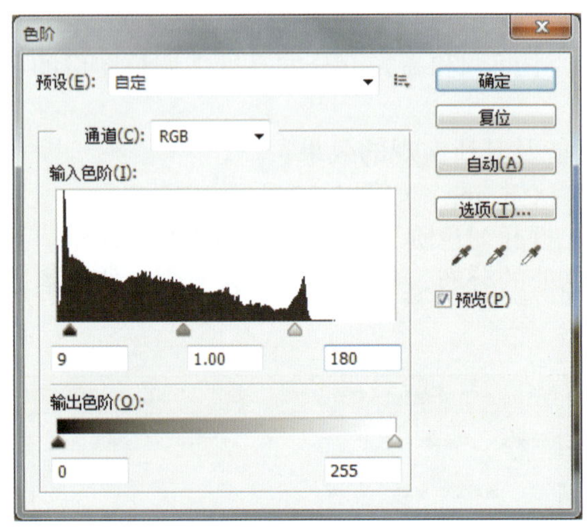

图 2.34　调整色阶

图 2.35　图像效果

2. 色彩平衡

使用“色彩平衡”命令可以简单快捷地调整图像暗调区、中间调区和高光区的各种色彩成分，并混合各色彩达到平衡。若图像色彩有明显的偏差，可以用该命令来纠正。注意，只有在复合通道下此命令才可用。

“色彩平衡”对话框中各选项具体说明如下。

- 色彩平衡：可通过调节 3 个滑块或在文本框中输入 -100 ～ 100 的数值来调节色彩平衡。
- 色调平衡：用于选择需要调节色彩平衡的色调区。
- 保持明度：用于在改变色彩成分的过程中，保持图像的亮度值不变。仅对 RGB 图像可用。

下面以一个实例来介绍“色彩平衡”的作用及其所实现的效果。

步骤 1：打开配套素材文件 02/ 相关知识 / 古董 .jpg，如图 2.36 所示。

步骤 2：选择“图像 | 调整 | 色彩平衡”菜单，打开“色彩平衡”对话框，如图 2.37 所示。

图 2.36 原图像

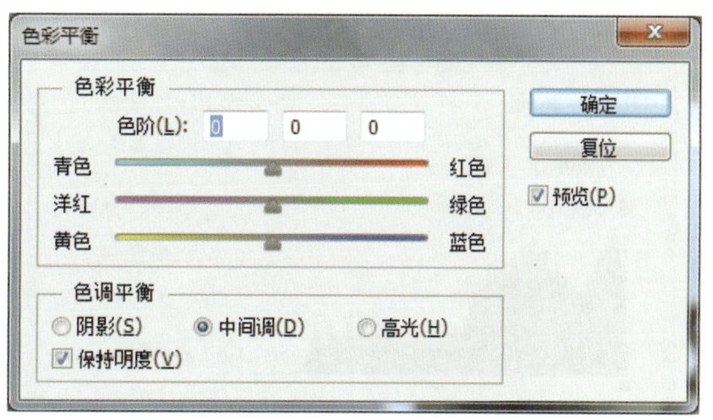

图 2.37 “色彩平衡”对话框

步骤 3：选择“中间调”选项，按照图 2.38 所示进行设置；再选择“阴影”选项，按照图 2.39 所示进行设置；最后选择“高光”选项，按照图 2.40 所示进行设置。单击“确定”按钮，此时图像的色彩已经完全改变，最终效果如图 2.41 所示。

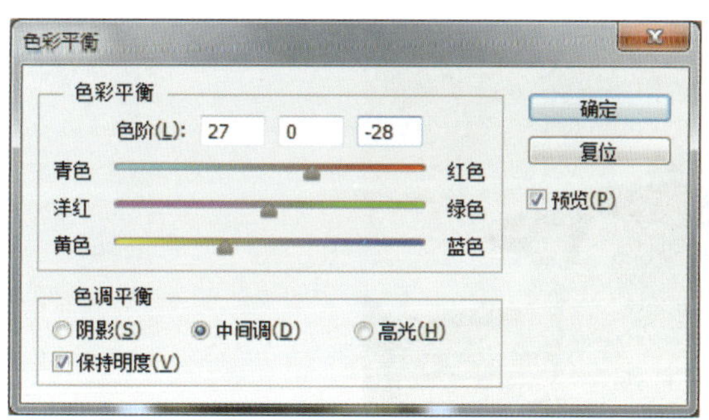

图 2.38 调整中间调

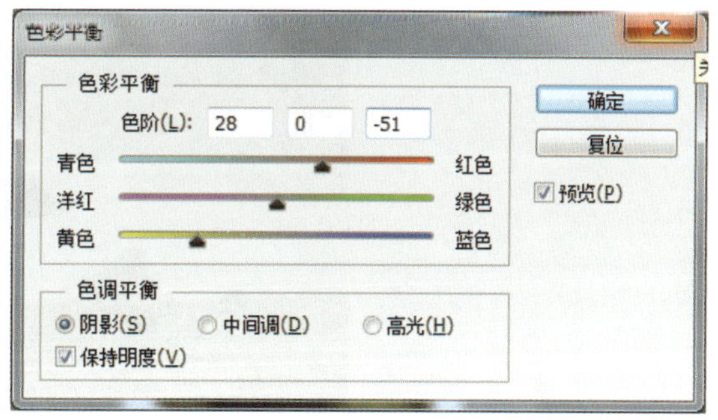

图 2.39 调整阴影

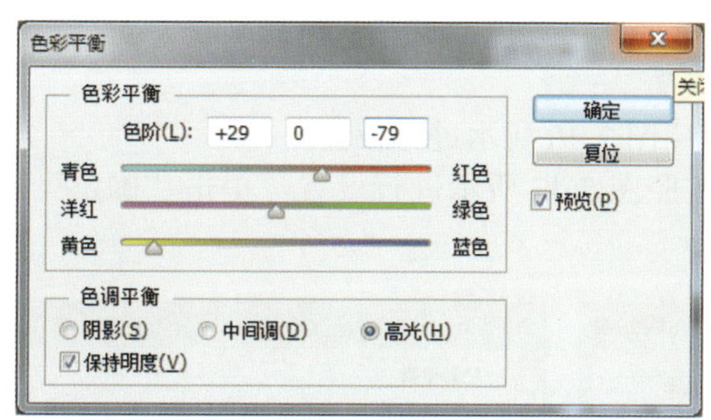

图 2.40 调整高光

图 2.41 调整后的效果

2.2.3 任务实现

步骤 1：打开配套素材文件 02/ 任务 / 阴天 .jpg，如图 2.30 所示。

步骤 2：选择“图像 | 调整 | 色阶”菜单，打开“色阶”对话框，如图 2.42 所示。通过观察直方图可以发现，阴影区域包含很多信息，高光区域信息比较少，所以导致图像

过暗，现对其进行调整，按照图 2.43 所示进行设置，此时图像效果如图 2.44 所示。

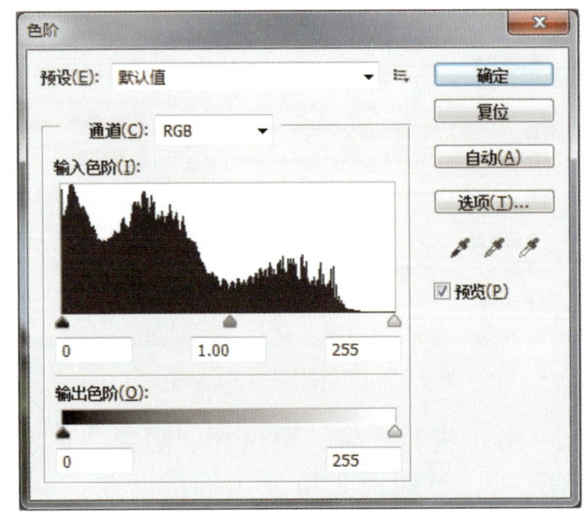

图 2.42 “色阶”对话框

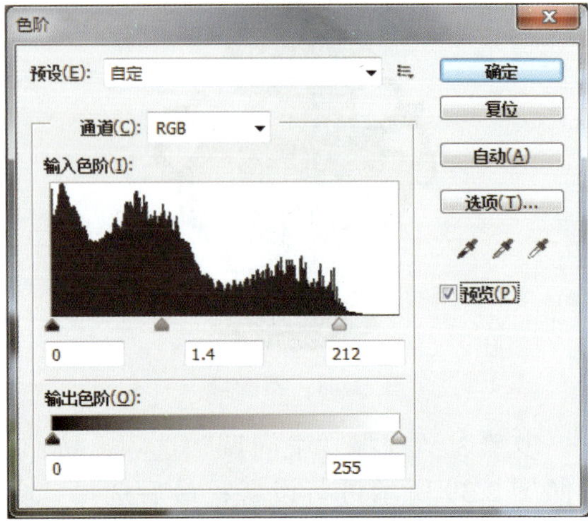

图 2.43 调整色阶

图 2.44 调整色阶后的效果

步骤 3：选择“图像 | 调整 | 色彩平衡”菜单，打开“色彩平衡”对话框，勾选“中间调”选项，按照图 2.45 所示进行设置。

步骤 4：勾选“阴影”选项，按照图 2.46 所示进行设置。

步骤 5：勾选“高光”选项，按照图 2.47 所示进行设置。单击“确定”按钮，此时图像效果如图 2.48 所示。

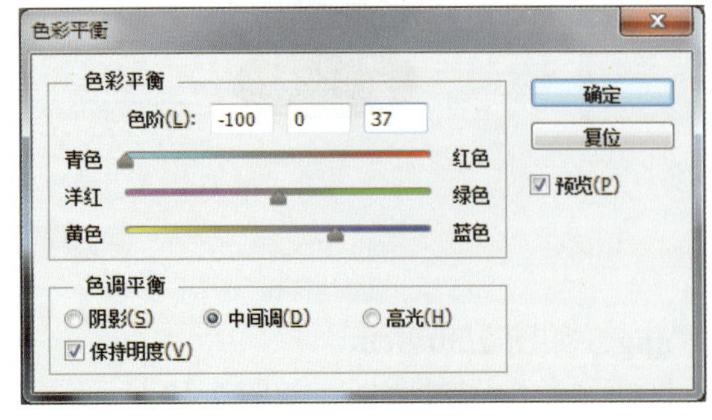

图 2.45 调整中间调

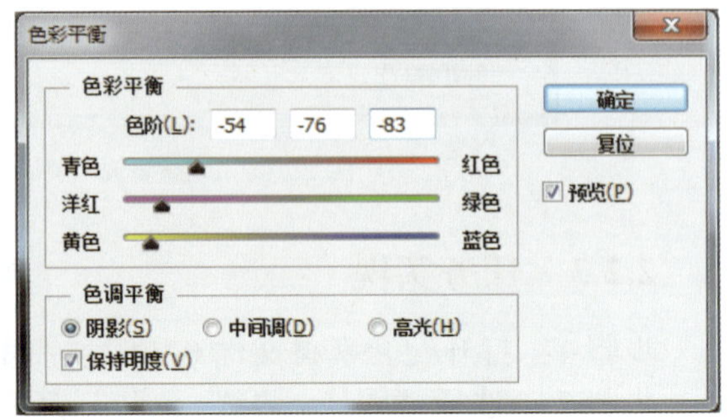

图 2.46 调整阴影

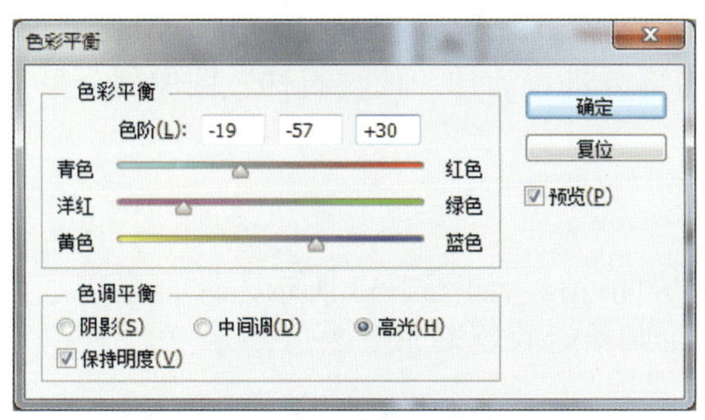

图 2.47　调整高光

图 2.48　调整后的效果

步骤 6：选择“图像 | 调整 | 色相 / 饱和度”菜单，打开“色相 / 饱和度”对话框，选择“黄色”，将其“饱和度”的值设置为“48”，如图 2.49 所示，单击“确定”按钮，图像效果如图 2.50 所示。

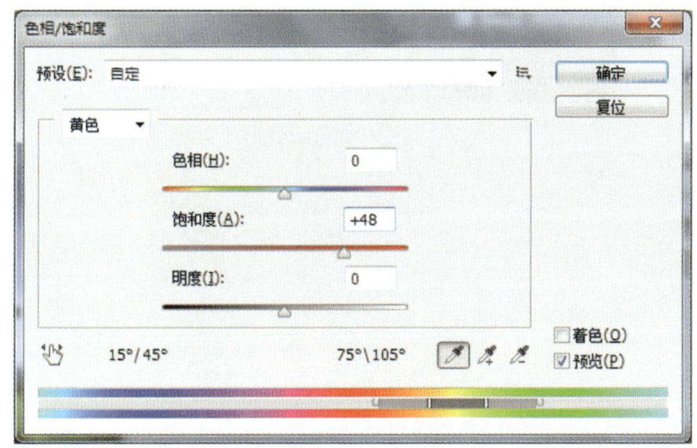

图 2.49　调整饱和度

图 2.50　调整饱和度后的效果

步骤 7：此时图像中的“石柱”部分颜色也发生了变化，失去了石头本身的颜色，接下来利用历史记录画笔工具对其颜色进行还原，单击工具箱中的历史记录画笔工具 ，确定历史记录面板中历史记录画笔源的位置，如图 2.51 所示。

步骤 8：利用历史记录画笔工具 在“石柱”图像部分进行涂抹，将其恢复成石头本身的颜色，效果如图 2.52 所示。

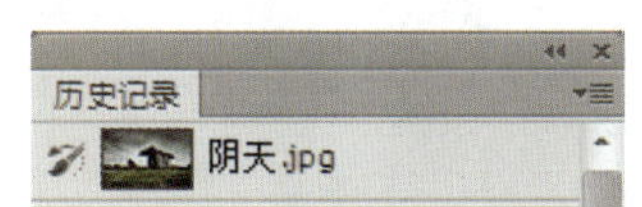

图 2.51　历史记录画笔源的位置

图 2.52　恢复石头颜色

步骤 9：为了使“石柱”图像部分的效果更自然，利用减淡工具对其进行淡化处理，单击工具箱中的减淡工具 ，在“石柱”图像部分进行涂抹，使“石柱”图像部分呈现深浅变化，图像最终效果如图 2.31 所示。

2.2.4 练习实践

打开配套素材文件 02/ 练习实践 / 阴暗的房间 .jpg，如图 2.53 所示，综合运用“色阶”和“曲线”命令对图片的明暗度进行调整。调整后的效果如图 2.54 所示。

图 2.53 原图像

图 2.54 洒满阳光

任务 2.3 校正彩色照片

2.3.1 任务描述

本任务中的原始照片产生了很大的色偏，主要是绿色通道和红色通道受损，可先利用“通道混合器”对图像进行修补，再使用“色彩平衡”进行微调，通过“色阶”调整明暗度，再配合使用“色相 / 饱和度”来调整色彩的饱和度。图像调整前后的效果对比如图 2.55 和图 2.56 所示。

图 2.55 原图像

图 2.56 效果图

2.3.2 相关知识

通道混合器

使用“通道混合器”命令可以通过颜色通道混合来修改颜色通道，产生图像合成效果，并对图像的创造性颜色进行调整。该命令可以对图像的色彩做如下处理。

- 创造一些颜色，这些颜色是用调整工具不易做出来的。
- 从每种颜色通道选择一定的百分比来制作高质量的灰度图像。
- 创作高质量的棕褐色图像。
- 将图像转换到其他可选的颜色空间。
- 交换可复制通道。

“通道混合器”对话框中各选项具体说明如下。

- 输出通道：用于选择一个要在其中混合一个或多个现有通道的颜色通道。对不同的颜色模式有不同的选项。对于 RGB 模式可选择红色、绿色和蓝色通道。
- 源通道：通过拖动滑块或在文本框中输入数值，可增大或减小该通道颜色对输出通道的作用。其有效数值为 -200% ～ 200%，负值表示将原通道先反相，然后加到输出通道上。
- 常数：用于改变加到输出通道上的颜色通道的不透明度，负值相当于加上一个黑色通道，正值相当于加上一个白色通道。
- 单色：用于将对话框中的设置应用到输出通道，但最后创建的是包含灰度信息的黑白图像。

下面以一个实例来介绍“通道混合器”的作用及其所实现的效果。

步骤 1：打开配套素材文件 02/ 相关知识 / 女孩 .jpg，如图 2.57 所示。

步骤 2：选择“图像 | 调整 | 通道混合器”菜单，打开“通道混合器”对话框，如图 2.58 所示。

图 2.57　原图像

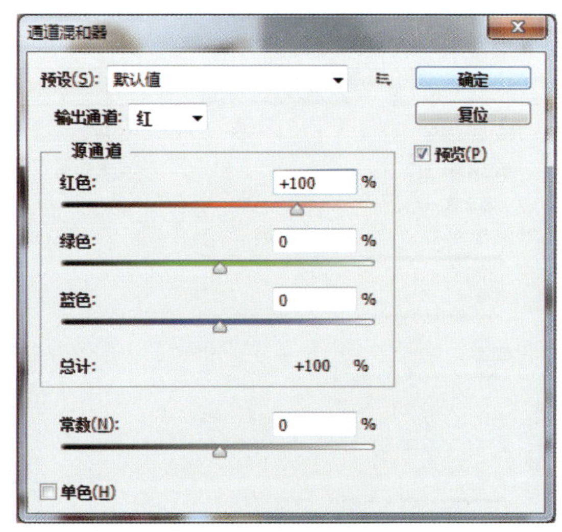

图 2.58　“通道混合器”对话框

步骤 3：勾选“单色”选项，将“红色”调整为“67%”，“绿色”调整为“75%”，

“蓝色”调整为“16%”，“常数”调整为“ –55%”，如图 2.59 所示。单击“确定”按钮，得到了灰度图像效果，如图 2.60 所示。

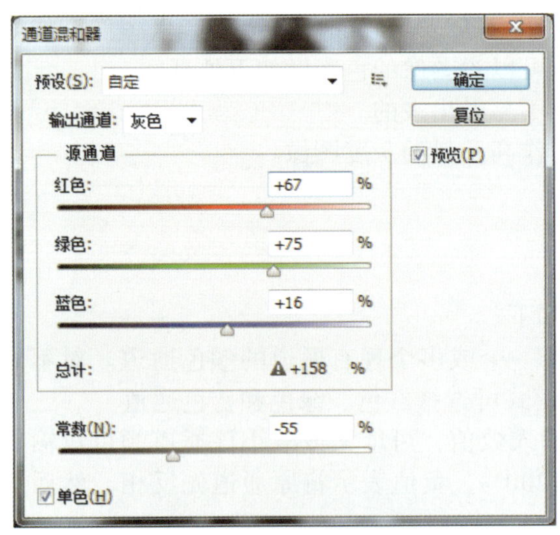

图 2.59　调整通道混合器

图 2.60　灰度图像效果

2.3.3　任务实现

步骤 1：打开配套素材文件 02/ 任务 / 儿童 .jpg，如图 2.55 所示。

步骤 2：选择“图像 | 调整 | 通道混合器”菜单，打开“通道混合器”对话框，选择“红色”输出通道，按照图 2.61 所示进行调整。

步骤 3：选择“绿色”输出通道，按照图 2.62 所示进行调整。

步骤 4：选择“蓝色”输出通道，按照图 2.63 所示进行调整，单击“确定”按钮，此时图像效果如图 2.64 所示。

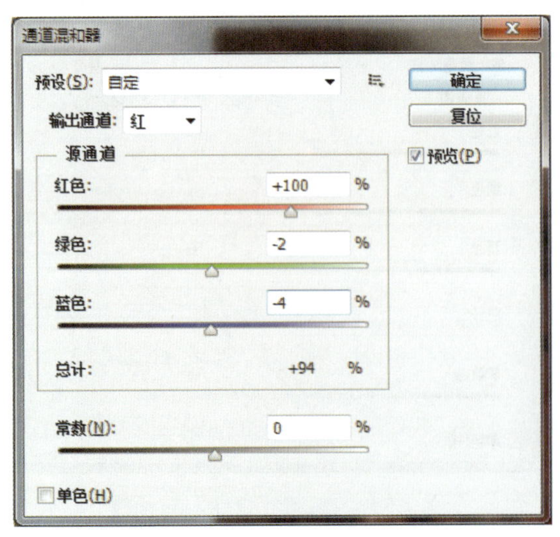

图 2.61　调整红色通道

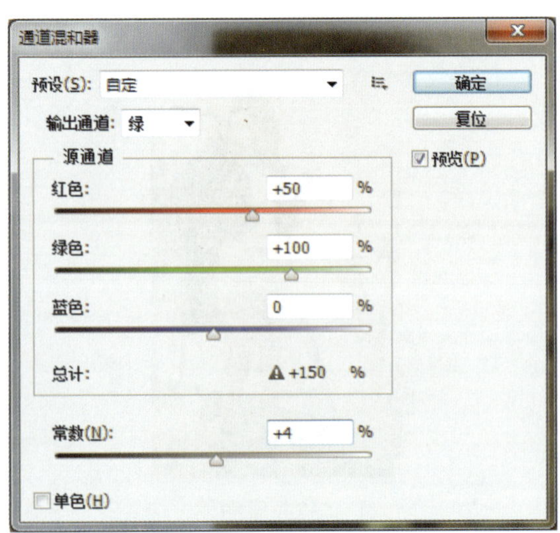

图 2.62　调整绿色通道

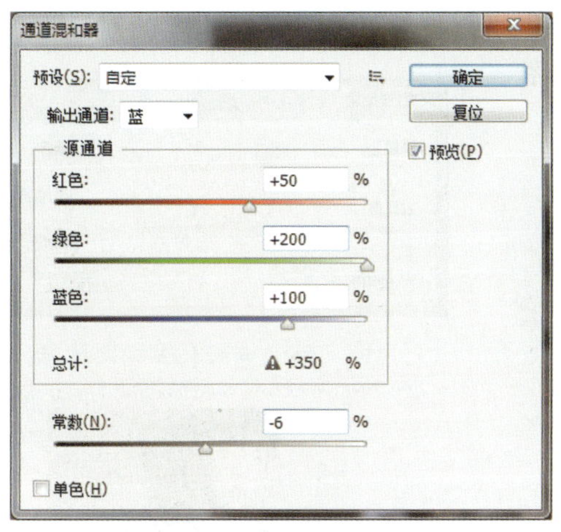

图 2.63 调整蓝色通道

图 2.64 图像效果

步骤 5：选择“图像 | 调整 | 色彩平衡”菜单，打开“色彩平衡”对话框，按照图 2.65 所示进行调整，除去微红，单击“确定”按钮，图像效果如图 2.66 所示。

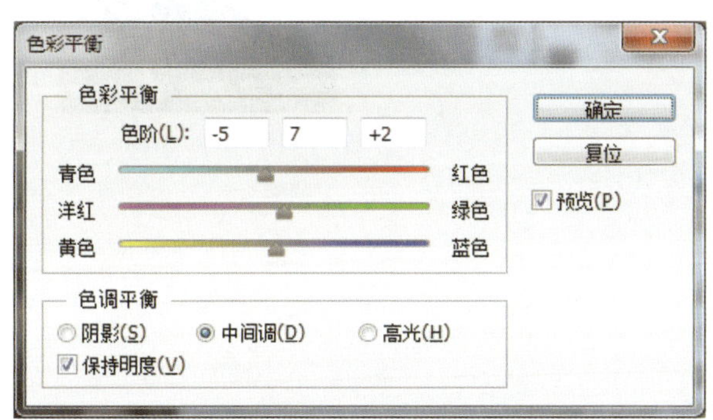

图 2.65 调整色彩平衡

图 2.66 调整色彩平衡后的效果

步骤 6：选择“图像 | 调整 | 色阶”菜单，打开“色阶”对话框，按照图 2.67 所示进行调整，单击“确定”按钮，图像效果如图 2.68 所示。

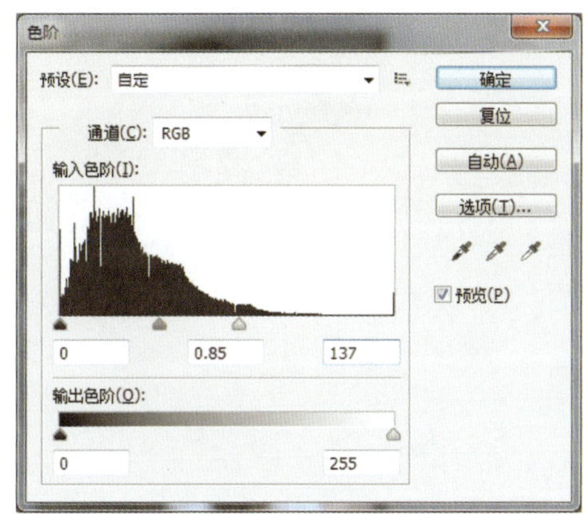

图 2.67 调整色阶

图 2.68 调整色阶后的效果

步骤 7：选择“图像 | 调整 | 亮度 / 对比度”菜单，打开“亮度 / 对比度”对话框，按照图 2.69 所示进行设置。单击“确定”按钮，图像最终效果如图 2.56 所示。

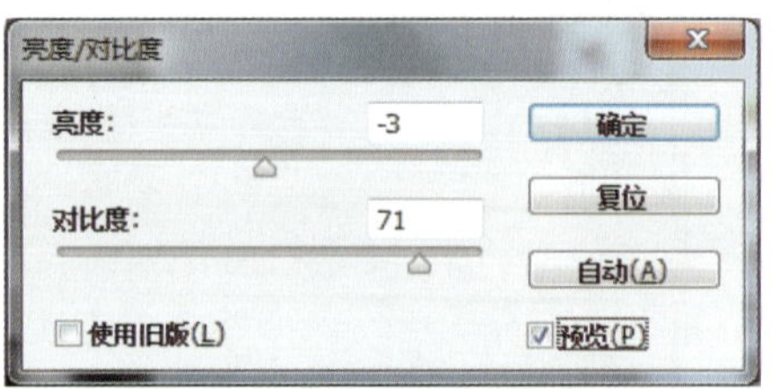

图 2.69　调整亮度和对比度

2.3.4　练习实践

打开配套素材文件 02/ 练习实践 / 人物 .jpg，如图 2.70 所示，利用“通道混合器”将图像调整为黑白图像，最终效果如图 2.71 所示。

图 2.70　原图像

图 2.71　黑白图像效果

任务 2.4　速写效果

2.4.1　任务描述

本案例主要是通过运用“去色”“反向”“滤镜”“曲线”等命令实现图像的速写效果。图像效果的前后对比如图 2.72 和图 2.73 所示。

图 2.72　原图像

图 2.73　速写效果

2.4.2 相关知识

1. 去色

“去色”命令用于将彩色图像转换为相同颜色模式下的灰度图像。但图像的颜色模式保持不变。如果当前处理的是多图层图像，“去色”命令则仅转换所选的当前图层。

该命令与在“色相 / 饱和度”对话框中将“饱和度”的值设置为“ -100”的效果是一样的。但使用“去色”命令将彩色图像转换为灰度图像与使用“图像 | 模式 | 灰度”菜单将图像转换为灰度模式的效果是不同的。“去色”命令并不改变图像的颜色模式，只是将图像表现为灰度模式。

打开配套素材文件 02/ 相关知识 / 去色 .jpg，如图 2.74 所示，选择“图像 | 调整 | 去色”菜单，图像去色后的效果如图 2.75 所示。

图 2.74 原图像

图 2.75 去色效果

2. 反相

“反相”命令的作用就是反转图像中的颜色。在处理过程中，可以使用该命令创建边缘蒙版，以便向图像的选定区域应用锐化或其他调整。

对于黑白图像来说，该命令可以将其转换为底片效果；对于彩色图像来说，该命令可以将图像中的各部分颜色转换为补色。

由于彩色打印胶片的基底中包含一层橙色掩膜，因此“反相”命令不能从扫描的彩色负片中得到精确的正片图像。在扫描胶片时，一定要进行正确的彩色负片设置。

在对图像进行反相时，通道中每个像素的亮度值都会转换为 256 级颜色值后标注上相反的值。例如，正片图像中值为 255 的像素会被转换为 0，值为 5 的像素会被转换为 250。

打开配套素材文件 02/ 相关知识 / 反相 .jpg，如图 2.76 所示，选择“图像 | 调整 | 反相”菜单，图像反相后的效果如图 2.77 所示。

2.4.3 任务实现

步骤 1：打开配套素材文件 02/ 任务 / 人物速写 .jpg，如图 2.72 所示。

步骤 2：选择“图像 | 调整 | 去色”菜单，图像效果如图 2.78 所示。

步骤 3：复制“背景”图层，选中“背景 副本”图层，选择“图像 | 调整 | 反相”菜单，图像效果如图 2.79 所示。

图 2.76　原图像

图 2.77　反相效果

图 2.78　去色效果

图 2.79　反相效果

步骤 4：修改图层混合模式为“线性减淡”，如图 2.80 所示。

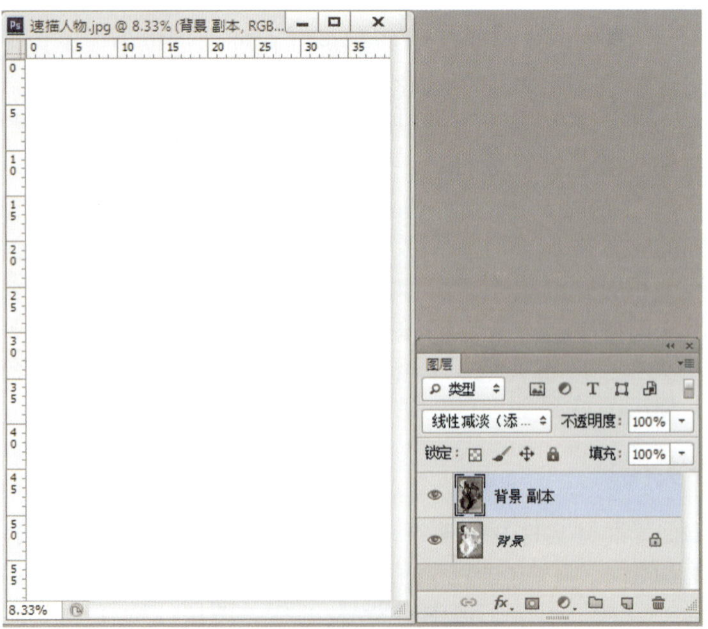

图 2.80　线性减淡效果

步骤 5：选择“滤镜 | 其他 | 最小值”菜单，打开“最小值”对话框，设置“半径”为“15”，如图 2.81 所示。图像效果如图 2.82 所示。

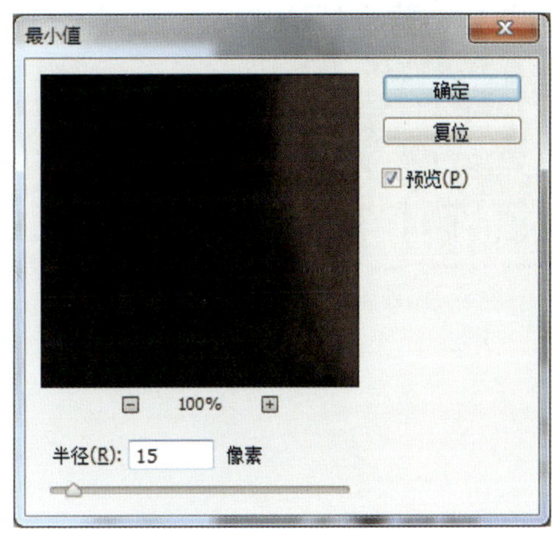

图 2.81 最小值滤镜

图 2.82 最小值效果

步骤 6：新建图层，按“Ctrl+Alt+Shift+E”组合键盖印图层，如图 2.83 所示。

步骤 7：选择“图像 | 调整 | 曲线”菜单，设置“输入”值为“141”、“输出”值为“106”，如图 2.84 所示。图像的最终效果如图 2.73 所示。

图 2.83 盖印图层

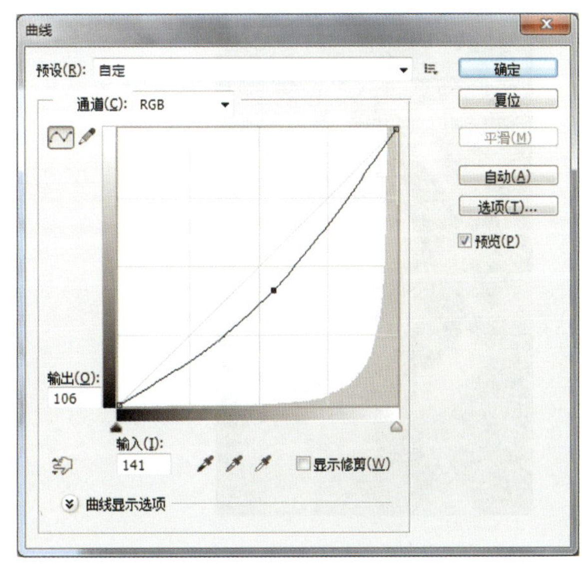

图 2.84 调整曲线

2.4.4 练习实践

通过本任务的学习，相信读者已经掌握了如何将一幅彩色图像利用色彩调整命令转换成速写效果图，接下来是巩固练习。打开配套素材文件 02/ 练习实践 / 雪景 .jpg，如图 2.85 所示，参考本节所学知识，制作出雪景速写效果图，如图 2.86 所示。

图 2.85　原图像

图 2.86　速写效果图

任务 2.5　紫色梦幻照

2.5.1　任务描述

现代艺术摄影中，自然色的色调已经不再是主流，人们往往会将色彩及色调处理为单色、复古或非主流等特殊效果。本任务主要是通过运用“可选颜色”“曲线”“色相/饱和度”等命令将图像处理成紫色调效果。图像效果的前后对比如图 2.87 和图 2.88 所示。

图 2.87　原图像

图 2.88　效果图

2.5.2　相关知识

可选颜色

“可选颜色”命令用于对 RGB、CMYK 和灰度等色彩模式的图像分通道调整颜色。“可选颜色”是高端扫描仪和分色程序使用的一种技术，用于在图像中的每个主要原色成分中更改印刷色的数量。用户可以有选择地修改任何主要颜色中的印刷色数量，而不会影响其他主要颜色。例如，可以使用“可选颜色”校正显著减少图像绿色图素中的青色，同时保留蓝色图素中的青色不变。

除三原色外，其他颜色都是由两种或几种颜色混合而成的，例如橙色就可以用纯黄色和少量的红色混合得到，如果需要将橙色中的红色完全去掉，就可以使用“可选颜色”来完成，不会影响其他颜色中混合的红色。即使“可选颜色”使用 CMYK 颜色来校正图像，也可以在 RGB 图像中使用它。

“可选颜色”对话框中各选项具体说明如下。

- 颜色：在该下拉菜单中可以选择要调整的颜色。
- 青色、洋红、黄色、黑色：分别拖动各自的滑块或在对应的数值框中输入数值，可以增加或减少它们在图像中的比重。
- 相对：选择该选项后，是按照总量的百分比更改颜色。例如，将 50% 的红色减少 30%，则红色的总量减少 50%×30% = 15%，结果就是红色的像素总量变为 35%。
- 绝对：选择该选项后，所做的调整是按照相加或相减的方式进行的。例如，将 50% 的红色减少 30%，结果就是红色的像素总量变为 20%。按“绝对”方式调整的程度高。

图 2.89　原图像

下面以一个实例来介绍“可选颜色”的使用方法。

步骤 1：打开配套素材文件 02/ 相关知识 / 绿意 .jpg，如图 2.89 所示。

步骤 2：选择“图像 | 调整 | 可选颜色”菜单，打开“可选颜色”对话框，如图 2.90 所示。

步骤 3：在“颜色”下拉列表中选择黄色，按照图 2.91 所示进行调整。

步骤 4：在“颜色”下拉列表中选择绿色，按照图 2.92 所示进行调整。单击“确定”按钮，图像调整后的效果如图 2.93 所示。

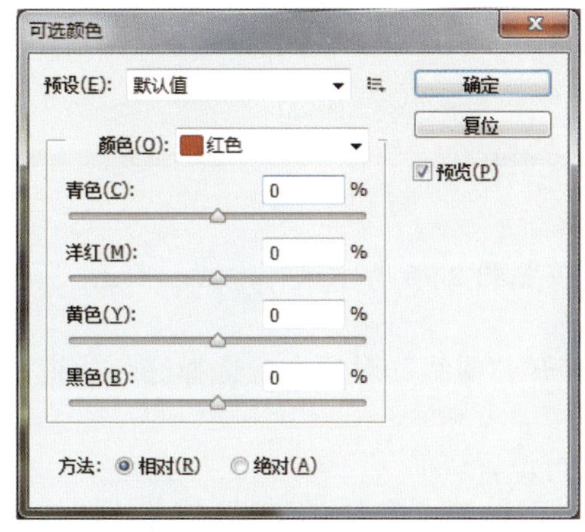

图 2.90　“可选颜色”对话框

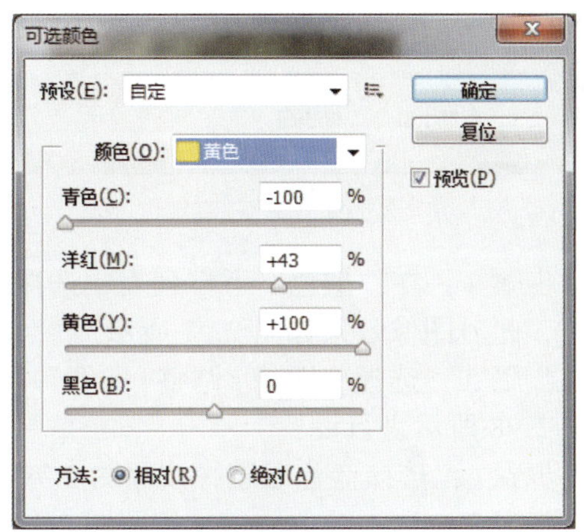

图 2.91　调整黄色

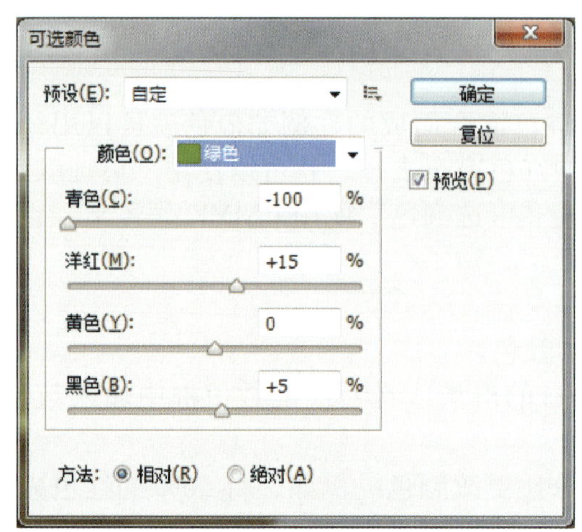

图 2.92　调整绿色

图 2.93　调整后的效果

2.5.3　任务实现

步骤 1：打开配套素材文件 02/ 任务 / 外景 .jpg，如图 2.87 所示。

步骤 2：选择“图像 | 调整 | 可选颜色”菜单，打开“可选颜色”对话框，按照图 2.94 所示进行设置。

步骤 3：在“颜色”下拉列表中选择黄色，按照图 2.95 所示进行设置。

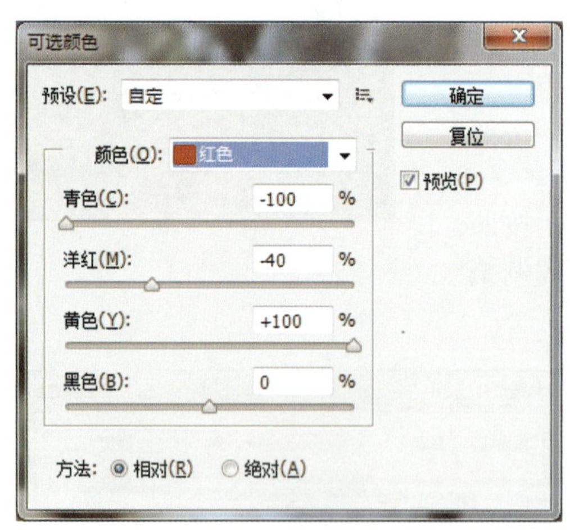

图 2.94　调整红色

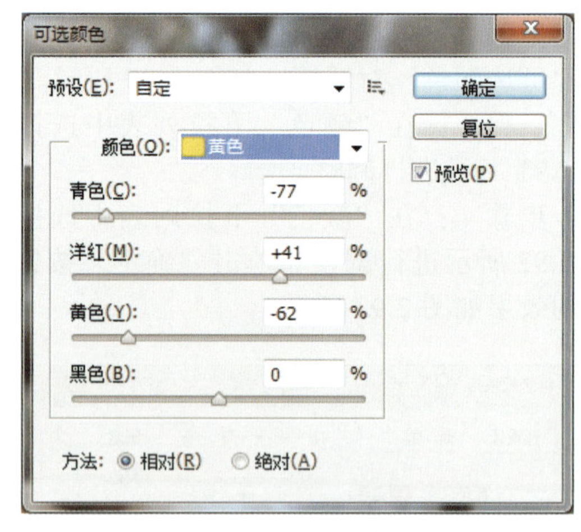

图 2.95　调整黄色

步骤 4：在“颜色”下拉列表中选择蓝色，按照图 2.96 所示进行设置。单击“确定”按钮，此时图像效果如图 2.97 所示。

步骤 5：选择“图像 | 调整 | 曲线”菜单，打开“曲线”对话框，选择红色通道，按照图 2.98 所示进行设置。

步骤 6：选择蓝色通道，按照图 2.99 所示进行设置。

步骤 7：选择绿色通道，按照图 2.100 所示进行设置。单击“确定”按钮，图像效果如图 2.101 所示。

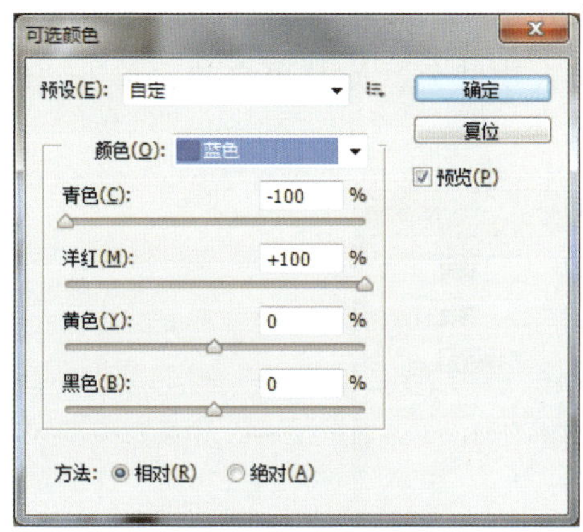

图 2.96 调整蓝色

图 2.97 调整后的效果

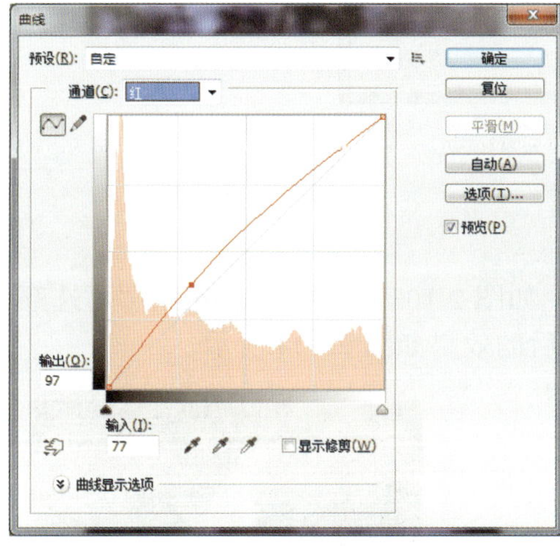

图 2.98 调整红色曲线

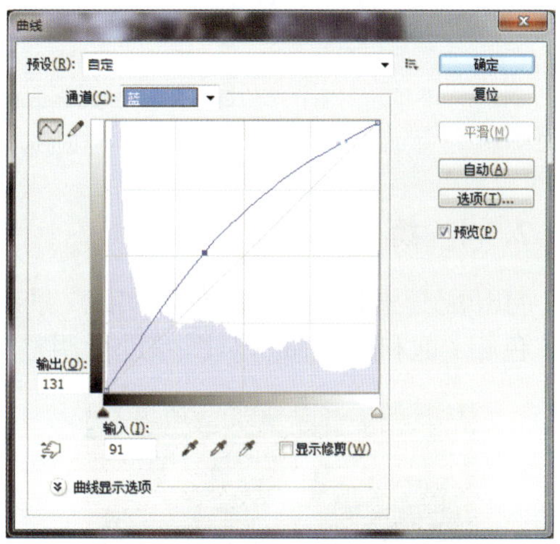

图 2.99 调整蓝色曲线

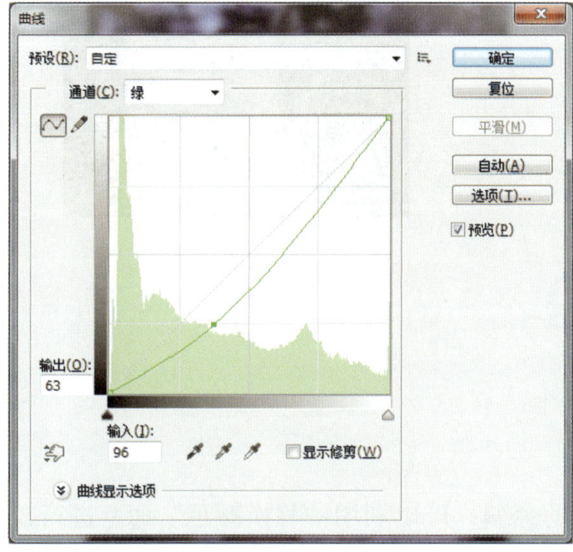

图 2.100 调整绿色曲线

图 2.101 调整后的效果

步骤 8：选择“图像 | 调整 | 可选颜色”菜单，打开“可选颜色”对话框，按照图 2.102 所示进行设置。通过这个步骤的调整，可以校正人物肤色，使其更自然。单击“确定”按钮，图像最终效果如图 2.88 所示。

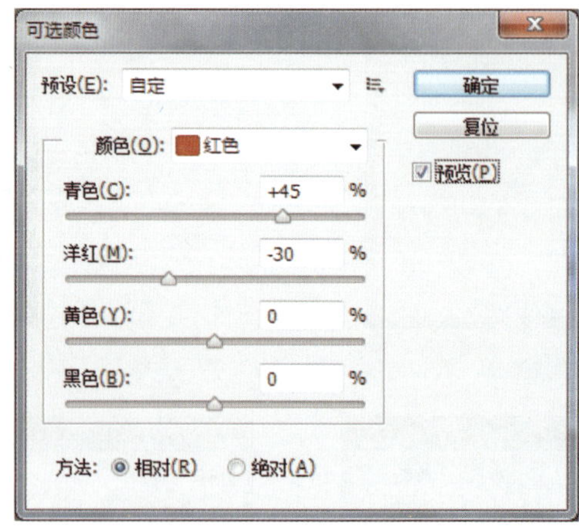

图 2.102　调整可选颜色

2.5.4　练习实践

打开配套素材文件 02/ 练习实践 / 景观 .jpg，如图 2.103 所示，综合运用“可选颜色”及“色相 / 饱和度”命令对图像进行调整，调整后的效果如图 2.104 所示。

图 2.103　原图像

图 2.104　图像调整后的效果

任务 2.6　校正肤色

2.6.1　任务描述

本任务中人物肤色过红，造成了较严重的色偏，可以利用“替换颜色”命令进行校正，再配合使用“照片滤镜”及“曲线”，使人物肤色变得白皙、富有光泽。图像效果的前后对比如图 2.105 和图 2.106 所示。

图 2.105　原图像

图 2.106　效果图

2.6.2　相关知识

1. 替换颜色

使用“替换颜色”命令可以创建蒙版，以选择图像中的特定颜色，将其替换。可以设置选定区域的色相、饱和度和亮度。也可以使用“拾色器”来选择并替换颜色。需要注意的是，由“替换颜色”命令创建的蒙版是临时性的。

“替换颜色”对话框中各选项的作用如下。

- 工具组：使用该工具组中的工具，可以在图像或“选区”状态下的预览框中单击以选择由蒙版显示的区域。如果在“选区”状态下的“选区”中双击，即是使用拾色器设置要替换的目标颜色。在图像或预览框中使用“吸管工具”单击可以选择由蒙版显示的区域。按住 Shift 键并单击或使用“添加到取样”吸管工具可添加区域；按住 Alt 键单击或使用“从取样中减去”吸管工具可移去区域。
- “选区”单选按钮：选中该按钮可以在预览框中显示蒙版。蒙版区域是黑色的，其他区域是白色的。部分蒙版区域会根据不透明度显示为不同的灰色色阶。
- “图像”单选按钮：选中该按钮可以在预览框中显示图像。在处理放大的图像或屏幕空间有限时，该选项非常有用。
- “替换”选项组：在“替换”选项组中可以调整“色相”“饱和度”“明度”滑块，改变选区的颜色。
- 颜色容差：拖动该滑块或输入一个值可调整蒙版的容差。此滑块可控制选区中包括的相关颜色的程度。

下面以一个实例来介绍“替换颜色”命令的作用与实现效果。

步骤 1：打开配套素材文件 02/ 相关知识 / 玫瑰 .jpg，如图 2.107 所示。

步骤 2：选择“图像 | 调整 | 替换颜色”菜单，打开“替换颜色”对话框，如图 2.108 所示。

图 2.107　玫瑰图像

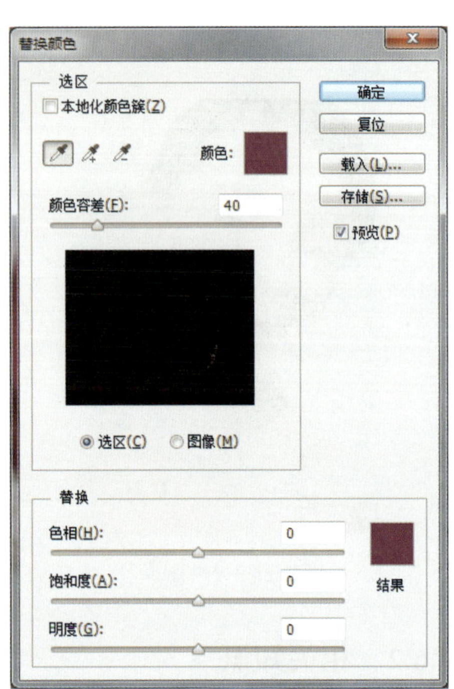

图 2.108　“替换颜色”对话框

步骤 3：利用吸管工具在花朵图像部分吸取颜色，将所选图像颜色替换为“#8c0045”，其他选项按照图 2.109 所示进行设置。单击“确定”按钮，此时图像效果如图 2.110 所示。

图 2.109　“替换颜色”对话框参数设置

图 2.110　替换颜色后的效果

2. 照片滤镜

“照片滤镜”命令可以模拟传统光学滤镜特效，调整图像的色调，使其呈现暖色调或冷色调，也可以根据实际需要自定义其他的色调。“照片滤镜”可具体模拟以下功能。

- 在相机镜头前面加彩色滤镜，以便调整通过镜头传输的光的色彩平衡和色温。
- 使胶片曝光。“照片滤镜”还允许用户选择预设的颜色，以便向图像应用色相调整。

“照片滤镜”对话框的部分选项的作用说明如下。

- 滤镜：在其右侧的下拉列表中列出 20 种预设选项，用户可以根据需要选择合适的选项调节图像。
- 颜色：单击其右侧的颜色预览色块，打开“拾色器”对话框，可设置合适的颜色。
- 浓度：拖动滑块可调整应用于图像的颜色数量，该数值越大，应用的颜色调整量越大。
- 保留明度：在调整色调的同时保持原图像的亮度。

步骤 1：打开配套素材文件 02/ 相关知识 / 风景 .jpg，如图 2.111 所示。选择“图像 | 调整 | 照片滤镜”菜单，打开“照片滤镜”对话框，如图 2.112 所示。

图 2.111　原图像

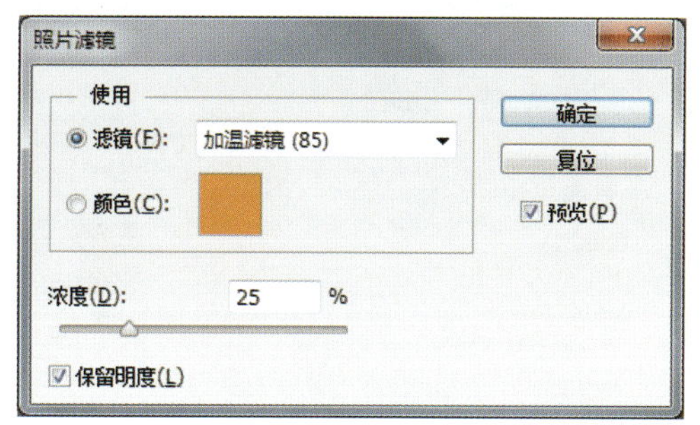

图 2.112　“照片滤镜”对话框

步骤 2：选择“冷却滤镜（80）”，如图 2.113 所示。单击“确定”按钮，此时图像效果如图 2.114 所示，天空部分显得更加湛蓝。

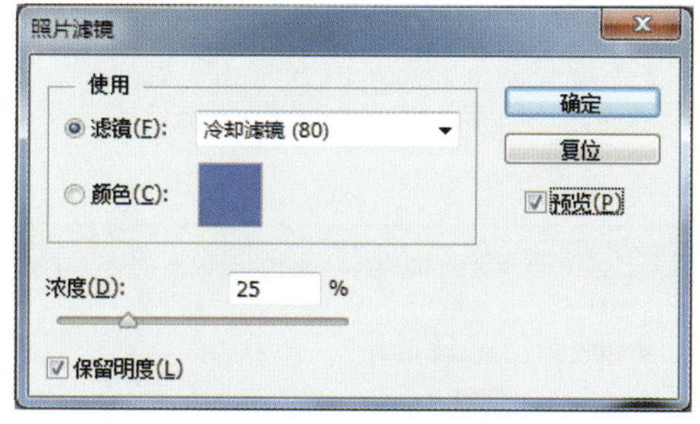

图 2.113　冷却滤镜

图 2.114　效果图

2.6.3　任务实现

步骤 1：打开配套素材文件 02/ 任务 / 广告模特 .jpg，如图 2.105 所示。

步骤 2：选择“图像 | 模式 |CMYK”菜单，在打开的对话框中单击“确定”按钮。

步骤 3：选择“图像 | 调整 | 替换颜色”菜单，打开“替换颜色”对话框，用吸管工具将模特面部及颈部区域选中。选择替换后的颜色为“#bb9e94”，具体设置如图 2.115 所示。单击“确定”按钮，此时图像效果如图 2.116 所示。

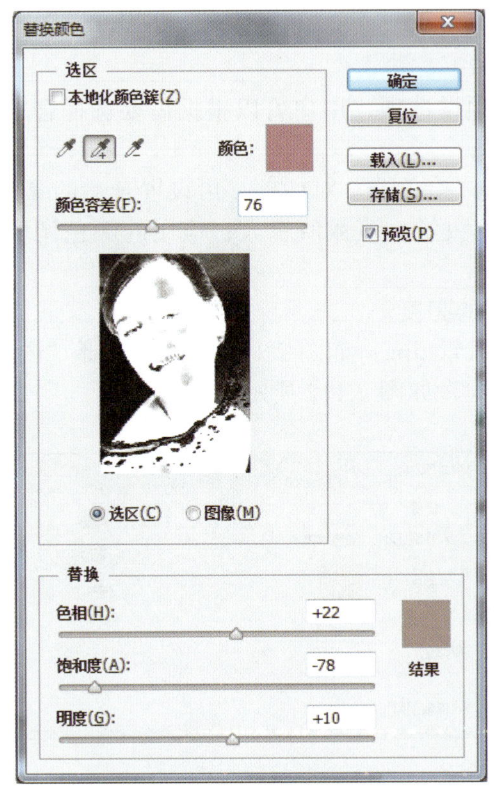

图 2.115　参数设置

图 2.116　效果图

步骤 4：新建一个图层，按“Ctrl+Alt+Shift+E”组合键盖印图层，如图 2.117 所示。

步骤 5：选择“图像 | 模式 |RGB”菜单，选择“不拼合”。

步骤 6：选择“图像 | 调整 | 照片滤镜”菜单，打开“照片滤镜”对话框，按照图 2.118 所示进行设置。单击“确定”按钮，图像效果如图 2.119 所示。

图 2.117　盖印图层

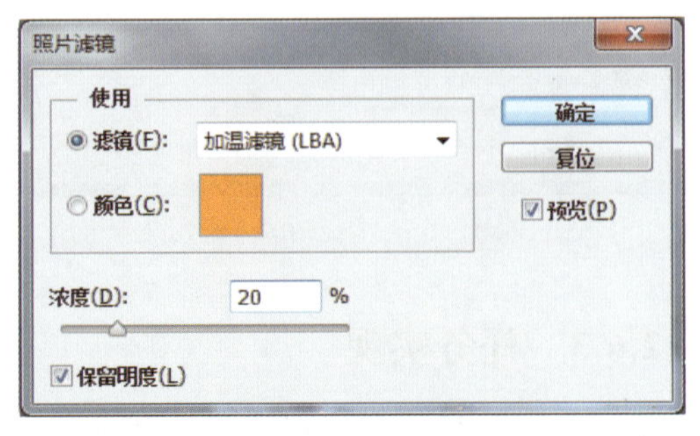

图 2.118　加温滤镜

步骤 7：选择“图像 | 调整 | 曲线”菜单，打开“曲线”对话框，按照图 2.120 所示进行设置。单击“确定”按钮，图像最终效果如图 2.106 所示。

图 2.119　加温后的效果

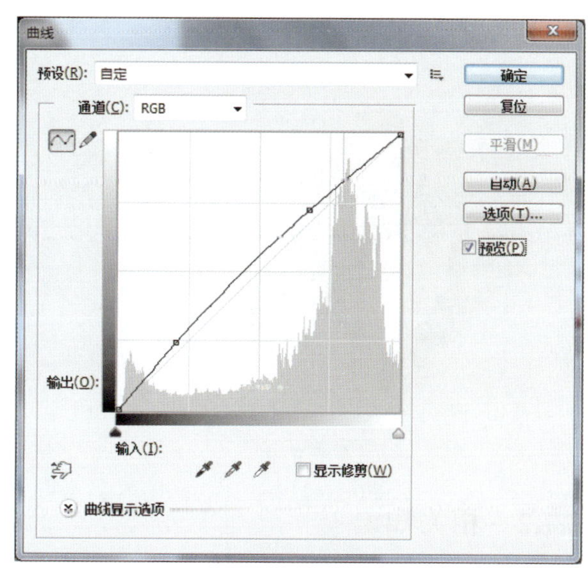

图 2.120　调整曲线

2.6.4　练习实践

打开配套素材文件 02/ 练习实践 / 景观 .jpg，如图 2.121 所示，综合运用“替换颜色”“照片滤镜”“色相 / 饱和度”等命令对图像进行调整，调整后的效果如图 2.122 所示。

图 2.121　原图像

图 2.122　调整后的效果

任务 2.7　自制 T 恤图案

2.7.1　任务描述

本任务是模仿在白色 T 恤上印制自选人物头像的效果，主要是运用“阈值”使人物头像呈现黑白效果。为了让头像与白色 T 恤能更好地融合，可以采用“照片滤镜”降低头像的黑色程度。图像效果的前后对比如图 2.123 和图 2.124 所示。

图 2.123　人物头像

图 2.124　T 恤印制效果

2.7.2　相关知识

1. 阈值

“阈值”命令用于将彩色或灰度图像变成高对比度的黑白图。该命令可使图像中所有亮度值比设定阈值小的像素都变成黑色，所有亮度值比设定阈值大的像素都变成白色，从而将一张灰度图像或彩色图像变为对比度较高的黑白图像。该命令适合制作单色照片，或者模拟类似手绘效果的线稿。

下面以一个实例来介绍“阈值”的作用与实现效果。

步骤 1：打开配套素材文件 02/ 相关知识 / 房屋 .jpg，如图 2.125 所示。选择“滤镜 | 其他 | 高反差保留”菜单，按照图 2.126 所示进行设置，提取图像细节，效果如图 2.127 所示。

图 2.125　原图像

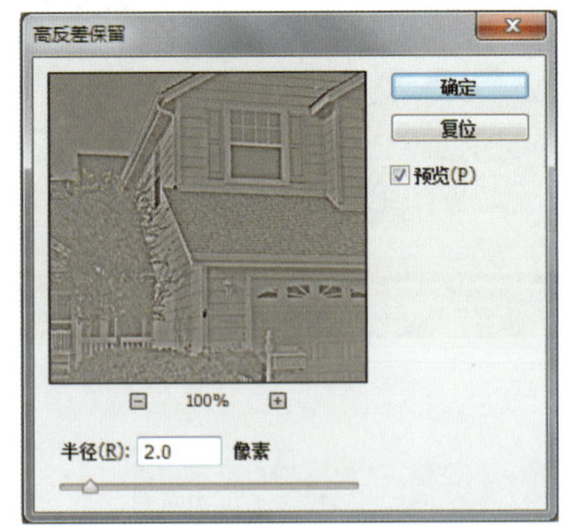

图 2.126　“高反差保留”对话框

步骤 2：选择“图像 | 调整 | 阈值”菜单，打开“阈值”对话框，在“阈值色阶”文本框中输入数值，或拖动滑块改变域值，取值范围为 1 ～ 255。此例中阈值设置为“115”，如图 2.128 所示。单击“确定”按钮，得到的图像效果如图 2.129 所示。

图 2.127　阈值效果

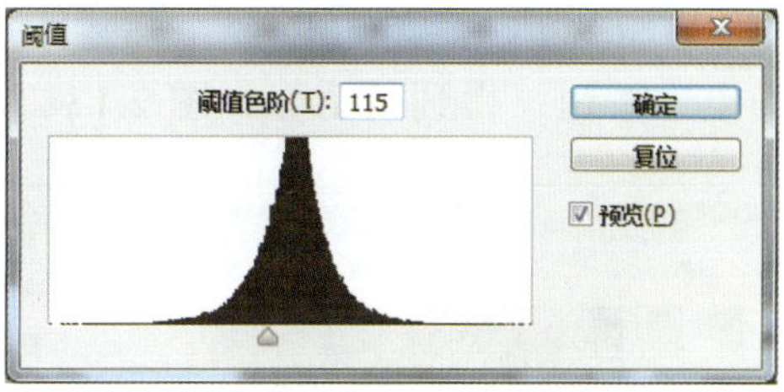

图 2.128　“阈值”对话框

2. 渐变映射

“渐变映射”命令用于将图像转换为灰度，再用设定的渐变色替换图像中的各级灰度。如果指定的是双色渐变，图像中的阴影就会映射到渐变填充的一个端点颜色，高光则映射到另一个端点颜色，中间调映射为两个端点颜色之间的渐变。

“渐变映射”对话框中各选项具体说明如下。

- 灰度映射所用的渐变：在该区域中单击渐变类型选择框即可打开“渐变编辑器”对话框，然后自定义要应用的渐变类型，也可以单击右侧的三角按钮，在打开的渐变预设框中选择一个预设的渐变色。这里所提供的渐变模式与工具箱中的渐变工具的渐变模式是一样的，但两者产生的效果却不一样，主要有两点区别：“渐变映射”命令不能应用于完全透明的图层；“渐变映射”命令先对所处理的图像进行分析，然后根据图像中各个像素的亮度，用所选渐变模式中的颜色替代。
- 仿色：当该选项被选中后，会添加随机杂色，可以平滑渐变填充的外观并减少宽带效果。
- 反向：选中该选项后，图像会按反方向映射渐变。

利用“渐变映射”可以调出金属质感的图像，下面以一个实例来介绍“渐变映射”的作用与实现效果。

步骤 1：打开配套素材文件 02/ 相关知识 / 蜻蜓 .jpg，如图 2.130 所示。

步骤 2：选择“图像 | 调整 | 渐变映射”菜单，打开“渐变映射”对话框，如图 2.131 所示。

图 2.129　最终效果

图 2.130　原图像

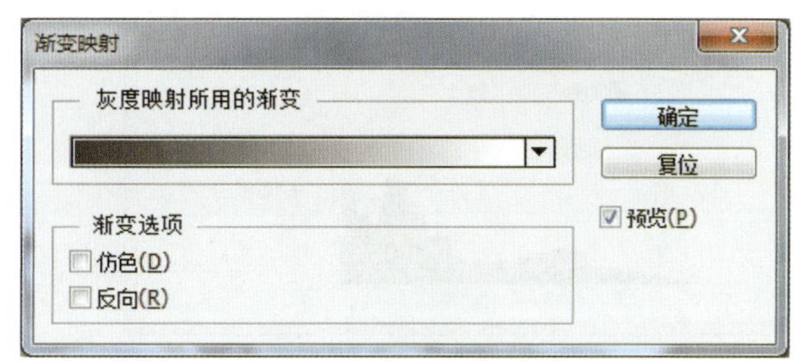

图 2.131　“渐变映射”对话框

步骤 3：单击渐变颜色条打开“渐变编辑器”对话框，对渐变色进行编辑，如图 2.132 所示。渐变颜色设置为：#303030（位置：0%）—白色（位置：25%）—#303030（位置：50%）—白色（位置：75%）—#303030（位置：100%），如图 2.133 所示。单击“确定”按钮，得到的图像如图 2.134 所示。

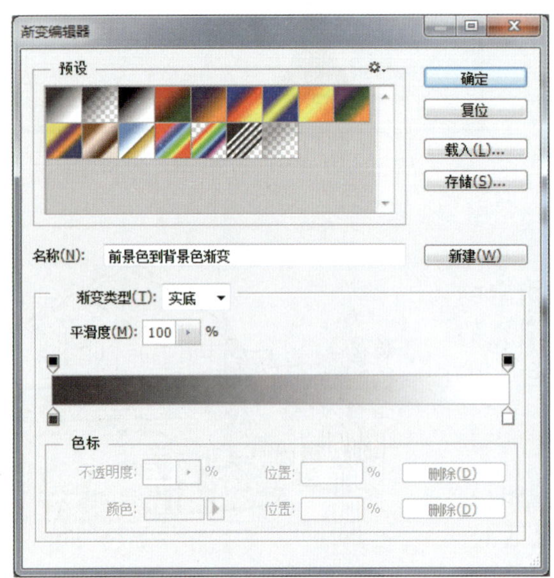

图 2.132　编辑渐变色

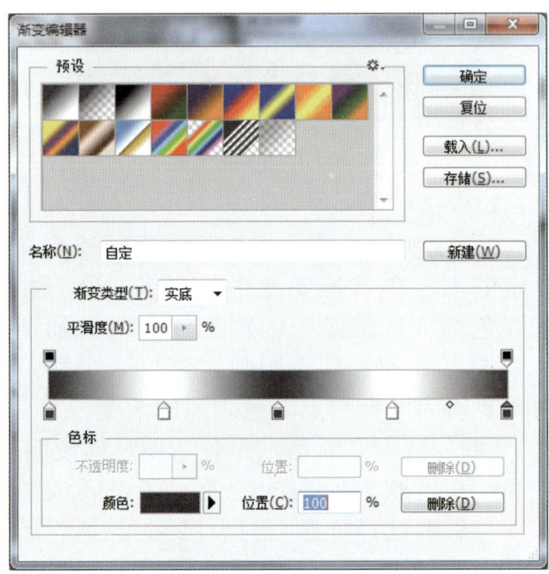

图 2.133　编辑颜色

2.7.3　任务实现

图 2.134　渐变映射效果

步骤 1：打开配套素材文件 02/ 任务 / 人物头像 .jpg，如图 2.123 所示。

步骤 2：选择“图像 | 调整 | 阈值”菜单，打开“阈值”对话框，将阈值设置为“195”，如图 2.135 所示。单击“确定”按钮，此时图像效果如图 2.136 所示。选择“文件 | 存储”菜单，保存文件。

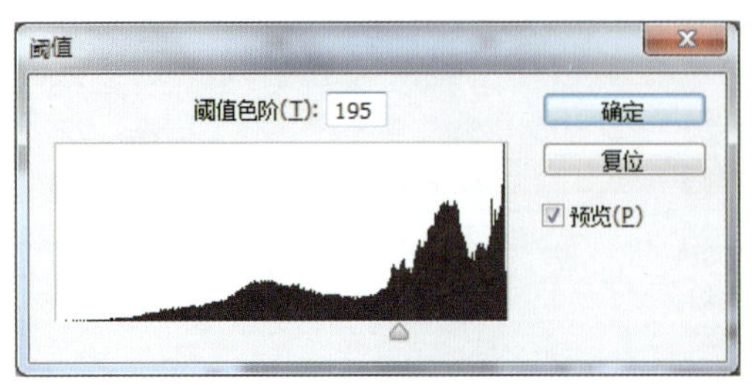

图 2.135　“阈值”对话框

图 2.136　图像效果

步骤 3：打开配套素材文件 02/ 任务 /T 恤 .jpg，如图 2.137 所示。

步骤 4：选择“文件 | 置入”菜单，把刚才保存好的“人物头像”文件导入该文件中，并调整头像大小，将其放置到合适的位置，如图 2.138 所示。

图 2.137　T 恤图像

图 2.138　移动图像

步骤 5：将人物头像图层的模式设置为“正片叠底”，如图 2.139 所示。此时图像效果如图 2.140 所示。

图 2.139　图层模式

图 2.140　图像效果

步骤 6：选择人物头像图层，选择“图像 | 调整 | 渐变映射”菜单，渐变颜色设置为：“#555555（位置：0%）—白色（位置：100%）”，如图 2.141 所示。单击“确定”按钮，图像最终效果如图 2.124 所示。

2.7.4　练习实践

打开配套素材文件 02/ 练习实践 / 雪景房 .jpg，如图 2.142 所示，利用“阈值”提取线稿。为了能把图像的细节提取出来，首先应用“高反差保留”，再应用“阈值”。最终图像效果如图 2.143 所示。

图 2.141　设置渐变色

图 2.142　原图像

图 2.143　最终效果

任务 2.8　恢复自然

2.8.1　任务描述

本任务的目的是使照片中的人物显得更加自然白皙。首先利用“阴影 / 高光”将图像提亮，使人物细节更加清晰；再利用“高斯模糊”滤镜并通过图层模式设置，对人物皮肤进行简单的磨皮处理，使人物皮肤细致、白皙；同时配合使用“颜色查找”命令，以使人物显得更加粉嫩；最后利用“亮度 / 对比度”来调节图像的明暗对比，使图像更加自然。图像效果的前后对比如图 2.144 和图 2.145 所示。

图 2.144　原图像

图 2.145　调整后的效果

2.8.2　相关知识

1. 阴影 / 高光

“阴影 / 高光”命令适用于校正由强逆光形成剪影的照片，使阴影区域的细节呈现出来。使用数码相机逆光拍摄时，经常会遇到一种情况，就是场景中亮的区域特别亮，暗的区域又特别暗。如果拍摄时考虑亮调不能过曝，就会导致暗调区域过暗，看不清内容，形成高反差。处理这种照片最好的方法是使用“阴影 / 高光”来单独调整阴影区域，它能够基于阴影或高光中的局部像素来校正每个像素，调整阴影区域时，对高光的影响很小；调整高光区域时，对阴影的影响很小。非常适合校正由强光而形成剪影的照片，也可以校正由于太接近相机闪光灯而有些发白的焦点。

选择“图像 | 调整 | 阴影 / 高光”菜单，打开“阴影 / 高光”对话框，单击“显示更多选项”复选框，将所有选项展开，如图 2.146 所示。

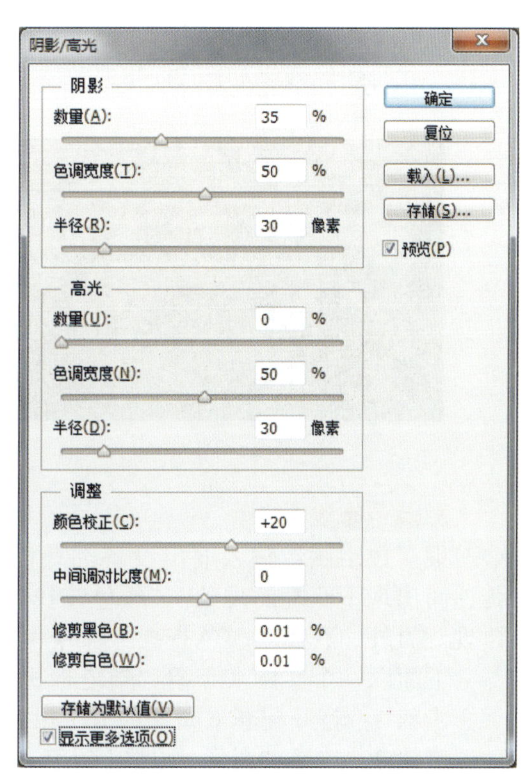

图 2.146　“阴影 / 高光”对话框

“阴影 / 高光”对话框中各选项具体说明如下。

- 阴影：在此拖动“数量”滑块或在此数值框中输入相应的数值，可改变暗部区域的明亮程度，其值越大，调整后的图像暗部区域越亮。
- 高光：在此拖动“数量”滑块或在此数值框中输入相应的数值，可改变高亮区域的明亮程度，其值越大，调整后的图像高亮区域越暗。

- 色调宽度：拖动此滑块可以控制阴影或高光色调的修改范围。设置为较小的值会只对较暗区域进行阴影校正，并只对较亮区域进行高光校正。设置为较大的值会增大中间调的色调范围。如果值太大，也可能会导致非常暗或非常亮的边缘周围出现光晕。
- 半径：拖动此滑块可以控制每个像素周围的局部相邻像素的大小，相邻像素用于确定像素是在阴影中，还是在高光中。若设置的半径值太大，则调整倾向于使整个图像变亮（或变暗），而不是只使主体变亮。
- 颜色校正：拖动此选项的滑块可以在图像的已更改区域中微调颜色，该项仅适用于彩色图像。
- 中间调对比度：拖动此选项的滑块可以调整中间的对比度。向左移动滑块会降低对比度，向右移动滑块会增加对比度。
- "修剪黑色"和"修剪白色"：在这两个文本框中可以指定在图像中会将多少阴影和高光剪切到新的极端阴影（色阶为 0）和高光（色阶为 255）颜色，值越大，生成的图像的对比度越大。注意不要使剪切值太大，因为这样做会减少阴影或高光的细节。
- 存储为默认值：单击该按钮可以存储当前设置，并使它们成为"阴影 / 高光"的默认设置。按住 Shift 键的同时单击该按钮，可还原默认设置。
- 显示更多选项：选中此复选框，可进行细节调整。

打开配套素材文件 02/ 补充知识 / 大象 .jpg，如图 2.147 所示。选择"图像 | 调整 | 阴影 / 高光"菜单，打开"阴影 / 高光"对话框，设置"阴影"数量为"50"，单击"确定"按钮，此时图像效果如图 2.148 所示。

图 2.147　原图像

图 2.148　调整"阴影 / 高光"后的效果

2. 颜色查找

很多数字图像输入输出设备都有自己特定的色彩空间，这会导致色彩在这些设备间传递时出现不匹配的现象。"颜色查找"命令可以让颜色在不同的设备之间精确地传递和再现。另外，利用"颜色查找"命令也可以制作出特殊颜色效果的图像。

下面以一个实例来介绍"颜色查找"的作用与实现效果。

步骤 1：打开配套素材文件 02/ 相关知识 / 婚纱 .jpg，如图 2.149 所示。

步骤 2：选择"图像 | 调整 | 颜色查找"菜单，打开"颜色查找"对话框，如图 2.150 所示。

图 2.149　原图像

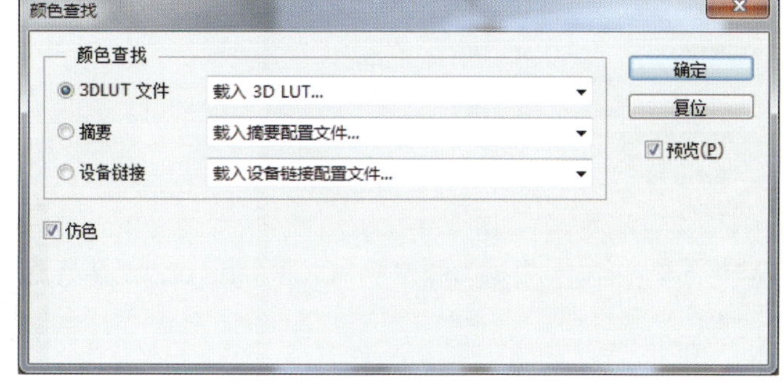

图 2.150　“颜色查找”对话框

步骤 3：打开“3D LUT 文件”下拉列表，如图 2.151 所示，图中标明了每个文件的名称。选择“HorrorBlue.3DL”选项，使图像产生特殊颜色效果，如图 2.152 所示。

图 2.151　“3D LUT 文件”下拉列表

图 2.152　图像效果

说明：三维 LUT（3D LUT）的每一个坐标方向都有 RGB 通道，可以映射并处理所有的色彩信息，无论是存在的还是不存在的色彩，或者是那些连胶片都达不到的色域。“颜色查找”配合模板使用，可以调出多种颜色效果，以便从中选取最合适的效果。

2.8.3　任务实现

步骤 1：打开配套素材文件 02/ 任务 / 女模 .jpg，如图 2.144 所示。

步骤 2：选择“图像 | 调整 | 阴影 / 高光”菜单，打开“阴影 / 高光”对话框，勾选“显示更多选项”，按照图 2.153 所示进行设置。单击“确定”按钮，图像细节变得清晰，效果如图 2.154 所示。

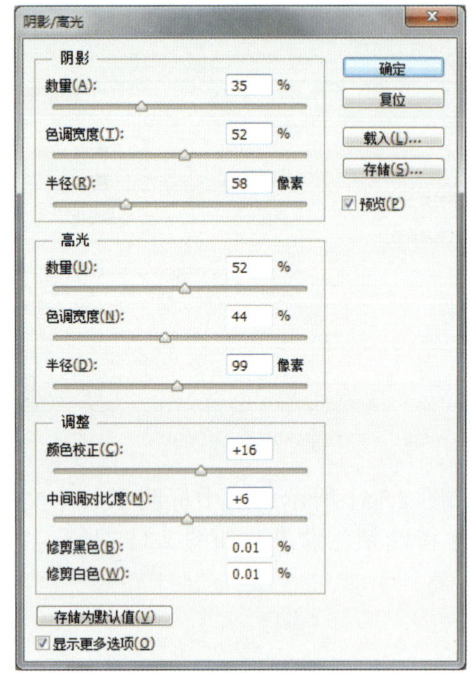

图 2.153 设置阴影 / 高光

图 2.154 图像效果

步骤 3：复制“背景”图层，得到“背景 副本”图层，如图 2.155 所示。

步骤 4：在“背景 副本”图层上，选择“滤镜 | 模糊 | 高斯模糊”菜单，打开“高斯模糊”对话框，设置“半径”值为“1.5 像素”，如图 2.156 所示。单击“确定”按钮，此时图像效果如图 2.157 所示。

图 2.155 复制图层

图 2.156 高斯模糊

图 2.157 图像效果

步骤 5：将“背景 副本”图层的模式设置为“滤色”，如图 2.158 所示，此时图像效果如图 2.159 所示。执行该步骤可以对人物皮肤进行简单的磨皮处理，使皮肤变得细致而有光泽。

步骤 6：选择“图像 | 调整 | 颜色查找”菜单，打开“颜色查找”对话框，按照图 2.160 所示进行设置。单击“确定”按钮，此时人物皮肤变得更加粉嫩，效果如图 2.161 所示。

图 2.158 图层模式

图 2.159 图像效果

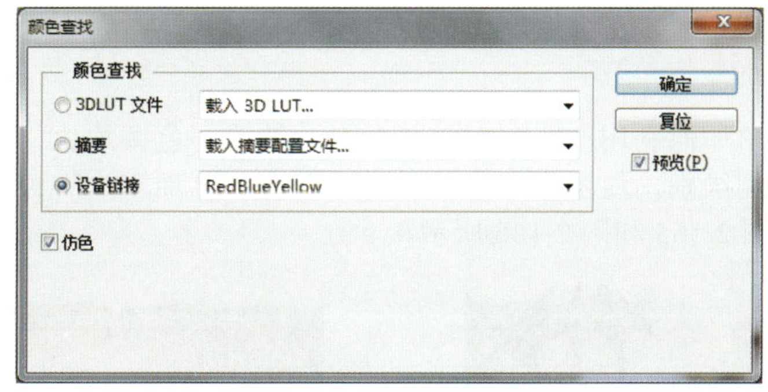

图 2.160 设置“颜色查找”参数

步骤 7：选择“图像 | 调整 | 亮度 / 对比度”菜单，打开“亮度 / 对比度”对话框，按照图 2.162 所示进行设置。单击“确定”按钮，人物肤色变得更加自然，图像最终效果如图 2.145 所示。

图 2.161 图像效果

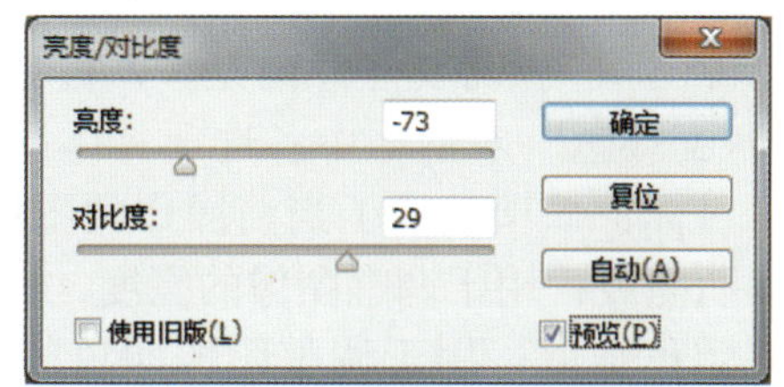

图 2.162 调整亮度 / 对比度

2.8.4 练习实践

打开配套素材文件 02/ 练习实践 / 村屋 .jpg，如图 2.163 所示，从图像中可以看出房子漆黑一片，曝光不足。运用“阴影 / 高光”命令将房子的细节显示出来，再使用“亮度 / 对比度”命令使图像的明暗对比更加协调。图像调整后的效果如图 2.164 所示。

图 2.163 原图像

图 2.164 调整后的效果

任务 2.9 复古效果

2.9.1 任务描述

本任务主要介绍如何利用“匹配颜色”命令，结合“色调均化”命令，更好地表现出图像中的所有亮度级别，使图像颜色转变为古铜色，从而产生一种复古的效果。图像效果的前后对比如图 2.165 和图 2.166 所示。

图 2.165 原图像

图 2.166 效果图

2.9.2 相关知识

1. 匹配颜色

使用“匹配颜色”命令可以将两个图像或图像中两个图层的颜色和亮度相匹配，使其颜色色调和亮度协调一致。其中被调整修改的图像称为“目标图像”，而要采样的图像称为“源图像”。需要注意的是“匹配颜色”命令仅适用于 RGB 模式。

“匹配颜色”对话框中各选项具体说明如下。

- 目标：该项显示了当前操作的图像文件名称、图层名称及颜色模式。
- 明亮度：用于调整图像的亮度，数值越大，得到的图像的亮度也越高，反之则越低。
- 颜色强度：用于调整图像颜色的饱和度，数值越大，图像所匹配的颜色饱和度越高，反之则越低。
- 渐隐：用于控制匹配后的颜色与图像的原色相近的程度，数值越大，则图像越接近于颜色匹配前的效果，反之匹配的效果越明显。
- 中和：该项被选中可自动去除目标图像中的色痕。
- 使用源选区计算颜色：选中该项，在匹配颜色时仅计算源文件选区中的图像，选区外图像的颜色不计算在内。

- 使用目标选区计算调整：选中该项，在匹配颜色时仅计算目标文件选区中的图像，选区外图像的颜色不计算在内。
- 源：该下拉列表中可以选择源图像文件的名称，如果选择“无”则目标图像与源图像相同。
- 图层：该下拉列表中显示源图像文件中所包含的图层，如果选择“合并的”选项则将源图像文件中的所有图层合并起来，再进行颜色匹配。

下面以一个实例来介绍“匹配颜色”的作用与实现效果。

步骤 1：打开配套素材文件 02/ 相关知识 / 人物 1.jpg 和人物 2.jpg，如图 2.167 和图 2.168 所示。

图 2.167　人物 1

图 2.168　人物 2

步骤 2：“人物 1”面色发黄，“人物 2”面容白皙，可以通过“匹配颜色”命令，用“人物 2”去校正“人物 1”的皮肤颜色。在“人物 1”文件中，选择“图像 | 调整 | 匹配颜色”菜单，打开“匹配颜色”对话框，如图 2.169 所示。

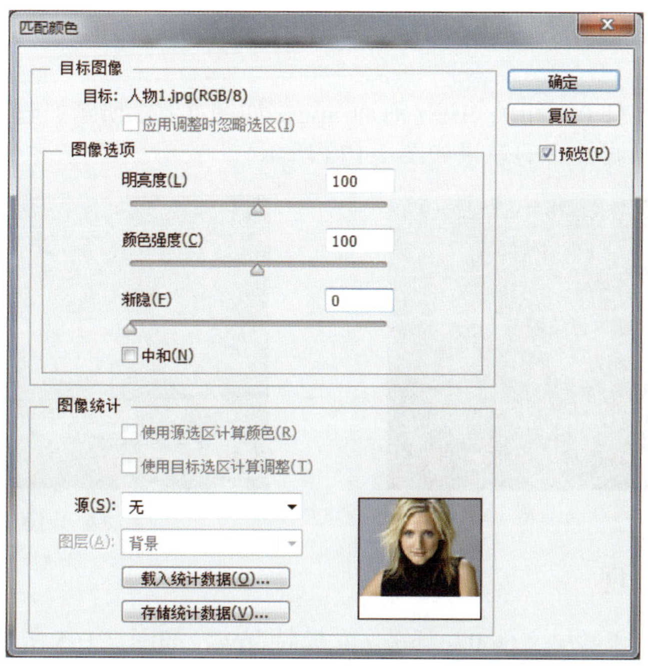

图 2.169　“匹配颜色”对话框

步骤 3：设置“颜色强度”值为“78”，“渐隐”值为“32”，“源”为“人物 2”，如图 2.170 所示。单击“确定”按钮，此时得到的“人物 1”图像的效果如图 2.171 所示。

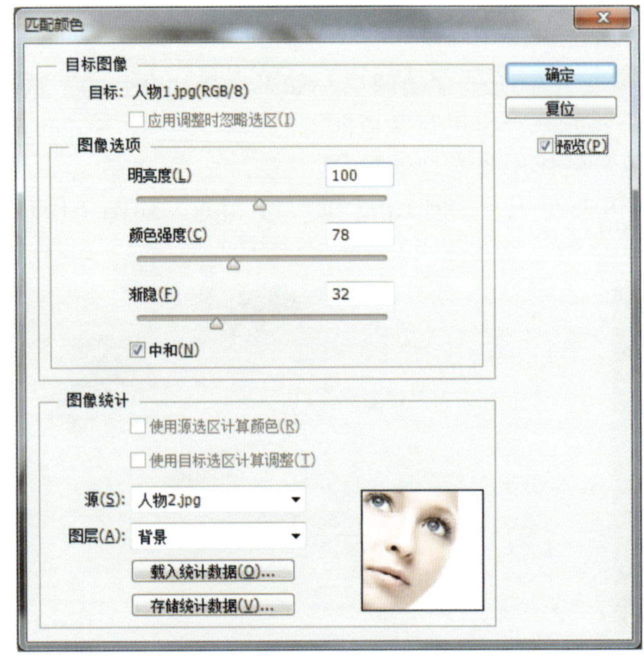

图 2.170　调整参数

图 2.171　人物 1 最终效果

2. 色调均化

“色调均化”命令可以重新分配图像中像素的亮度值，使它们能够更加均匀地表现所有的亮度级别。应用该命令时，图像中最暗的像素将被填上黑色，图像中最亮的像素将被填上白色，其他亮度均匀变化。当扫描得到的图像比较暗时，可以使用“色调均化”命令来平衡亮度值。

打开配套素材文件 02/ 相关知识 / 海面 .jpg，如图 2.172 所示，选择“图像 | 调整 | 色调均化”菜单，图像调整后的效果如图 2.173 所示。

图 2.172　原图像

图 2.173　调整后的效果

2.9.3　任务实现

步骤 1：打开配套素材文件 02/ 任务 / 女模特 .jpg，如图 2.165 所示。

步骤 2：新建图层，得到“图层 1”，在图像中用矩形选框工具创建选区，并填充颜色“#f36701”，效果如图 2.174 所示。

步骤 3：选择“选择 | 反向”菜单，将选区填充颜色“#69014a”，如图 2.175 所示。

图 2.174　填充左侧选区

图 2.175　填充右侧选区

步骤 4：按“Ctrl+D”组合键，取消选区，在图层面板中隐藏“图层 1”，重新选择“背景”图层，如图 2.176 所示。

步骤 5：选择“图像 | 调整 | 匹配颜色”菜单，打开“匹配颜色”对话框，按照图 2.177 所示进行设置。单击“确定”按钮，此时得到的图像效果如图 2.178 所示。

图 2.176　图层面板

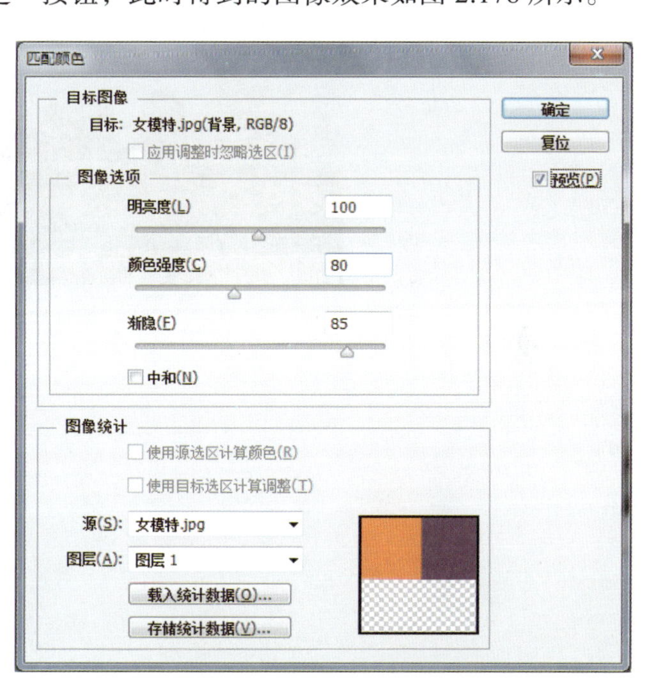

图 2.177　调整“匹配颜色”对话框

步骤 6：选择“图像 | 调整 | 色调均化”菜单，得到图像的最终效果，如图 2.166 所示。

2.9.4　练习实践

打开配套素材文件 02/ 练习实践 / 都市 .jpg 和菊花 .jpg，分别如图 2.179 和图 2.180 所示，利用“匹配颜色”命令，将“菊花”图像的色彩应用到“都市”图像中，使其呈

图 2.178　调整后效果

现出灯火辉煌的景象，“都市”图像的最终效果如图 2.181 所示。

图 2.179　都市图像

图 2.180　菊花图像

图 2.181　最终效果

第 3 单元

图像合成应用

教学目标

- 理解图层的作用和特点。
- 掌握图层面板的各项功能。
- 掌握图层样式的用法。
- 掌握图层蒙版的应用技巧。
- 熟悉调整图层的作用。

课前导读

图层是图像处理软件的灵魂，是 Photoshop 的核心功能之一，是各种图像的载体，没有图层，图像是无法存在的。图层可以看作一张透明的“玻璃纸”，用户可以在这张透明的纸上画画，没有画上的部分将保持透明状态。Photoshop 为用户提供了功能齐全的“图层”菜单和友好的“图层”面板。本单元将通过几个图像合成任务的实现，介绍图层的应用。

任务 3.1　制作书籍封面

3.1.1　任务描述

本任务运用移动工具、矩形工具、文字工具和图层面板等在原始素材的基础上进行排版设计，制作内容丰富、主题突出的书籍封面效果图，合成后的效果如图 3.1 所示。

3.1.2　相关知识

1. 图层面板

关于图层的大部分操作都可以在图层面板中完成，如图 3.2 所示。熟悉图层面板的组成及各部分的作用，有助于用户对每个图层进行编辑和控制。

图 3.1　书籍封面效果图

下面介绍图层面板中的各个按钮与控制选项的作用。

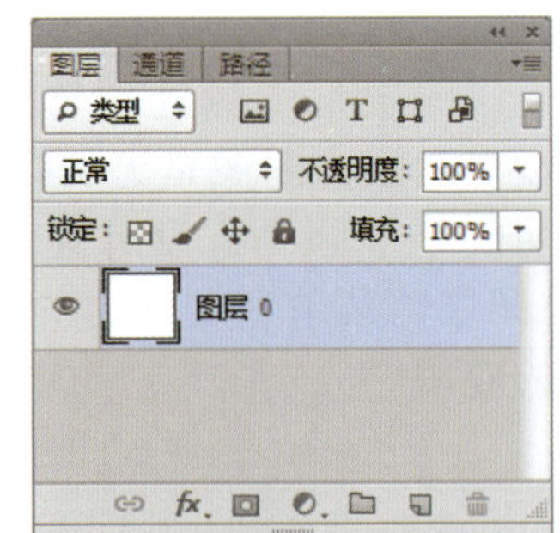

图 3.2　图层面板

- 图层混合模式 正常：用来设置图层的混合模式。选择不同的混合模式可得到不同的效果，缺省状态下为“正常”。
- 图层不透明度 不透明度：100%：用来设置图层的不透明度。当不透明度为 100% 时，该图层下面的内容将被完全覆盖；当不透明度为 0% 时，这个图层将变得完全透明。
- 图层填充 填充：100%：用来设置图层中图像的不透明度。对图像的任何编辑操作都只对不透明区域有效，对透明区域无效，而且不影响作用于该图层上的图层样式的不透明度。
- 图层属性控制按钮 锁定：用来设置图层的“可编辑”“可移动”“透明区域可编辑性”等图层属性。
- 显示 / 隐藏图层：用来设置当前图层的显示与隐藏状态。
- 删除图层：用来删除当前图层。
- 新建图层：用来创建一个新图层。用鼠标拖动某层到该图标上可以复制该图层。
- 创建新组：用来新建一个可包含多个图层的集合。

- 创建新的填充或调整图层 ◐.：用来创建一个填充图层或调整图层。
- 图层蒙版 ◘：用来创建一个蒙版图层。该图层用于屏蔽图层中的图像，其白色区域为该图层图像的显示部分，黑色区域为该图层的蒙版区。
- 图层样式 fx.：用来创建图层的样式。单击该按钮，可以在打开的菜单中选择各种图层样式命令，为当前图层添加“图层样式”。
- 链接图层 ⊖：表示该图层和另一图层有链接关系。对有链接关系的图层进行操作时，所做的修改会同时作用于链接图层上。

2. 图层基本操作

（1）选择单个图层。

选择图层是图层操作中最简单的操作，要编辑一个图层必须先选择该图层，使其成为当前编辑图层。

选择某个图层，只需在图层面板中单击相应的图层即可，被选中的图层会以高亮的方式显示，如图 3.3 所示。

（2）选择多个连续图层。

选择多个连续的图层，只需在图层面板中单击一个图层后，按住 Shift 键，单击另一个图层，则两个图层之间的所有图层都会被选中，如图 3.4 所示。

（3）选择多个不连续图层。

选择多个不连续的图层，只需在图层面板中单击一个图层后，按住 Ctrl 键，单击另一个图层，则这两个图层都会被选中，如图 3.5 所示。

图 3.3　选择单个图层

图 3.4　选择多个连续图层

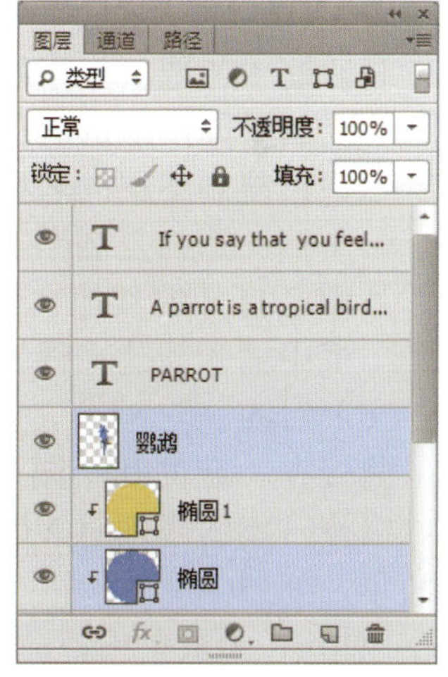

图 3.5　选择多个不连续图层

（4）调整图层的顺序。

上、下图层具有相互遮盖的关系，有时为了设计需要，可改变其上下放置次序，从而改变图像显示的最终效果。

选择需要移动的图层，直接按住鼠标左键拖动图层，当高亮线出现时，释放鼠标左键，即可改变当前图层的次序。

选择需要移动的图层，选择“图层 | 排列”子菜单，如图 3.6 所示。

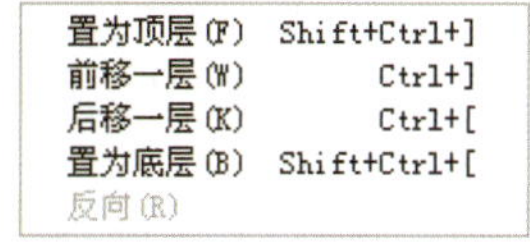

图 3.6　“排列”子菜单

“排列”子菜单中各命令的作用如下。

- 置为顶层：将当前图层移至所有图层的上方。
- 前移一层：将当前图层向上移一层。
- 后移一层：将当前图层向下移一层。
- 置为底层：将当前图层移至所有图层的下方。
- 反向：逆序排列当前选择的多个图层。

（5）复制图层。

用户可以在同一图像中复制任何图层（包括背景）或任何图层组。还可以将任何图层或图层组从一个图像复制到另一个图像，从而在图像中添加多个图层。

选择“图层 | 复制图层”子菜单，或图层面板中的“复制图层”命令，打开“复制图层”对话框，如图 3.7 所示。

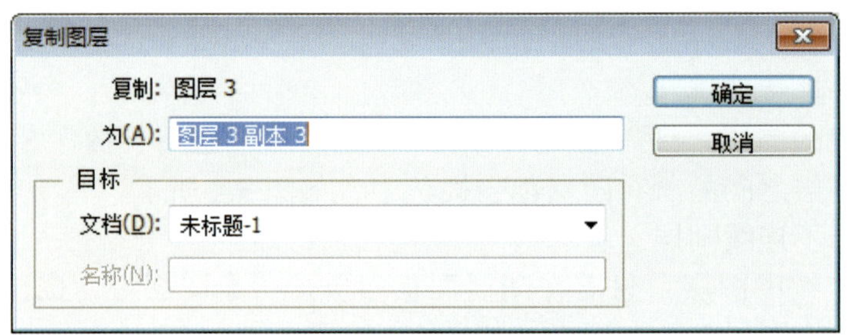

图 3.7 “复制图层”对话框

对话框中各选项作用如下。

- 复制：原图层的名称。
- 为：复制图层的名称。
- 文档：选择复制图层的目标文件，可以是当前图像文件，也可以是当前 Photoshop 中已打开的其他文件，还可以是新建文件。若选择新建文件，则要在下面的名称框中输入新建文件的名称。

（6）对齐。

链接在一起的几个图层，可以按照一定的规则对齐，如向左对齐、向上对齐等，它们可以按一定的规则对齐图层中的图像。要对齐链接的图层，可选择“图层 | 对齐”子菜单命令，如图 3.8 所示。

“对齐”子菜单中各命令的作用如下。

- 顶边：将所有链接图层最顶端的像素与当前图层最顶端的像素对齐。
- 垂直居中：将链接图层垂直方向的中心像素与当前图层垂直方向的中心像素对齐。
- 底边：将链接图层最底端的像素与当前图层最底端的像素对齐。
- 左边：将链接图层最左端的像素与当前图层最左端的像素对齐。
- 水平居中：将链接图层水平方向的中心像素与当前图层水平方向的中心像素对齐。
- 右边：将链接图层最右端的像素与当前图层最右端的像素对齐。

（7）分布。

分布链接图层是指与当前图层链接的图层按一定的规则分布在画布上不同的地方。要分布链接图层，可选择“图层 | 分布”子菜单命令，如图 3.9 所示。

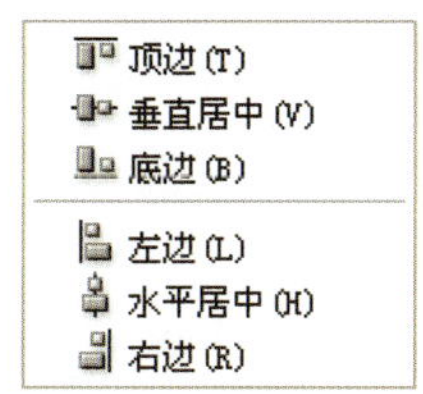

图 3.8 “对齐”子菜单

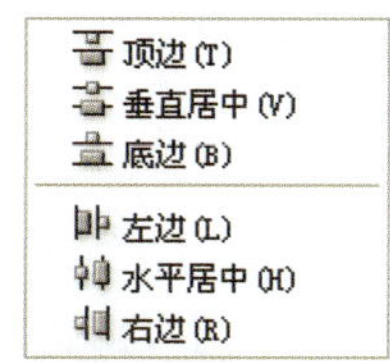

图 3.9 “分布”子菜单

“分布”子菜单中各命令的作用如下。

- 顶边：从每个图层最顶端的像素开始，均匀分布各链接图层的位置，使它们最顶端的像素间隔相同的距离。
- 垂直居中：从每个图层垂直居中的像素开始，均匀分布各链接图层的位置，使它们垂直居中的像素间隔相同的距离。
- 底边：从每个图层最底部的像素开始，均匀分布各链接图层的位置，使它们最底端的像素间隔相同的距离。
- 左边：从每个图层最左端的像素开始，均匀分布各链接图层的位置，使它们最左端的像素间隔相同的距离。
- 水平居中：从每个图层水平居中的像素开始，均匀分布各链接图层的位置，使它们水平居中的像素间隔相同的距离。
- 右边：从每个图层最右端的像素开始，均匀分布各链接图层的位置，使它们最右端的像素间隔相同的距离。

要分布链接图层必须先设置 3 个或 3 个以上的图层链接，再执行“分布”子菜单中的各个命令就可以分布多个链接的图层。

（8）剪贴蒙版。

设置剪贴蒙版是一种对图层的基本操作，可以通过处于下方的图层的形状来限制上方图层的显示状态，达到一种剪贴画的效果，即“下形状上颜色”。使用剪贴蒙版可以创建出多种剪贴画的效果，且不会影响原始图像的像素。

剪贴蒙版是最下面的图层对上面多个图层组成的群体组织进行的操作，最下面的图层叫作基底图层（也称基层），位于其上面的图层叫作顶层，基层只能有一个，顶层可以有若干个。

下面通过一个实例来进一步讲解剪贴蒙版的用法。

步骤 1：打开配套素材文件 03/ 相关知识 / 星空 .jpg，如图 3.10 所示。双击“背景”图层，将背景图层转变为普通图层，然后再新建一图层，将该图层移至最底部，并填充白色，此时图层面板如图 3.11 所示。

步骤 2：选择圆角矩形工具，设置绘图模式为“形状”，填充“任意颜色”，描边为“无”，在图像窗口中拖动光标绘制一个矩形，如图 3.12 所示。

步骤 3：选择移动工具，按住“ Alt+Shift”组合键的同时，垂直向下拖动光标到合适的位置，复制一个圆角矩形，如图 3.13 所示。

图 3.10　素材图

图 3.11　图层面板

图 3.12　绘制圆角矩形

图 3.13　复制圆角矩形

步骤 4：选择移动工具，按住 Ctrl 键的同时，在图层面板中单击，将“圆角矩形 1”和“圆角矩形 1 副本”图层同时选中，按“Alt+Shift”组合键，垂直向下拖动光标复制出更多的圆角矩形，如图 3.14 所示。

图 3.14　多选复制图层

步骤 5：选中所有圆角矩形，按照步骤 4 的操作复制圆角矩形并铺满整个画面，如图 3.15 所示。完成复制后，按住 Shift 键的同时，在图层面板将“圆角矩形”图层和所有副本图层同时选取，按“Ctrl+E”组合键，合并图层，并调整图层顺序，将“圆角矩形 1 副本 7”图层调整到“图层 0”图层之下，作为剪贴蒙版的基层，如图 3.16 所示。

图 3.15　圆角矩形阵列

图 3.16　合并图层

步骤 6：将光标放在“图层 0”图层和“圆角矩形 1 副本 7”图层的中间，当光标变为 时，单击鼠标，利用圆角矩形阵列为背景创建剪贴蒙版，此时单独调整任意图层的位置或者大小，可更改剪贴蒙版效果，如图 3.17 所示。

创建了剪贴蒙版后，如果不再需要，可以继续执行以上操作，取消剪贴蒙版。此操作亦可使用“Ctrl+Shift+G”组合键来实现，只是在创建剪贴蒙版之初需要在图层面板中先选择被剪贴图层再进行创建。

图 3.17　最终效果

3.1.3　任务实现

步骤 1：新建文件，设置名称为“制作封面”，大小为“A4”，分辨率为“300 像素 / 英寸”，如图 3.18 所示。

步骤 2：打开配套素材文件 03/ 任务 / 鹦鹉 .png，使用移动工具将鹦鹉放置于“制作封面”文件内，使用“Ctrl+T”组合键调整图像大小，如图 3.19 所示。

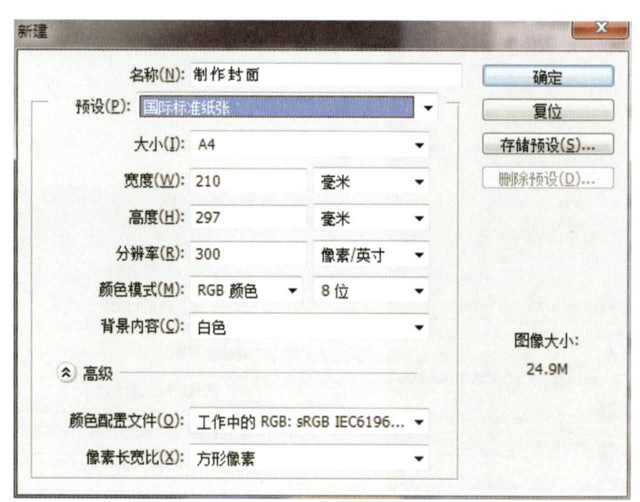

图 3.18　新建图像

图 3.19　调整图像大小

步骤 3：设置封面背景色，单击图层面板中的“创建新图层”按钮，新建图层，双击前景色，使用拾色器工具在鹦鹉的嘴部提取较暗颜色（#6b768a），按“Alt+Delete”组合键在新建图层中填充前景色，调整图层顺序，将鹦鹉所在图层调整到上方，如图 3.20 所示。

步骤 4：选择圆角矩形工具，设置绘图模式为“形状”，填充颜色设为“#2b313f”，描边为“无”，半径为“100 像素”，绘制圆角矩形，构建背景区域，调整鹦鹉图层的顺序，如图 3.21 所示。

图 3.20　填充背景

图 3.21　绘制圆角矩形

步骤 5：利用椭圆工具制作背景元素。使用椭圆工具，模式设置为“形状”，填充颜色设为“#3972cf”，描边为“无”，按住 Shift 键，绘制圆。根据此法新建图层，再绘制一个黄色的圆（颜色设为“#ead348”），调整对应图层的顺序，选中两个图层，选择移动工具，分别单击“垂直居中对齐”和“水平居中对齐”，如图 3.22 所示。

步骤 6：调整图层顺序，并将两个圆形调整至画面右侧，将图层顺序调整为鹦鹉在最上，圆角矩形在椭圆之下，按住 Alt 键的同时，将光标放在“椭圆”图层和“圆角矩形”图层的中间，当光标变为时，单击鼠标，依次为两个圆形创建剪贴蒙版，如图 3.23 所示。

图 3.22　制作背景

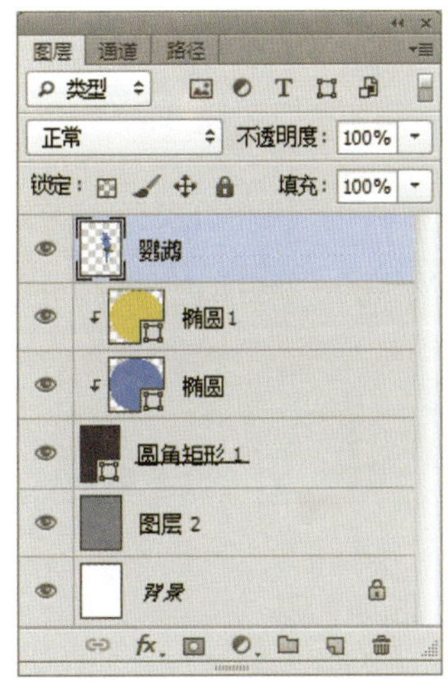

图 3.23　图层剪贴蒙版

步骤 7：选择“鹦鹉”图层，按 Alt 键，将光标放在鹦鹉主图上，出现复制图标后，按住鼠标左键拖动主图，复制出来一个新的鹦鹉，将复制出来的“鹦鹉 副本”图层调整到两个椭圆图层之下，调整图层混合模式为“叠加”，调整不透明度为“70%”，如图 3.24 所示，使用“Ctrl+T”组合键将“鹦鹉 副本”调整至合适大小，如图 3.25 所示。

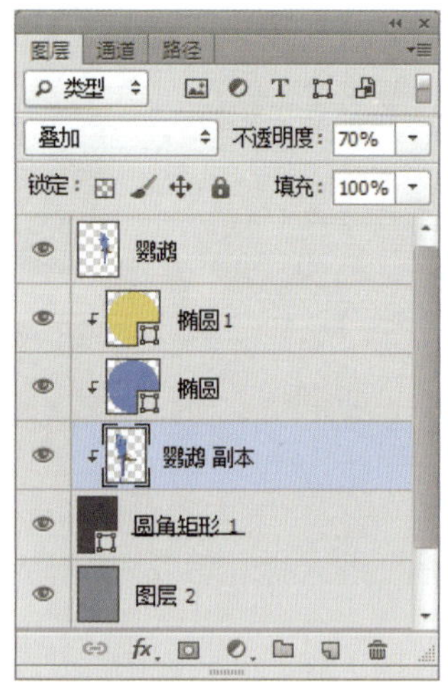

图 3.24　复制图层

图 3.25　制作效果

步骤 8：将前景色设为“白色”，选择横排文字工具 T，输入需要的文字并选取文字，在属性栏中选择合适的字体并设置文字大小，在图层面板中生成新的文字图层。按“Ctrl+T”组合键，弹出字符面板，选项的设置如图 3.26 所示。按 Enter 键，依次完成文字的录入，效果如图 3.27 所示，书籍封面制作完成。

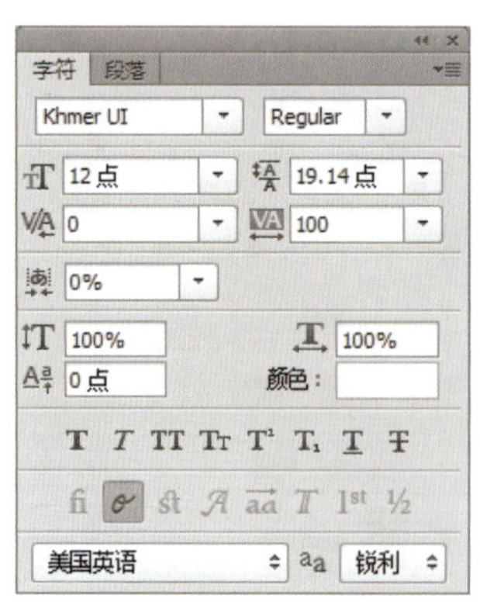

图 3.26　制作文字

图 3.27　最终效果

3.1.4　练习实践

打开配套素材文件 03/ 练习实践 / 自由女神 .jpg，如图 3.28 所示，使用魔棒抠图，使用圆角矩形工具、椭圆工具制作圆角矩形和椭圆，调整椭圆对齐，调整图层顺序，制作图层剪贴蒙版，然后复制主图，使用图层混合模式“主图 副本”，将各图层放至适当位置，并用“Ctrl+T”组合键调整至合适大小，加入文字，任务完成，最终效果如图 3.29 所示。

图 3.28　素材图像

图 3.29 最终效果

任务 3.2　金属字制作

3.2.1　任务描述

本任务主要是利用图层样式命令完成金属字效果的设计。使用滤镜增加简单的特效，使用文字工具制作金属字主体，利用图层样式突出金属的立体效果并增加金属质感，最后增加文字阴影，使效果更逼真。最终效果如图 3.30 所示。

图 3.30　金属字制作

3.2.2 相关知识

1. 图层样式

Photoshop 的图层样式效果非常丰富，以前需要经过很多步骤才能制作出的效果在这里设置几个参数就可以轻松完成。

（1）图层混合选项。

“图层样式”对话框左侧列出的选项中，最上方就是“混合选项：默认”，如果修改了右侧的选项，其标题将会变成“混合选项：自定义”。

“图层样式”对话框中的“混合选项”可以更改图层的不透明度以及与下面图层像素的混合方式，对话框的中间区域提供了常规和高级的混合选项，如图 3.31 所示。

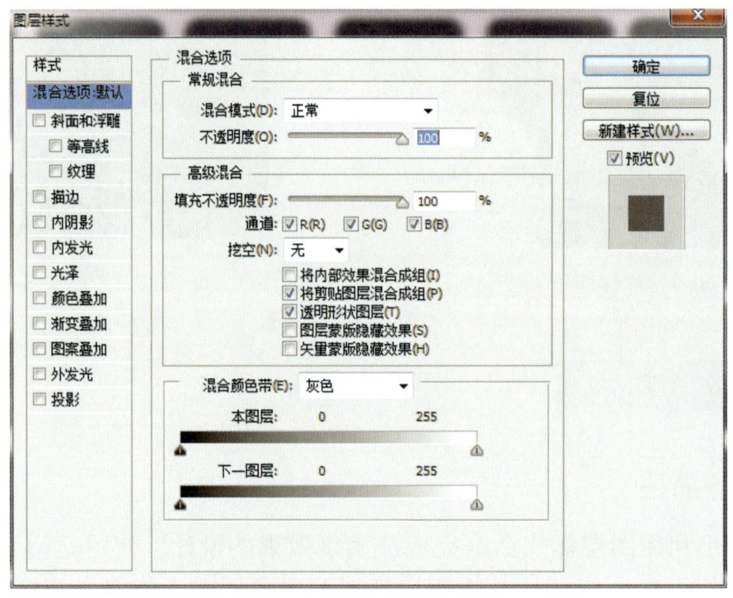

图 3.31 “图层样式”对话框

“混合选项”对话框中各参数具体说明如下。

- 混合模式：用来设置图层的混合效果。
- 不透明度：用来设置图层的不透明度，这个选项的作用和“图层”面板中的一样。在这里修改不透明度的值，图层面板中的设置也会有相应的变化，这个选项会影响整个层的内容。
- 填充不透明度：用来设置填充图层的不透明度，这个选项只会影响图层本身的内容，不会影响层的样式。因此调节这个选项可以将层调整为透明的，同时保留层样式的效果。如图 3.32 所示，左侧素材图像只用图层样式（阴影）效果；中间素材图像在用图层样式（阴影）的同时将“填充不透明度”设置为“50%”；右侧素材图像在用图层样式（阴影）的同时将“不透明度”设置为“50%”。

下面通过一个实例介绍“混合颜色带”的使用方法。

步骤 1：打开配套素材文件 03/ 任务 / 白云 .jpg 和树 .jpg 两张素材图像，如图 3.33 所示。

图 3.32　图像效果

图 3.33　白云和树素材图像

步骤 2：按“Ctrl+A”组合键全选“白云”，使用移动工具将其移至树所在图像，单击白云所在的图层，打开“图层样式”对话框，对“混合颜色带”进行调整，调整后的图像效果和“图层样式”如图 3.34 所示，注意这里是图片中颜色较深的蓝色部分变成了透明的，而云彩的颜色仍然保留。

图 3.34　调整混合颜色带

可以看到，留下的部分周围出现了明显的锯齿和色块，此时若用户感到这个命令用处不大，是因为它的功能还远没有发挥出来。想要将云彩放入树素材的天空中，只需要对“混合颜色带”进行调整就可以实现。

步骤 3：为了使云彩的边缘部分平稳过渡，可以将本图层滑块分成两个独立的小滑块进行操作，操作方法是按住 Alt 键拖动滑块。调整后的效果如图 3.35 所示。

图 3.35　将滑块分成两个独立的小滑块

步骤 4：为了将云彩放入树素材的天空中，这里还需要调整“下一图层”滑块，调整后的效果如图 3.36 所示。

图 3.36　将云彩放入树的天空中

（2）斜面和浮雕。

可通过该选项给图像添加各种斜面和浮雕的效果，可在“图层样式”对话框左侧的“样式”选项组中选中“斜面和浮雕”复选框来进行设置，包括内斜面、外斜面、浮雕、枕状浮雕和描边浮雕，虽然每一项中包含的参数和选项都是一样的，但是制作出来的效果却大相径庭。

“斜面和浮雕”选项中各个参数的用法如下。

1）样式。

用来选择斜面与浮雕的具体形态，该下拉列表框中共有 5 个选项：“内斜面”“外斜面”“浮雕”“枕状浮雕”“描边浮雕”。

- 内斜面：添加了内斜面的图层会同时多出一个高光层（在其上方）和一个投影层（在其下方），明显比前面介绍的只增加一个虚拟层的样式要复杂。投影层的混合模式为“正片叠底”，高光层的混合模式为“滤色”，两者的透明度都是“75%”。虽然这些默认设置和前面介绍的几种图层样式都一样，但是两个图层配合起来，效果就多了很多。

为了说明这两个“虚拟”的图层究竟是怎么回事，先将图片的背景设置为黑色，然后为白色的圆所在的图层添加“内斜面”样式，再将该图层的“填充不透明度”设置为“0”。这样就将图层上方“虚拟”的高光层分离出来，如图 3.37 所示。

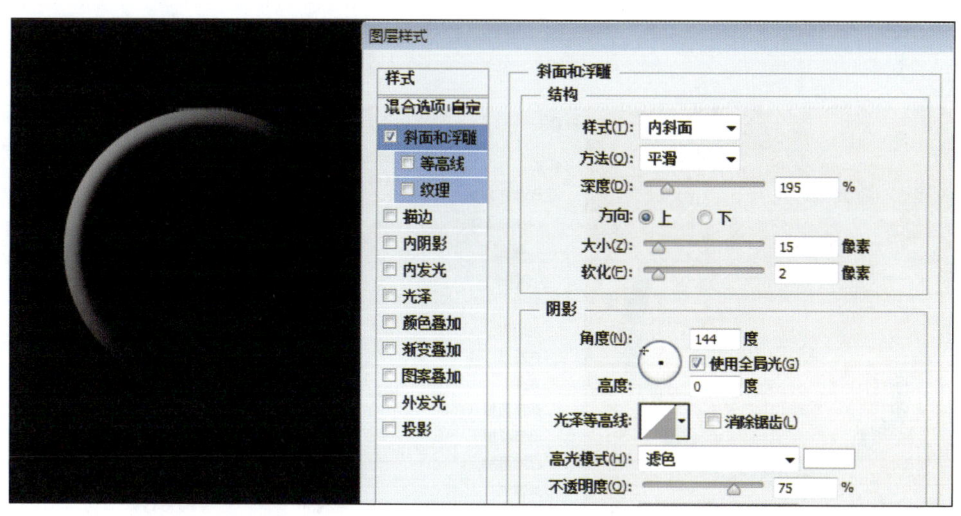

图 3.37　高光层分离出来

再将图片的背景色设置为白色，然后为黑色的圆所在的图层添加“内斜面”样式，再将该图层的“填充不透明度”设置为“0”。这样就将图层下方“虚拟”的投影层分离出来，如图 3.38 所示。

这两个“虚拟”的图层配合起来构成“内斜面”效果，类似于来自左上方的光源照射一个截面形为梯形的高台形成的效果。

- 外斜面：被赋予了外斜面样式的图层也会多出两个“虚拟”的图层，一个在上，一个在下，分别是高光层和阴影层，混合模式分别是正片叠底和滤色，这些和内斜面都是完全一样的，不再赘述。
- 浮雕：前面介绍的斜面效果添加的“虚拟”图层都是一上一下的，而浮雕效果添加的两个“虚拟”图层则都在图层的上方，因此不需要调整背景颜色和图层的填充不透明度就可以同时看到高光层和阴影层。这两个“虚拟”图层的混合模式以及透明度仍然和斜面效果的一样。图 3.39 所示是为与背景颜色相同的圆添加了浮雕效果。

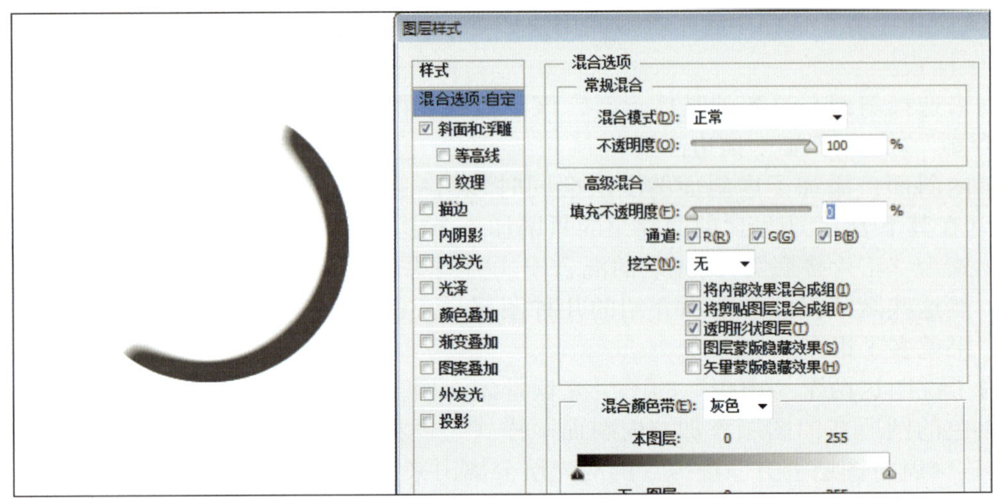

图 3.38　投影层分离出来

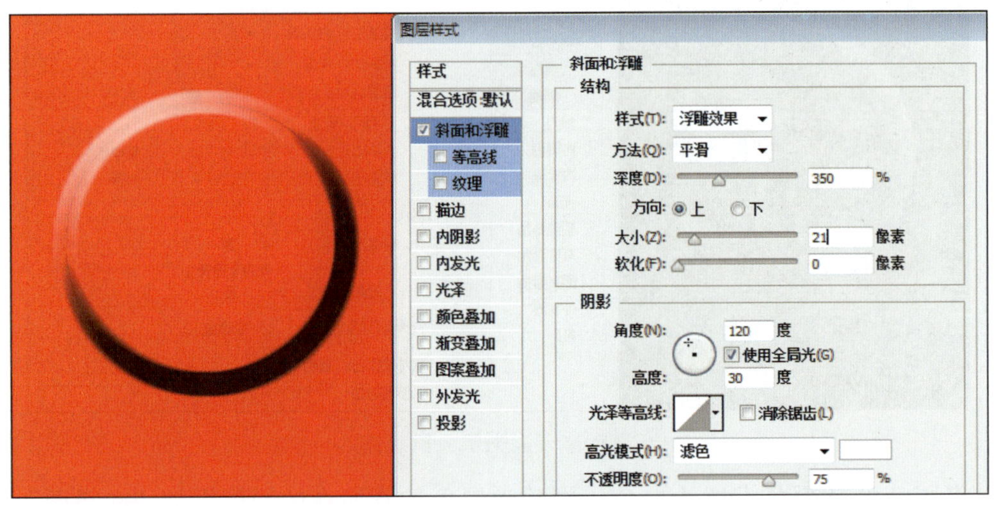

图 3.39　浮雕效果

- 枕状浮雕：添加了枕状浮雕样式的层会一下子多出 4 个“虚拟”图层，两个在上，两个在下。上下各含有一个高光层和一个阴影层。因此，“枕状浮雕”是内斜面和外斜面的混合体，图层首先被赋予一个内斜面样式，形成一个凸起的高台效果，然后又被赋予一个外斜面样式，整个高台又陷入一个“坑”当中，将上例中的样式设为“枕状浮雕”后的效果如图 3.40 所示。
- 描边浮雕：只适用于描边对象，即在应用描边浮雕效果时需先设置描边效果。

2）方法。

用来设置斜面和浮雕的雕刻粗度。该下拉列表框中有 3 个选项：“平滑”“雕刻清晰”“雕刻柔和”。其中“平滑”是默认值，对斜角的边缘应用模糊效果，“雕刻清晰”值对斜角的边缘应用锐化效果，而“雕刻柔和”是一个折中的值，图 3.41 所示分别是应用这 3 种方法后的效果。

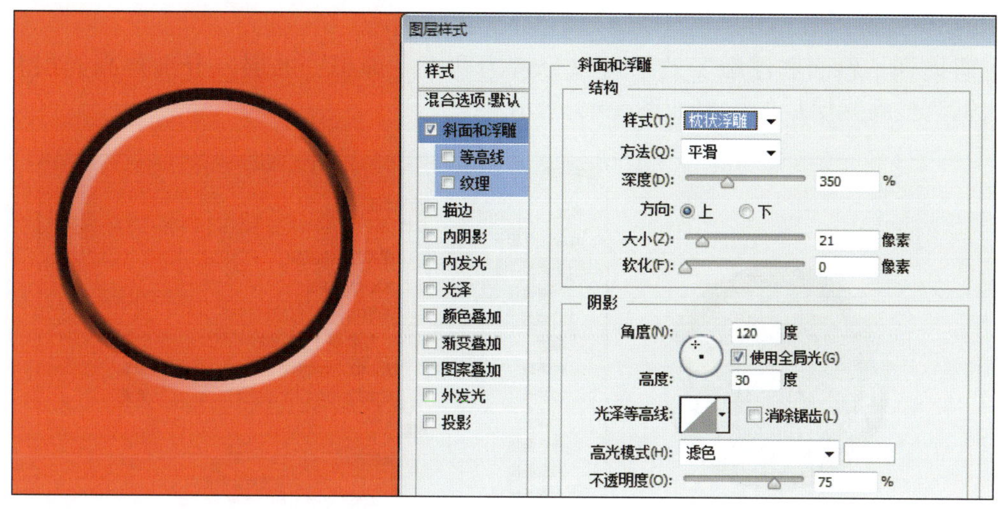

图 3.40　枕状浮雕

3）深度。

用来设置效果的深浅程度。“深度”必须和“大小”配合使用，“大小”一定的情况下，用“深度”可以调整高台的截面梯形斜边的光滑程度。在“大小”保持不变的情况下，将“深度”值设置为 100% 和 1 000% 时的效果如图 3.42 所示。

图 3.41　应用 3 种不同方法后的效果

图 3.42　不同深度值的效果

4）方向。

用来设置“深度”的方向。“方向”的设置值只有“上”和“下”两种，其效果和设置“角度”是一样的。在制作按钮的时候，“上”和“下”可以分别对应按钮的正常状态和按下状态，比通过角度进行设置更加方便和准确。

5）大小。

用来控制阴影的方向。如果选择“上”，则亮部在上，阴影在下；如果选择“下”，则亮部在下，阴影在上；“大小”用来设置高台的高度，必须和“深度”配合使用。

6）软化。

用来设置阴影边缘的柔化程度。数值越大，边缘过渡越柔和。

7）角度、高度。

用来设置立体光源的角度和高度。

8）光泽等高线。

用来设置明暗对比的分布方式。

9）高光模式、阴影模式。

在两个下拉列表中，可以为高光与暗调部分选择不同的混合模式，从而得到不同的效果，如果单击右侧颜色块，还可以在打开的“拾色器”对话框中为高光与暗调部分选择不同的颜色。

前面提到“斜面和浮雕”效果可以分解为两个“虚拟”的层，分别是高光层和阴影层。这里调整高光层后的效果如图 3.43 所示。

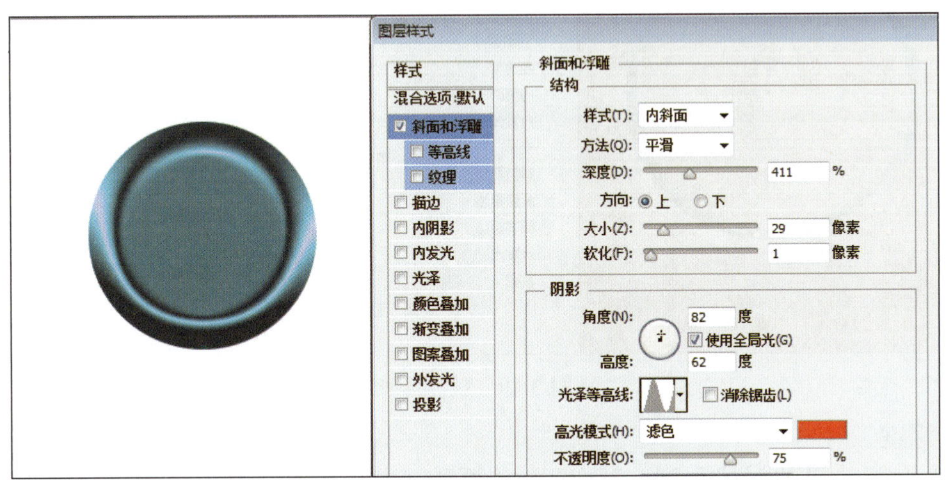

图 3.43　设置高光模式后的效果

将对象的高光层设置为红色实际等于将光源颜色设置为红色，注意混合模式一般使用“滤色”，因为这样才能反映出光源颜色和对象本身颜色的混合效果。

阴影模式的设置原理和高光模式是一样的，但是由于阴影层的默认混合模式是正片叠底，有时候修改了颜色后看不出效果，因此这里将图层的“填充不透明度”设置为“0”，可以得到如图 3.44 所示的效果。

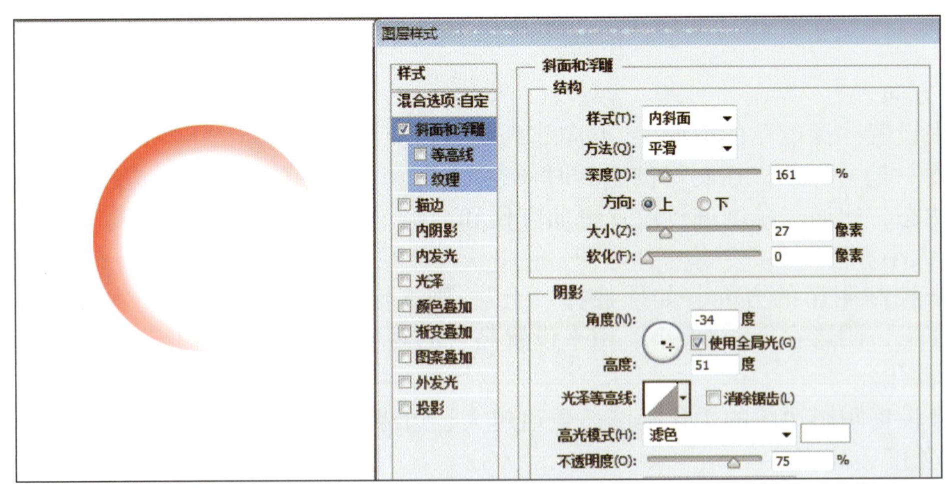

图 3.44　设置阴影模式后的效果

10）等高线。

用于设置立体对比的分布方式。单击右侧的下拉按钮，从打开的下拉列表框中可以选择相应的等高线样式。有时容易与“斜面和浮雕”样式中的等高线混淆，除了在对话框右侧有“等高线”设置，在对话框左侧也有。其实仔细比较一下就会发现，对话框右侧的“等高线”是“光泽等高线”，这个等高线只会影响“虚拟”的高光层和阴影层。而对话框左侧的“等高线”则是用来为图层本身赋予条纹状效果。

11）纹理。

用来为图层添加材质，其设置比较简单。首先在下拉框中选择纹理，然后按纹理的应用方式进行设置。

常用的选项介绍如下。

- 图案：用来设置填充所用的图案。
- 贴紧原点：用来设置使图案的位置返回原来的地方。
- 缩放：用来设置图案的放大或缩小，以适合要求。
- 深度：用来设置立体的对比效果强度。
- 反相：用来设置是否将图案反相，从而得到相反的图案效果。
- 与图层链接：用来设置是否将所做的图案和图层链接在一起。

（3）描边。

在“图层样式”对话框左侧的“样式”选项组中选中“描边”复选框，可给图像添加描边效果，描边样式直观、简单，就是用指定颜色沿着层中非透明部分的边缘描边。

“描边”对话框中各参数具体说明如下。

- 大小：用来设置描边的宽度，数值越大则生成的描边宽度越大。
- 位置：用来设置描边的位置，可选项有“外部”“内部”“居中”3 种。
- 填充类型：用来设置描边的类型，可选项有“颜色”“渐变”“图案”3 种，可分别用单一颜色、渐变颜色、图案来进行描边。

这里需要注意的是，选择“编辑 | 描边”菜单和用“描边”图层样式产生的效果是不同的。

不同之一：同时将两个对象进行描边后，再分别在这两个对象上删除像素，所得的效果是不同的，比较效果如图 3.45 所示。可以看出用菜单中的“描边”选项进行描边操作的圆在删除像素的边缘没有描边效果，而使用“描边”的图层样式进行描边操作的圆在删除像素的边缘还保留描边的效果。

不同之二：将上例的两个圆形所在图层的填充值同样设置为“20%”后的效果如图 3.46 所示，可以看出用菜单中的“描边”选项进行描边的圆和描边的颜色都发生了变化，用“描边”的图层样式进行描边操作只有圆本身的像素发生变化，而圆描边的颜色保持不变。

图 3.45　两种描边操作删除像素后的不同效果　　图 3.46　两种描边操作设置相同填充值的不同效果

（4）内阴影。

用来在图像内侧形成阴影效果。可在“图层样式”对话框左侧的“样式”选项组中选中“内阴影”复选框后进行设置，“内阴影”选项的设置与“投影”选项的设置类似，仅仅是产生的阴影的方向不同而已。图 3.47 所示是添加“内阴影”样式后的效果。

图 3.47 “内阴影”效果

内阴影的很多选项和投影是一样的，前面的投影效果可以理解为一个光源照射平面对象的效果，而“内阴影”则可以理解为光源照射球体的效果。

（5）内发光。

用来在图像内侧添加内部发光的效果。可在“图层样式”对话框左侧的“样式”选项组中选中“内发光”复选框来设置，“内发光”选项的设置与“外发光”选项的设置类似，可将内侧发光效果想象为一个内侧边缘安装有照明设备的隧道的截面，也可以理解为一个玻璃棒的横断面，这个玻璃棒外围有一圈光源。“内发光”只是多一个“源”选项。

“源”用来设置光源的位置，“居中”项是指光源位于图层的中心，而“边缘”项是指光源位于图层的边缘。

图 3.48 所示为添加“内发光”和“描边”样式后产生的效果。

图 3.48 “内发光”效果

（6）光泽。

用来给图层添加光泽。可在“图层样式”对话框左侧的“样式”选项组中选中“光泽”复选框来进行设置。选项虽然不多，但很难准确把握，微小的设置差别都会使效果产生很大的变化。

另外，“光泽”效果还和图层的轮廓相关，即使参数设置完全一样，不同内容的图层添加光泽样式之后产生的效果也会完全不同。图 3.49 所示是添加“光泽”样式后的图像的效果。

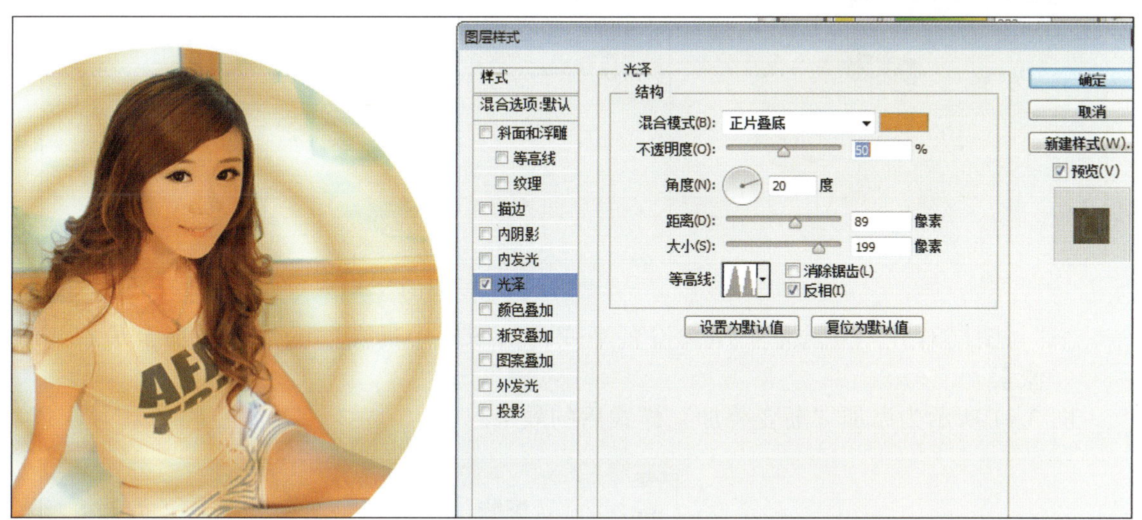

图 3.49　不同形状的对象设置“光泽”样式后的效果

通过不断调整这几种图形的设置值，我们可以逐渐发现光泽样式的显示规律：两组外形轮廓和层的内容相同的多层光环彼此交叠构成了光泽效果。

（7）颜色叠加。

在“图层样式”对话框左侧的“样式”选项组中选中“颜色叠加”复选框后可设置颜色叠加效果，“颜色叠加”最简单的样式相当于为图层着色。也可以将这个样式看作在图层的上方加了一个“混合模式”为“普通”、“不透明度”为“100%”的“虚拟”图层。

这里为图层添加“颜色叠加”样式，并将叠加的“虚拟”图层的颜色混合模式设置为黄色，“不透明度”设置为“50%”。添加“颜色叠加”样式后的效果如图 3.50 所示。注意，添加了样式后的颜色是图层原有颜色和“虚拟”图层颜色的混合。

（8）渐变叠加。

可用来给图像叠加渐变色。可在“图层样式”对话框中左侧的“样式”选项组中选中“渐变叠加”复选框后进行设置，“渐变叠加”和“颜色叠加”的原理是完全一样的，只不过“虚拟”图层的颜色是渐变的而不是单色的。

“渐变叠加”对话框中各参数具体说明如下。

- 渐变：用来设置需要叠加的渐变色。
- 样式：用来设置渐变颜色叠加的方式，可选项有“线性”“径向”“角度”“对称”“菱形”。
- 缩放：用来设置渐变颜色之间的融合程度，数值越小，融合程度越低。
- “反向”复选框：用来设置反方向叠加渐变色。

图 3.50　添加“颜色叠加”样式后的效果

- “与图层对齐”复选框：用来设置渐变色由图层中最左侧的像素叠加至最右侧的像素。

图 3.51 所示为添加“渐变叠加”样式后的效果。

图 3.51　添加“渐变叠加”样式后的效果

（9）图案叠加。

用来给图像叠加图案。可在“图层样式”对话框左侧的“样式”选项组中选中“图案叠加”复选框后进行设置，“图案叠加”样式的设置方法和前面在“斜面和浮雕”中介绍的“纹理”完全一样。

需要注意的是，这 3 种叠加样式是有主次关系的，从高到低分别是颜色叠加、渐变叠加和图案叠加。这就是说，如果同时添加了这 3 种样式，并且将它们的“不透明度”都设置为“100%”，那么只能看到“颜色叠加”产生的效果。要想使层次较低的叠加效果显示出来，必须清除上层的叠加效果或者将上层叠加效果的“不透明度”设置为小于“100%”的值。

图 3.52 所示为在图 3.51 所示图像的基础上添加“图案叠加”的效果。

图 3.52　添加“图案叠加”样式后的效果

（10）外发光。

用来在图像外侧形成发光效果。可在“图层样式”对话框左侧的“样式”选项组中选中“外发光”复选框后进行设置。对于添加了“外发光”效果的层来说，好像下面多出了一个层，这个假想层的填充范围比上面的层略大，缺省混合模式为“滤色”，默认透明度为“75%”，从而产生层的外侧边缘“发光”的效果。

由于默认混合模式是“滤色”，因此如果背景层被设置为白色，那么不论如何调整外侧发光的设置，效果都无法显示出来。要想在白色背景上看到外侧发光效果，必须将混合模式设置为“滤色”以外的其他值。图 3.53 所示为在图 3.51 所示的图像的基础上添加“外发光”样式后的效果。这里将背景层由白色变为天蓝色。

图 3.53　“外发光”效果

“外发光”对话框中各主要参数具体说明如下。

- 混合模式：用来设置外发光的混合效果。
- 不透明度：用来设置外发光的不透明度。
- 杂色：在外侧的发光效果中添加杂色。
- 方法：在该下拉列表中可以设置“外发光”的方法，选择“柔和”选项，所发出的光线边缘柔和；选择“精确”选项，光线按图像边缘轮廓呈现外发光效果。
- 扩展：用来设置光芒向外扩展的程度。
- 大小：用来设置光芒面积的大小。
- 范围：该参数决定发光的轮廓范围。
- 抖动：该参数用于在发光中随机安排渐变效果，由于渐变的随机性，相当于产生大量杂色。

（11）投影。

添加投影效果后，层的下方会出现一个轮廓和层的内容相同的“影子”，这个“影子”有一定的偏移量，默认情况下会向右下角偏移。投影的默认“混合模式”是“正片叠底”，“不透明度”为“75%”。图 3.54 所示为添加“投影”样式后的图像的效果。

图 3.54　设置“投影”效果

选择“图层 | 图层样式 | 创建图层”菜单，将打开如图 3.55 所示的提示框，单击“确定”按钮后，可以将投影“图层样式”分离出来，这样就可以对投影部分做进一步的调整。这里对分离出来的投影样式做大小和斜切调整，图层面板和图像效果如图 3.56 所示。其他样式设置也可用同样的操作方法。

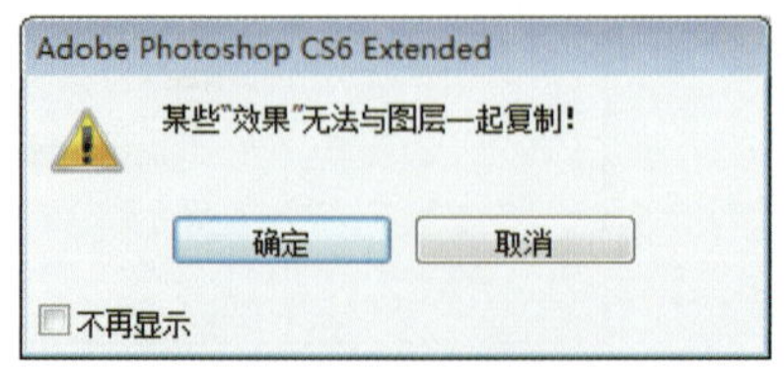

图 3.55　分离图层样式

图 3.56　图层面板和图像效果

“投影”对话框中各参数具体说明如下。

- 混合模式：用来设置投影的混合效果。
- 不透明度：用来设置投影的不透明度。
- 角度：用来定义投影投射的方向。
- “使用全局光”复选框：选中该项，则“投影”效果使用全局设置，反之可以自定义角度，在“使用全局光”复选框被选中的情况下，如果改变该角度值，将改变图像中所有图层样式中的角度值。
- 距离：用来设置投影与图像之间的距离。
- 扩展：用来设置投影与图像间内部缩小的比例。
- 大小：用来设置投影的模糊程度。
- 等高线：用来设置投影的轮廓形状，单击等高线缩略图后的下三角形按钮可以打开等高线列表以选择等高线，也可以对等高线进行编辑。
- “消除锯齿”复选框：用来调整投影的渐变效果，消除锯齿并使渐变柔和化。
- 杂色：用来调整投影的像素分布，使得阴影斑点化。
- “图层挖空投影”复选框：当填充为透明时，模糊化投影。

2. 图层样式操作

除了可对图层样式进行直接编辑外，还可以对图层样式进行一些其他的操作，比如复制图层样式、删除图层样式、缩放图层效果、将图层样式转换成图层等。

（1）复制图层样式。

用户可以将某一图层中的图层样式复制到另一个图层中，这样既省去了重设效果的麻烦，又加快了操作速度，具体方法如下。

步骤 1：新建图像文件，输入文字“复制”，适当添加图层样式效果，单击鼠标右键，在打开的快捷菜单中选择“拷贝图层样式”命令，或者选择“图层 | 图层样式 | 拷贝图层样式”菜单。

步骤 2：选择要粘贴图层样式的图层，单击鼠标右键，在打开的快捷菜单中选择“粘贴图层样式”命令，或者选择“图层 | 图层样式 | 粘贴图层样式”菜单。

（2）缩放图层效果。

拷贝图层样式可以在不同的图像文件之间进行，如果两个图像文件的分辨率不同，得到的图层样式可能不一致。“缩放效果”可以设置图层样式的放大或缩小的倍数，缩放范围为 1% ～ 1 000%，但不会缩放图像。

选择“图层 | 图层样式 | 缩放效果”菜单，可打开如图 3.57 所示的对话框。

设置缩放参数后，单击“确定”按钮即可。图 3.58 所示为原图层样式效果图和设置缩放参数为“50%”后的图层样式效果图。

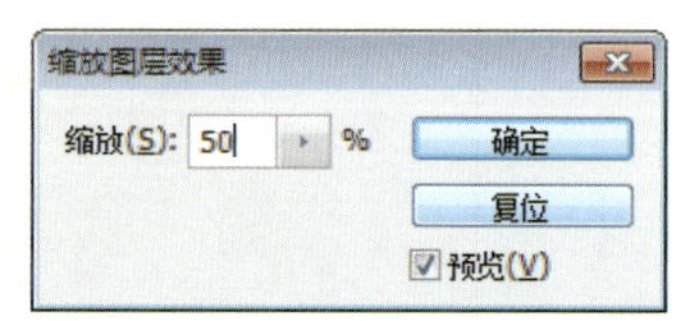

图 3.57 “缩放图层效果”对话框

缩放 缩放

图 3.58 缩放效果

（3）删除图层样式。

当不需要某图层样式时，可以将它删除，具体方法是：选择需要删除图层样式的图层，单击鼠标右键，在打开的快捷菜单中选择“清除图层样式”命令，或者选择“图层 | 图层样式 | 清除图层样式”菜单。

3.2.3 任务实现

步骤 1：新建大小为“900 像素 ×600 像素”、分辨率为“300 像素 / 英寸”，名称为“金属字”的文件，其他参数保持默认，“新建”对话框如图 3.59 所示。

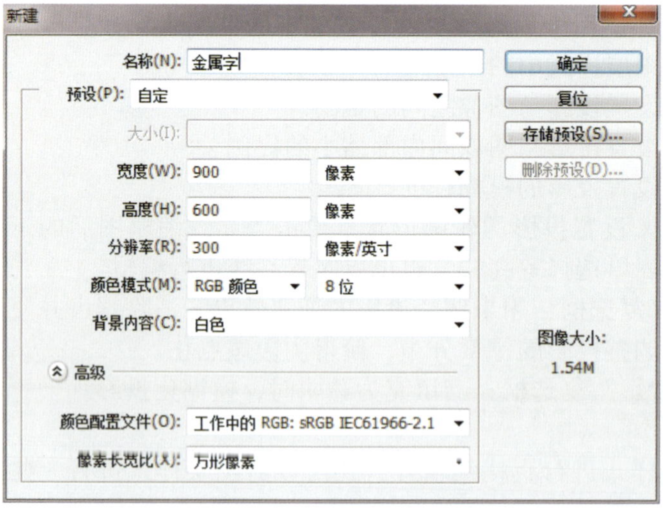

图 3.59 “新建”对话框

步骤 2：制作背景。将前景色设置为“#332222”，按“Alt+Delete”组合键为背景图层填充前景色，使用横排文字工具，输入相应文字，使用“Ctrl+T”组合键调整字体大小，如图 3.60 所示。

步骤 3：新建空白图层，使用色板工具，提取“90% 灰色”，按“Alt+Delete”组合键为新图层填充颜色，如图 3.61 所示。

图 3.60　输入文字

图 3.61　填充灰色背景

步骤 4：为灰色图层增加金属光晕效果，选择“滤镜 | 渲染 | 镜头光晕”菜单，调整亮度为“125%”，单击“确定”按钮，完成光晕效果，如图 3.62 所示。

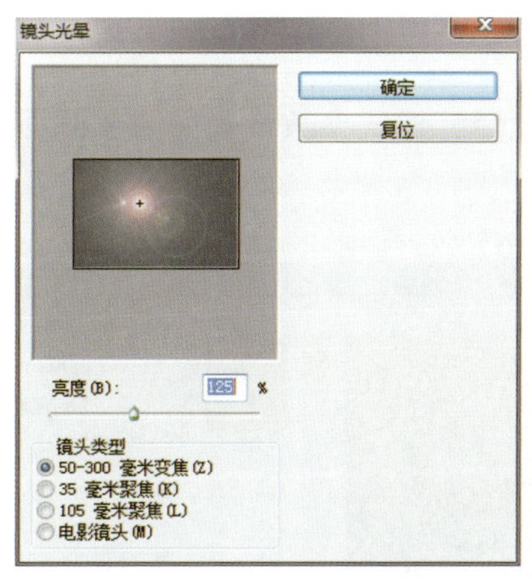

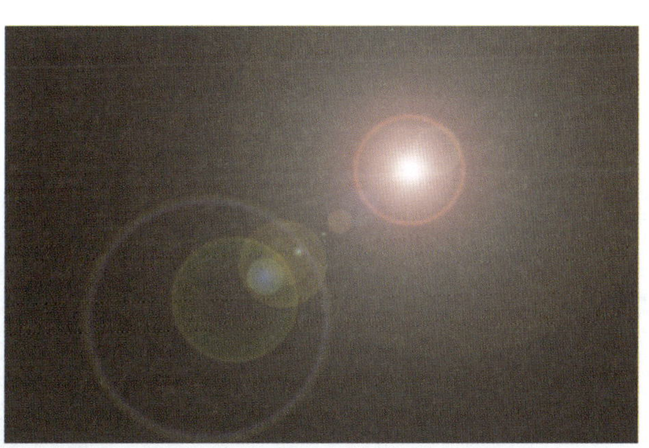

图 3.62　镜头光晕参数设置及光晕效果

步骤 5：调整图层顺序，将光晕图片置于文字图层的上方，按住 Alt 键的同时，将光标放在“文字”图层和“光晕”图层的中间，当光标变为时，单击鼠标，为文字创建剪贴蒙版，如图 3.63 所示。

步骤 6：为使文字具有立体效果，需要给文字增加投影和浮雕效果，选择文字图层，单击图层面板底部的按钮，为文字增加图层样式，增加“斜面和浮雕”效果，样式参数设置如图 3.64 所示。

图 3.63　创建剪贴蒙版及增加光晕效果

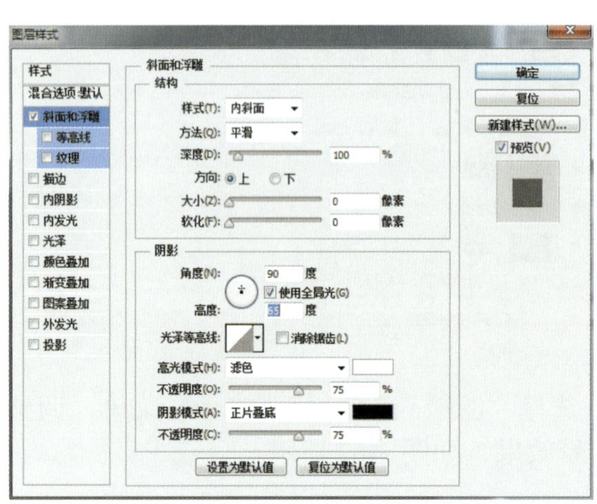
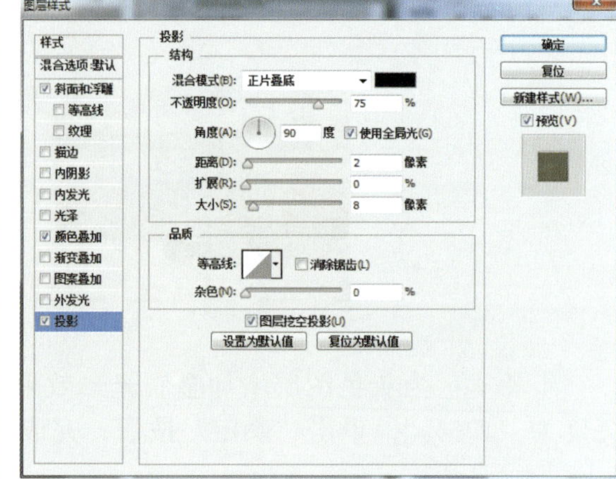

图 3.64　增加立体效果

步骤 7：为金属字设置“颜色叠加”以增加金属色泽，样式参数设置如图 3.65 所示。

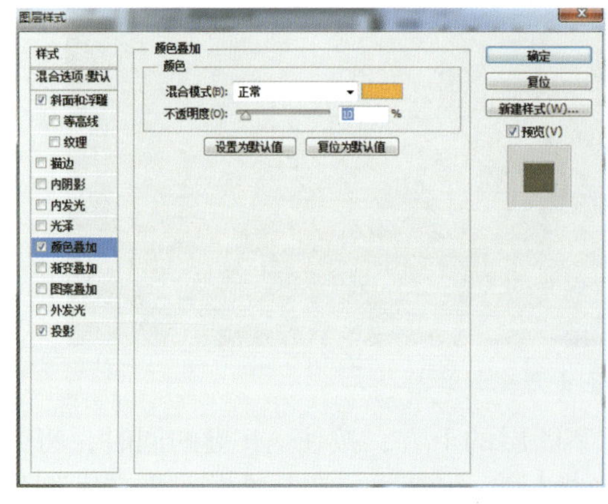
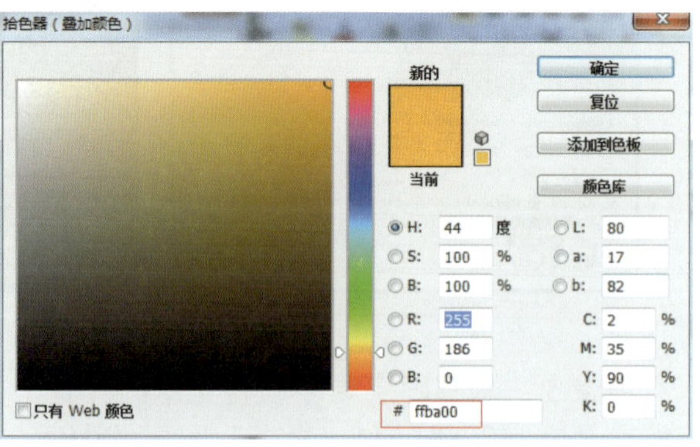

图 3.65　增加颜色效果

步骤 8：为背景图层增加光影效果。选择背景图层，按“Ctrl+F”组合键使用上一次滤镜效果，为背景增加镜头光晕，然后选择“滤镜 | 模糊 | 高斯模糊”菜单，利用高斯模糊使背景更加柔和，参数设置如图 3.66 所示。按“Ctrl+U”组合键，选择“图像 | 调整 |

色相 / 饱和度”菜单，将明度降低到“-20”，如图 3.67 所示。

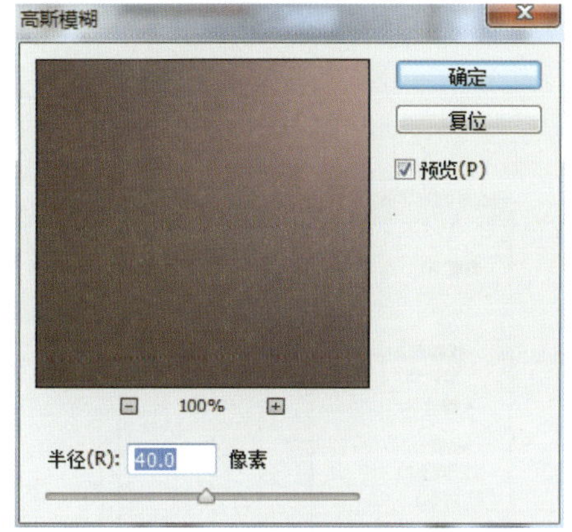

图 3.66　背景增加高斯模糊

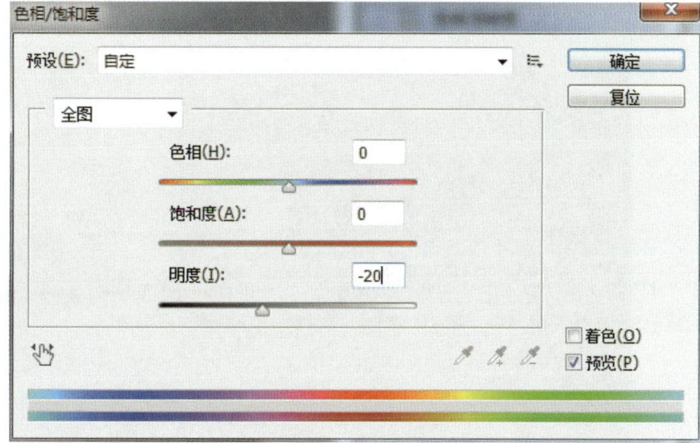

图 3.67　调整明度

步骤 9：单击图层面板底部的按钮新建图层，并将新图层置于文字图层的下方，按住 Ctrl 键，在图层列表中单击文字图层，生成文字选区，将前景色设置为黑色，按“Alt+Delete”组合键，在新图层中填充黑色，如图 3.68 所示。

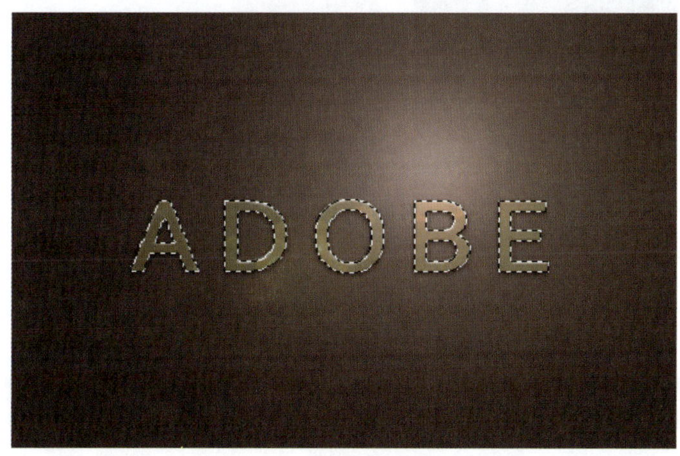

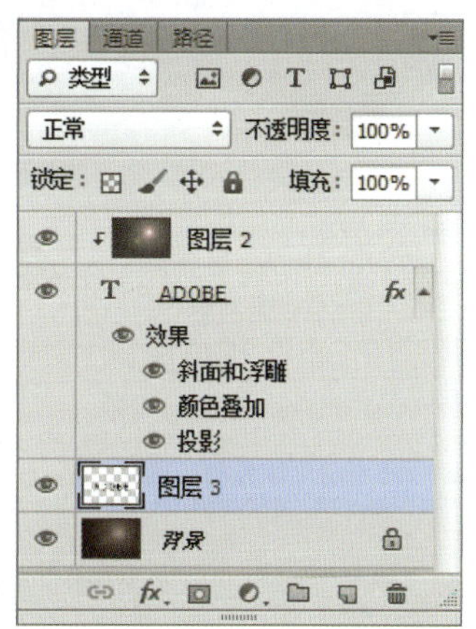

图 3.68　增加阴影效果及面板设置

步骤 10：使用“Ctrl+T”组合键变换阴影大小，将变换工具中心点置于图层上方，下拉变换，避免阴影在文字的上方出现，调整结束按 Enter 键确定，如图 3.69 所示。选择“滤镜 | 模糊 | 径向模糊”菜单，使阴影更加真实，参数设置如图 3.70 所示，最终实现金属字的制作，如图 3.30 所示。

3.2.4　练习实践

打开配套素材文件 03/ 练习实践 / 猫 .jpg、猫粮 .jpg、猫剪影 .png，进行合成，可综合运用文字工具、渐变工具、图层面板和图层样式等，素材图像如图 3.71 所示，合成后的效果如图 3.72 所示。

图 3.69　调整阴影方向

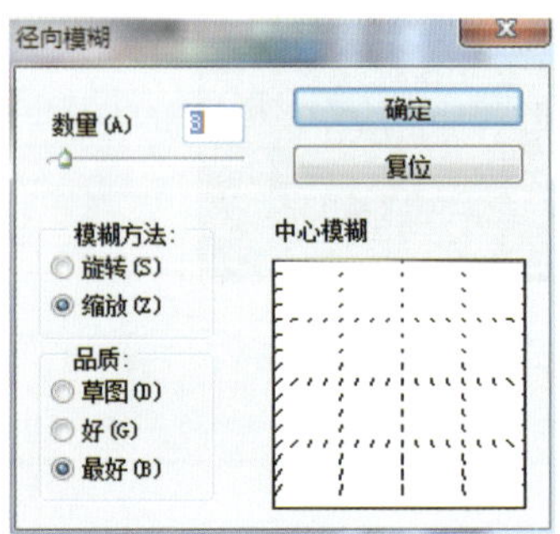

图 3.70　调整径向模糊

图 3.71　素材图像

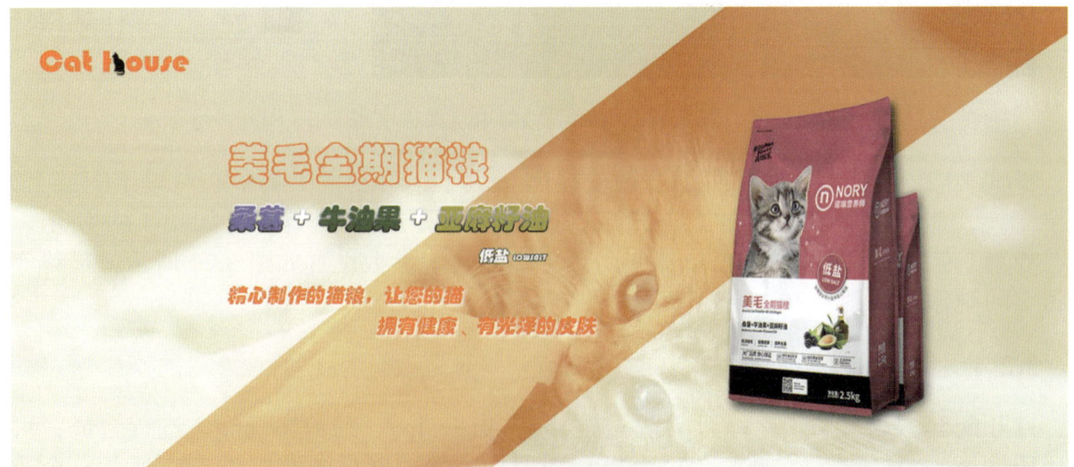

图 3.72　效果图

任务 3.3　梦幻森林

3.3.1　任务描述

本任务主要是通过制作梦幻森林效果帮助用户了解图层混合模式，可利用新建图层对森林照片进行调整，运用多种图层混合模式来润色，使画面呈现梦幻感。梦幻森林最终效果如图 3.73 所示。

图 3.73　效果图

3.3.2　相关知识

1. 图层混合模式

图层混合模式是指某图层与其下图层的色彩叠加方式，包含 27 种模式。灵活运用不同的模式可以产生特别的合成效果。

设定下面图层的颜色为基色，上面图层的颜色为混合色，最终看到的颜色为结果色，下面用 2 幅图像来介绍不同的混合模式下颜色产生的变化，如图 3.74 所示。

图 3.74　基色（背景）与混合色（大象）

合成效果如图 3.75 所示，图层面板中的效果如图 3.76 所示。

图 3.75　图像合成

图 3.76　图层面板

在对“大象”图层应用不同的图层模式后，图像效果如图 3.77 所示。

正常

溶解

变暗

正片叠底

颜色加深

线性加深

深色

变亮

滤色

颜色减淡

线性减淡（添加）

浅色

叠加

柔光

强光

亮光

线性光

点光

实色混合

差值

排除

图 3.77 图层混合模式

在设置图层混合模式时，初学者往往不会一步到位地选择需要的混合模式。可先在模式下拉列表框中选择任意一种混合模式来观察效果。细心的用户可以发现，滤色和正片叠底所在组的模式是相互对应的，其中滤色可以过滤掉黑色，而正片叠底可以过滤掉白色，对黑白底色的照片素材来说，省去了麻烦的抠图环节。

2. 调整图层

“图层 | 新建调整图层”菜单命令与“图像 | 调整”菜单命令类似，不同之处在于能让用户对颜色和色调进行调整，而不会永久地改变图像的像素。调整图层能影响在它之下的所有图层或者当前操作图层，单击“图层 | 新建调整图层”菜单下的任一命令，会弹出如图 3.78 所示的“新建图层”对话框，勾选该对话框中的“使用前一图层创建剪贴蒙版”表示只作用于当前操作图层，不勾选表示作用于当前图层之下的所有图层，此时的操作与单击图层面板上的按钮的效果一样。

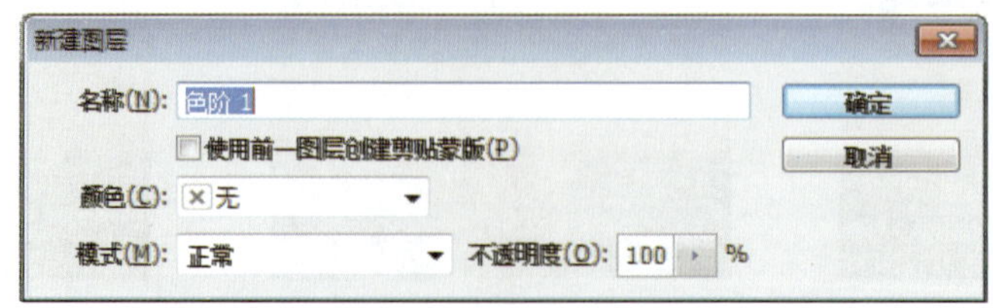

图 3.78 “新建图层”对话框

3.3.3 任务实现

图 3.79 复制背景图层

步骤 1：打开配套素材文件 03/ 任务 / 森林 .jpg，按“Ctrl+J”组合键复制背景图层，如图 3.79 所示。

步骤 2：通过添加调整图层来改变森林的颜色。选择“图层 | 新建调整图层 | 渐变映射”菜单，设置渐变编辑器左侧颜色值为“#472084”，右侧颜色值为“#ffd200”，将该调整图层的“不透明度”设置为“20%”，如图 3.80 所示。

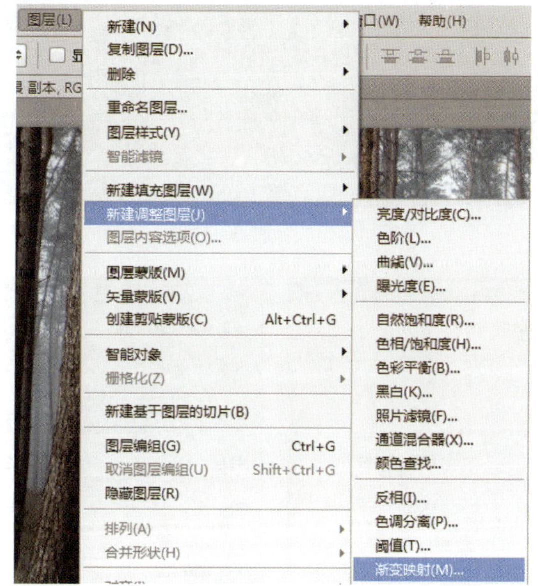

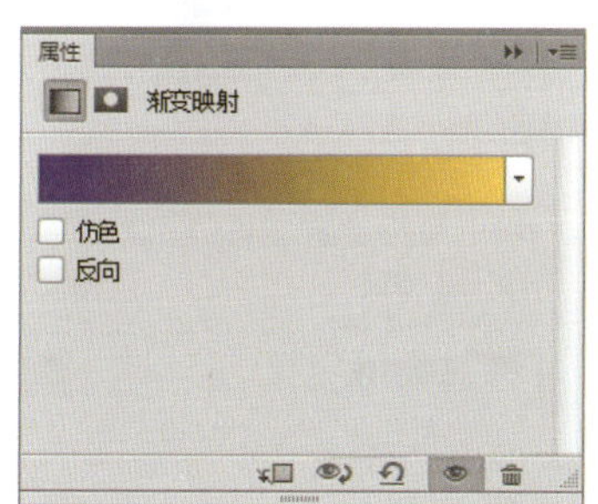

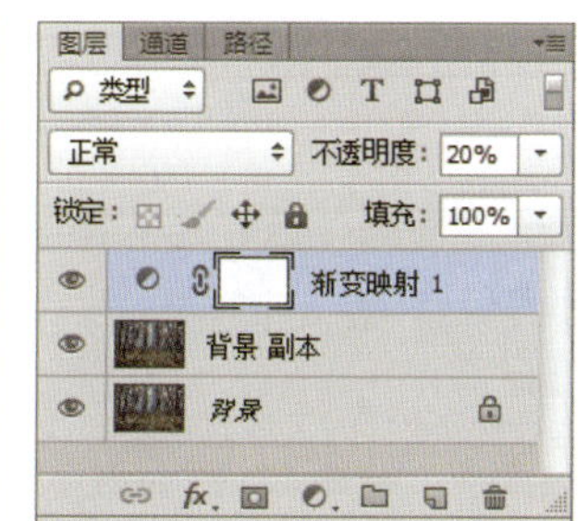

图 3.80 增加渐变映射

步骤 3：通过添加纯色图层增加森林的神秘感。选择“图层 | 新建填充图层 | 纯色”菜单，将填充颜色值设置为“#320227”，图层的“混合模式”设为“排除”，效果如图 3.81 所示。

步骤 4：选择“图层 | 新建调整图层 | 色彩平衡”菜单，对“中间调”和“高光”分别进行调整，如图 3.82 所示，为图片增加红色和黄色的元素。

步骤 5：增加图片对比度，使画面层次效果更强。选择“图层 | 新建调整图层 | 曲线”菜单，单击属性面板中的“曲线”按钮，调整曲线，如图 3.83 左图所示；单击“蒙版”按钮，调整参数如图 3.83 右图所示。在图层面板中选择图层的曲线蒙版，在蒙版中用黑

色软刷画笔擦除顶部中心位置，如图 3.84 所示，形成一个中心是高光光源的效果。在擦除时如果光源边缘有明显的线条，可以单击蒙版，调高羽化参数，参数视效果而定。新建图层组，重命名为“图层调整”，把所有的调整图层拖入组内。

图 3.81　增加填充图层

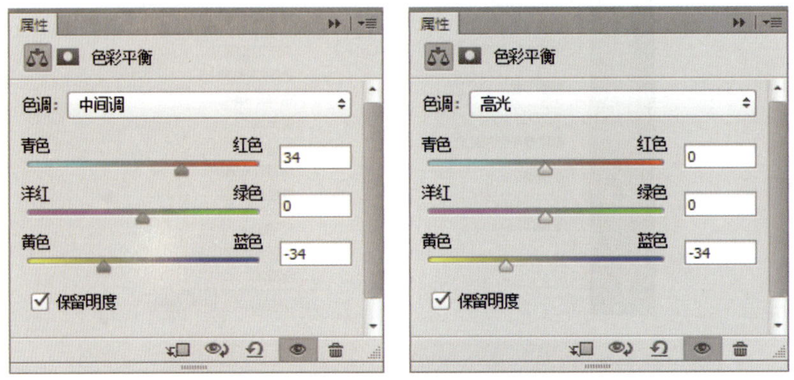

图 3.82　增加色彩平衡

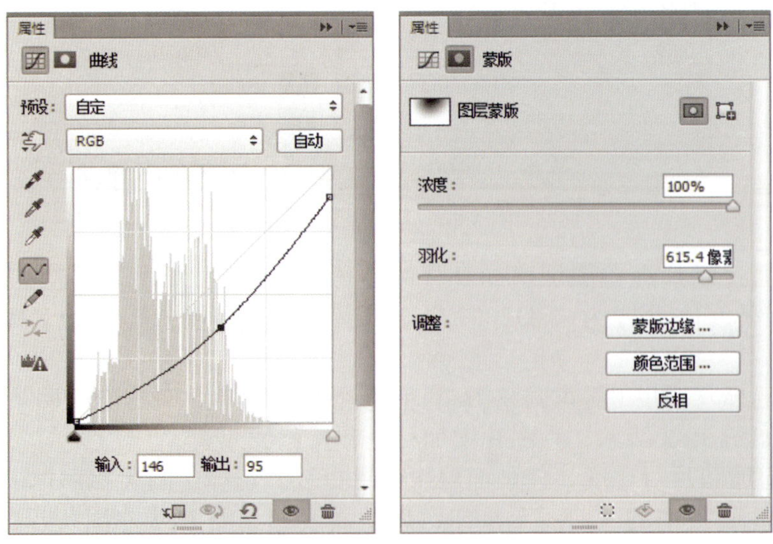

图 3.83　增加曲线调整图层

图 3.84　增加蒙版高光

步骤 6：为画面增加光照效果。新建图层，选择柔边画笔，设置前景色为“#190900”，在想要添加亮光的位置进行涂抹，并设置该图层的“混合模式”为“线性减淡（添加）”，如图 3.85 所示。

图 3.85　增加光照效果前后

步骤 7：增加光的颜色。新建图层，选择柔边画笔，设置前景色为“ fbd0b9”，涂抹顶部区域，并设置该图层的“混合模式”为“叠加”、“不透明度”为“30%”，如图 3.86 所示。

图 3.86　增加光的颜色前后

步骤 8：增强光源的效果。新建图层，使用柔边画笔，设置前景色为“ #f9d382”，在光源位置进行涂抹，改变图层的“混合模式”为“叠加”、“不透明度”为“30%”，如图 3.87 所示。新建图层组，重命名为“光线”，将步骤 6 ～ 8 中新建的图层拖入该组中。

图 3.87　增强光源效果前后

步骤 9：在原始的照片中，由于光线柔和，树的阴影几乎是看不见的，通过增加图层调整效果后光线变强了，那么树木的阴影应该更明显。新建图层，重命名为“阴影”，把图层调整到两个图层组的下方。使用多边形套索工具选择一棵树，建立选区，将前景色设置为黑色，在“阴影”图层中，按“ Alt+Delete”组合键，填充前景色，使用“ Ctrl+T”组合键对影子进行自由变换操作，调整结束后使用“ Ctrl+D”组合键取消选区，使用此方法将近处的树木全部加上阴影，如图 3.88 所示。

图 3.88　绘制阴影前后

步骤 10：为了使阴影部分更加真实，降低“阴影”图层“不透明度”到“50%”，然后选择“滤镜 | 模糊 | 高斯模糊”菜单，对影子部分进行模糊处理，如图 3.89 所示。根据树木与光线的远近设置影子部分不同的不透明度，最终完成梦幻森林效果，如图 3.90 所示。

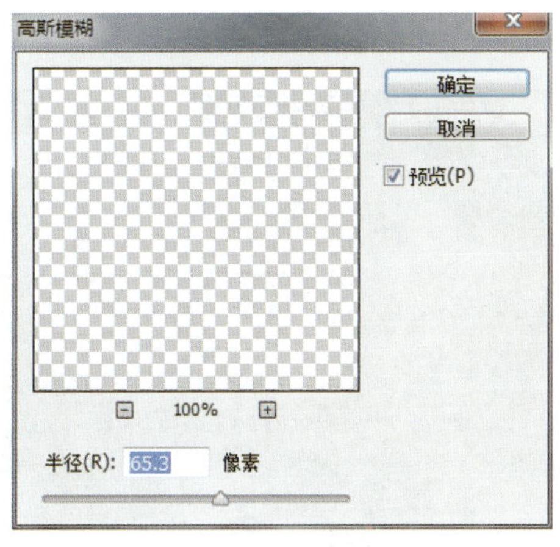

图 3.89　高斯模糊

图 3.90　梦幻森林

3.3.4　练习实践

打开配套素材文件 03/ 任务 / 练习实践 / 背景 .jpg 和文字 .jpg，进行合成，素材图像如图 3.91 所示，使用调整图层 ◐ 中的“色相 / 饱和度”和“亮度 / 对比度”来校正背景图像，使背景图像色彩丰富，再使用“图层混合模式”对文字图片进行处理，使其只保留白色文字，合成图像，合成后的效果如图 3.92 所示。

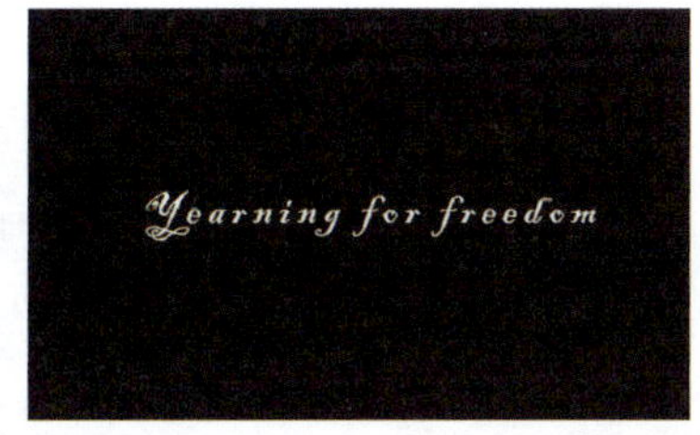

图 3.91　素材图像

图 3.92　效果图

任务 3.4　电影海报

3.4.1　任务描述

本任务是将 3 张素材图像合成，制作出电影海报的效果。设计过程中使用了新建调整图层来统一图像素材的色调，使用图层蒙版抠图，还综合运用了图层的不透明度、图层样式、文字工具等，海报效果如图 3.93 所示。

图 3.93 海报效果图

3.4.2 相关知识

1. 认识蒙版

图层蒙版是以图层为基础的，可以说是 Photoshop 中集图层和蒙版功能为一体的工具。图层蒙版是 Photoshop 图层的精华，通过更改图层蒙版，可以将大量特殊效果应用到图层上，且不会影响该图层中的像素。

使用图层蒙版可以将图层中图像的某些部分处理成透明和半透明的效果，而且可以方便地恢复已经发生变化的图像，是 Photoshop 的一种独特的处理图像的方式。当要给图像的某些区域设定颜色变化，应用滤镜和其他效果时，蒙版能隔离和保护图像的其余区域。

图层蒙版可以看作灰度图像，蒙版中白色区域对应的图像是完全可见的，黑色区域对应的图像是完全不可见的，灰色区域对应的图像是半透明的。所以如果要隐藏图层中某区域，可将蒙版中相应位置设置为黑色；如果要显示图层中某区域，可将蒙版中相应位置设置为白色；如果要使图层中某区域隐约可见，可将蒙版中相应位置设置为灰色。

下面通过一个实例来进一步讲解图层蒙版的用法。

步骤 1：打开如图 3.94 所示的素材图像，双击“背景”图层，将背景图层转变为普通图层，然后新建一图层，将该图层移至最底层，并填充颜色。此时图层面板如图 3.95 所示。

图 3.94 素材图像

图 3.95 图层面板

步骤 2：选择椭圆选框工具，设置羽化值为“30 像素”，然后单击图层面板底部的“添加矢量蒙版”按钮，此时图像效果如图 3.96 所示，图层面板如图 3.97 所示。

图 3.96　添加“图层矢量蒙版”效果

图 3.97　图层面板

从效果图上看，跟用羽化后删除像素的方法非常类似，但从图层面板可以发现，运用图层蒙版最大的好处就是并没有真正删除图像的像素，为后期修改起到一种很好的保护作用。

2. 新建图层蒙版

选择要添加图层蒙版的图层，单击图层面板底部的“添加矢量蒙版”按钮，或者选择“图层 | 图层蒙版 | 显示全部”菜单，即可创建图层蒙版，此时图层缩略图旁边就会出现一个白色标识的蒙版，图层面板及其对应的图像效果如图 3.98 所示。

图 3.98　显示图像全部

按住 Alt 键，单击图层面板中的“添加矢量蒙版”按钮，或者选择“图层 | 图层蒙版 | 隐藏全部”菜单，可以创建一个遮盖图层全部的蒙版，图层面板及其对应的图像效果如图 3.99 所示。

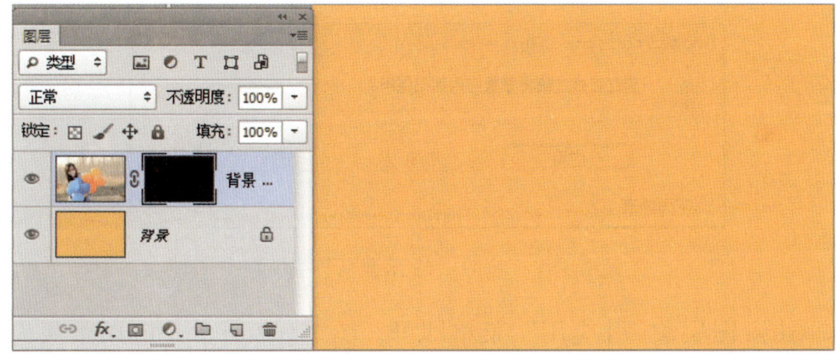

图 3.99　隐藏全部

3. 编辑图层蒙版

图层矢量蒙版中的白色、灰色、黑色区域是可以任意改变的，编辑的方法跟编辑灰度图像基本相同。需要注意的是：在选择蒙版时一定要注意确认操作对象是“蒙版”而不是图像本身。当选中“蒙版”时，图像编辑窗口的标题栏中会出现“图层蒙版”字样，表示当前编辑的对象是“蒙版”；也可以直接在图层面板中观察，当选中“蒙版”时，“图层蒙版缩览图”周围会出现一个白色方框和一个黑色方框。图 3.100 所示为“图层蒙版缩览图”的状态及对应的图像效果。

图 3.100　编辑蒙板

4. 应用及删除图层蒙版

删除图层蒙版是指去除蒙版，不考虑其对图层的作用；而应用图层蒙版是指按图层蒙版所定义的灰度，定义图层中像素分布的情况，保留蒙版中白色区域对应的像素，删除蒙版中黑色区域所对应的像素。

要删除图层蒙版，可按以下方法进行操作。

- 选择要删除的“图层蒙版缩览图”，然后将它拖到按钮上，在打开的对话框中单击“删除”按钮即可。
- 选择“图层 | 图层蒙版 | 删除”菜单即可。

要应用图层蒙版，可按以下方法进行操作。

- 激活“图层蒙版缩览图”，单击图层面板下方的按钮，在打开的如图 3.101 所示的提示对话框中单击“应用”按钮即可。

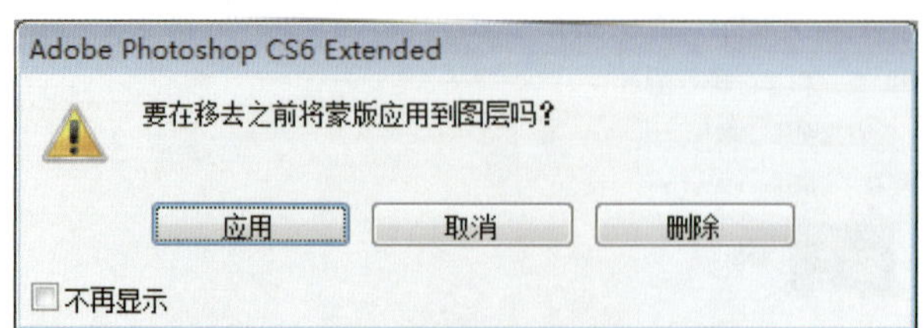

图 3.101　删除“应用蒙版”提示框

- 选择“图层 | 图层蒙版 | 应用”菜单即可，图 3.102 所示是应用蒙版前后图层面板的状态。

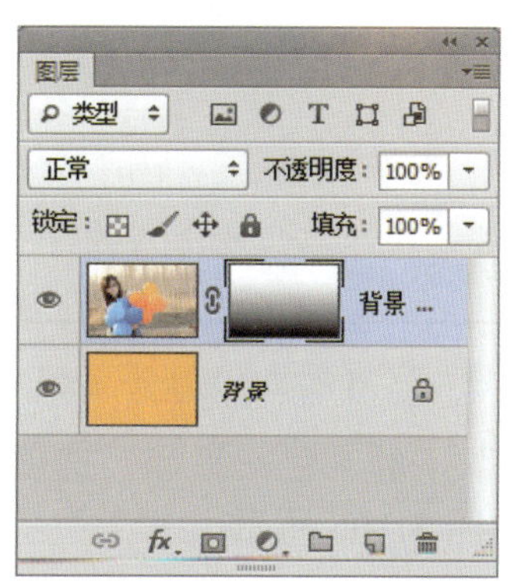

图 3.102 “应用蒙版”前后图层面板的状态

5. 启用和停用图层蒙版

要停用图层蒙版，只需选中图层蒙版，选择“图层 | 图层蒙版 | 停用”菜单即可。当图层蒙版的图标出现一个大红叉时，如图 3.103 所示，表示图层蒙版处于停用状态，此时文档窗口中的图像会恢复原状。

要启用图层蒙版，选中“图层蒙版缩览图”，选择“图层 | 图层蒙版 | 启用”菜单。

图 3.103 停用图层蒙版

3.4.3 任务实现

步骤 1：打开配套素材文件 03/ 任务 / 海报背景 .jpg、人物 W.jpg 和人物 M.jpg 3 幅素材图像，如图 3.104 所示。

图 3.104 素材图像

步骤 2：在海报背景层上双击，弹出“新建图层”对话框，单击“确定”按钮，此时背景层转换成普通图层，选择“图层 | 新建调整图层 | 色彩平衡”菜单，弹出“新建图层”对话框，勾选“使用前一图层创建剪贴蒙版”复选框，如图 3.105 所示。

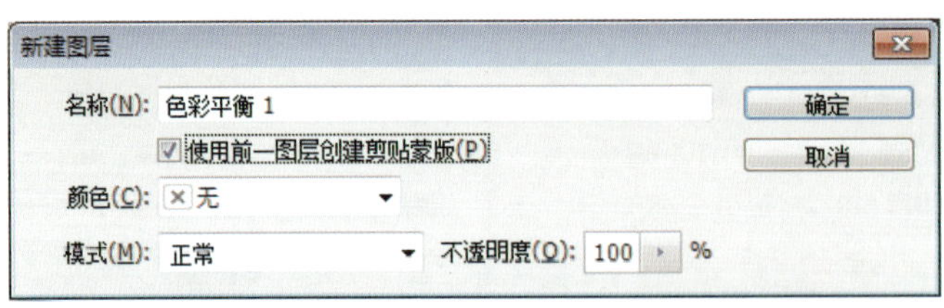

图 3.105 “新建图层”对话框

步骤 3：单击“确定”按钮，弹出“属性”下的“色彩平衡”选项，选择“色调”下的“阴影”选项，阴影参数设置和图像效果如图 3.106 所示。

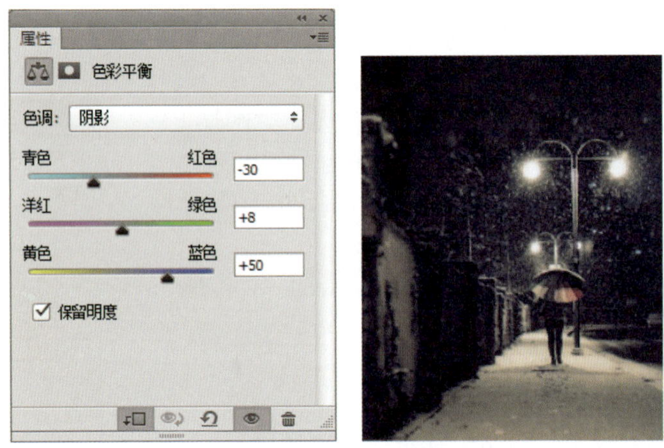

图 3.106 阴影参数设置和图像效果

步骤 4：选择“色调”下的“高光”，参数设置、图像效果及此时的图层面板如图 3.107 所示。调整图像色调下的阴影和高光的目的是使背景的整体色调符合设计主题。

图 3.107 高光参数设置、图像效果及图层面板

步骤 5：将“人物 W”图像移至海报背景图像中，按“Ctrl+T”组合键调整大小为原来的“50%”，与调整背景图层的方法一样，选择“图层 | 新建调整图层 | 色彩平衡”菜单，并勾选“使用前一图层创建剪贴蒙版”复选框，对图像进行色调调整，以使其与

背景图像的色调统一，阴影和高光的设置如图 3.108 所示。

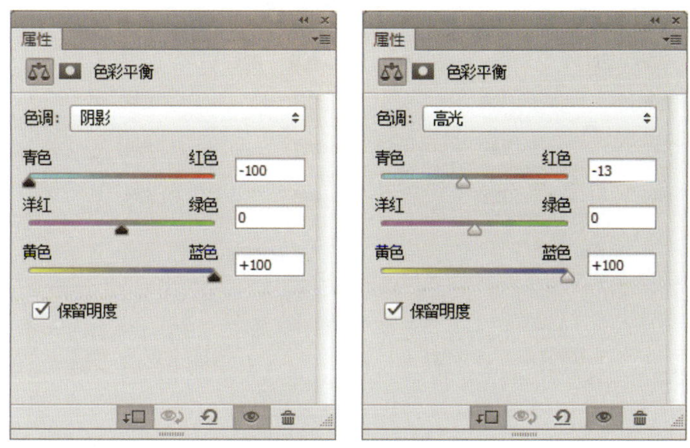

图 3.108　阴影和高光的设置

步骤 6：在“人物 W”图像上做矩形选区，并将该选区的羽化值设为“40 像素”，单击图层面板上的“添加矢量蒙版”按钮，为“人物 W”添加图层蒙版，用画笔工具在图层蒙版的羽化边缘上反复处理，直到满意为止，最后将该图层的不透明度设为“60%”，图像效果和图层面板如图 3.109 所示。

图 3.109　图像效果和图层面板

步骤 7：将“人物 M”移到背景图像中，按“Ctrl+T”组合键将大小调整为原来的“44%”，与设置“人物 W”的方法一样，对“人物 M”的色调进行调整，以与背景色调统一，阴影和高光的设置如图 3.110 所示。

步骤 8：选择“人物 M”图层，选择魔棒工具，“容差”采用默认值，单击背景区域，得到背景区域选区，单击图层面板上的“添加矢量蒙版”按钮，此时图像效果和图层面板如图 3.111 所示。

步骤 9：将前景色设为黑色，选中蒙版图层，按“Alt+Delete”组合键填充前景色，将选区图像隐藏，此时图像效果和图层面板如图 3.112 所示。

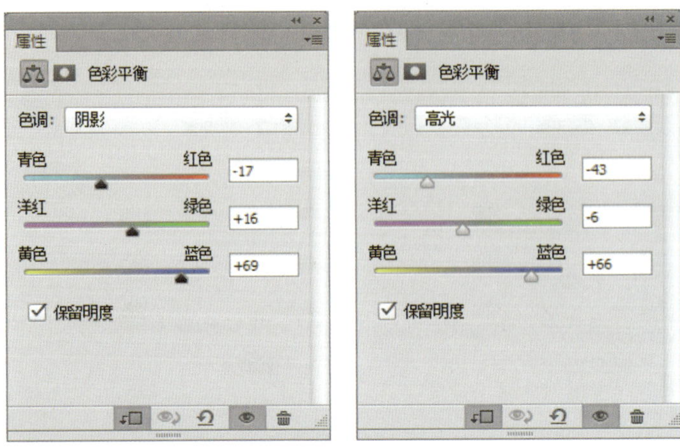

图 3.110　人物 M 阴影和高光的设置

图 3.111　图像效果和图层面板

图 3.112　图像效果和图层面板

步骤 10：按“Ctrl+D”组合键取消选区，选择竖排文字工具，设置字体为“楷体”、字号为“48 点”、字体颜色为“白色”，输入竖排文字“午夜的邂逅”。

步骤 11：在文字“午夜的邂逅”所在图层，选择“滤镜 | 风格化 | 风”菜单，弹出如图 3.113 所示的对话框，单击“确定”按钮，弹出“风”对话框，参数设置如图 3.114 所示。单击“确定”按钮，图像效果如图 3.115 所示。

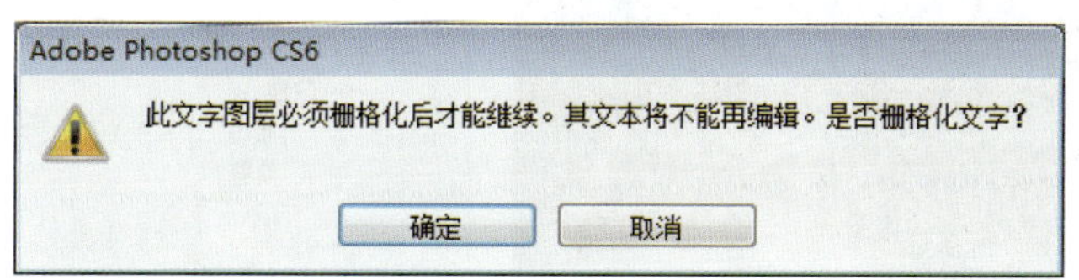

图 3.113　栅格化对话框

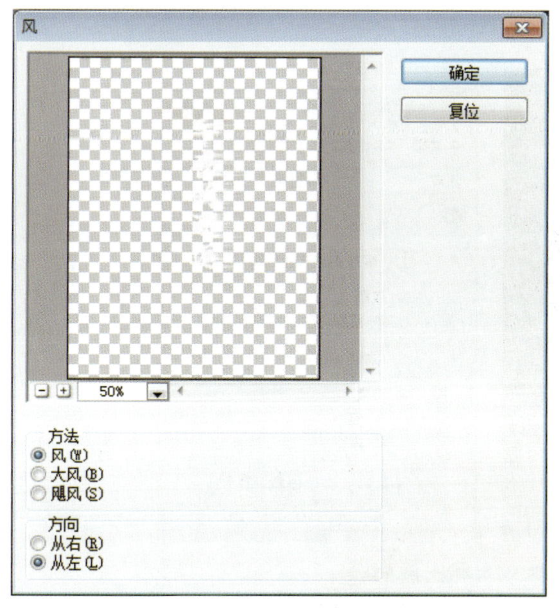

图 3.114　“风”对话框

图 3.115　图像效果

步骤 12：在图层面板上双击“午夜的邂逅”图层空白处，弹出“图层样式”对话框，选择“投影”样式，参数采用默认值，此时图像效果和图层面板如图 3.116 所示。

步骤 13：选择横排文字工具，设置字体为“黑体”、字号为“16 点”、字体颜色为“白色”，在图像的右下角输入横排文字“东方影视传播公司监制”，为文字添加图层样式“投影”效果，参数采用默认值，图像效果和图层面板如图 3.117 所示。

步骤 14：选择横排文字工具，设置字体为“黑体”、字号为“16 点”、字体颜色为“白色”，在图像的左上角输入文字“畅想 无语作品”，图像上其他文字的字体为“黑体”、字号为“16 点”、字体颜色为“黑色”。

步骤 15：按“Ctrl+Shift+Alt+E”组合键盖印可见图层，并将盖印后的图层“混合模式”设为“柔光”、“不透明度”设为“70%”，此时图像效果和图层面板如图 3.118 所示。至此，电影海报制作完成。

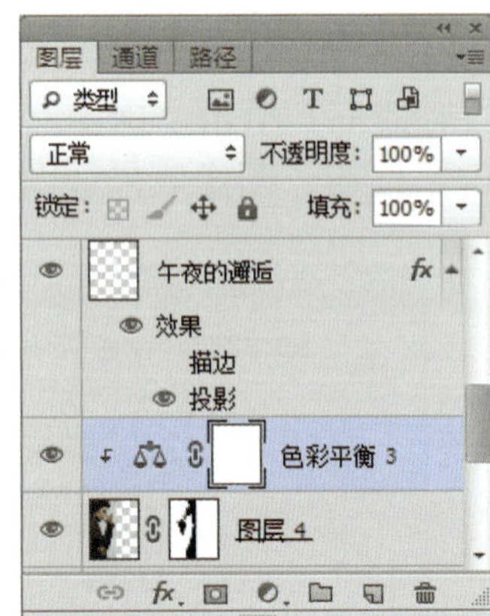

图 3.116　图像效果和图层面板

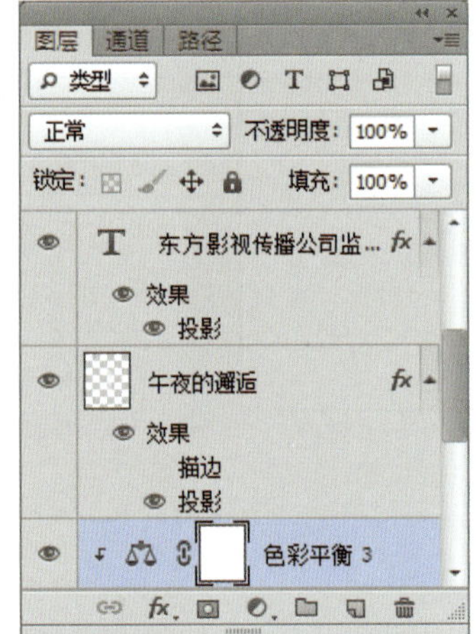

图 3.117　图像效果和图层面板

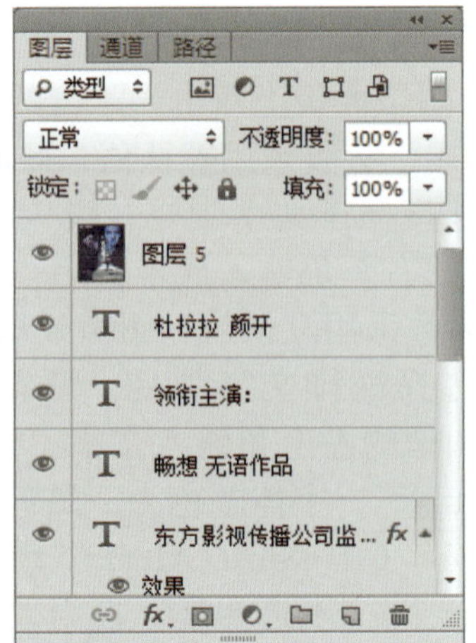

图 3.118　图像效果和图层面板

3.4.4 练习实践

打开配套素材文件 03/ 练习实践 / 婚纱 1.jpg、婚纱 2.jpg 和婚纱 3.jpg 素材图像，如图 3.119 所示，进行合成，可综合运用图层蒙版功能和图层样式中的“投影”“内发光”“外发光”效果，再用文字工具和画笔工具进行修饰，合成后的效果如图 3.120 所示。

图 3.119 素材图像

图 3.120 合成后的效果

第 4 单元

网站界面设计应用

教学目标

- 掌握网站标志的设计方法。
- 掌握网站导航的设计方法。
- 掌握网站模板的设计方法。
- 熟悉网页切片工具的使用方法。

课前导读

网站界面设计是平面设计人员的主要设计方向之一，网站中的页面是图像与文字、图像与图像的组合。一个完整的网页是由标志（Logo）、横幅广告（Banner）、导航、文字及图像等组成的。本单元将通过网站标志设计、网站导航设计、网站模板设计等任务来介绍网站界面设计的一般过程及方法。

任务 4.1　网站标志设计

4.1.1　任务描述

网站标志是网站中不可或缺的组成部分，也可作为其他网站与本网站链接的入口。本任务将运用自定形状工具、矩形选区工具、多边形套索工具、文字工具和图层样式命令等为一酒店网站制作标志，效果如图 4.1 所示。

图 4.1　网站标志

4.1.2　任务实现

步骤 1：在 Photoshop 中新建大小为“200 像素 ×200 像素”、背景色为“白色”、色彩模式为“RGB 颜色”、分辨率为“72 像素 / 英寸”的图像文件。

步骤 2：设置前景色为“红色”，选择圆角矩形工具，设置其绘图模式为“像素”、半径为“10 像素”，如图 4.2 所示。

图 4.2　圆角矩形工具的选项栏

步骤 3：在图层面板上单击“新建图层”按钮，在新建的图层“图层 1”上绘制红色圆角矩形，如图 4.3 所示。

步骤 4：选择横排文字工具，设置字体为“Franklin Gothic Demi”（也可选择某种粗壮些的英文字体）、字号为“100 点”，消除文字锯齿方式为“锐利”，在红色圆角矩形上输入字母“B”。

步骤 5：用移动工具将字母“B”移动到红色圆角矩形的中间，效果如图 4.4 所示。

图 4.3　红色圆角矩形

图 4.4　字母“B”

步骤 6：在图层面板上，选择文字图层“B”，单击鼠标右键，在弹出的快捷菜单中选择“栅格化文字”命令，将文字图层转换为普通图层。

步骤 7：按住 Ctrl 键，在图层面板上单击文字图层“B”的缩略图，得到字母“B”的选区。

步骤 8：保持“B”形选区，选择图层“图层 1”，按 Delete 键删除“B”形选区中的红色像素，此时图层面板如图 4.5 所示。此操作的目的是使“B”形选区在圆角矩形上变为透明区域。

步骤 9：隐藏文字图层“B”，此时图层面板如图 4.6 所示。

图 4.5　图层面板

图 4.6　隐藏文字图层“B”

步骤 10：选择矩形选框工具，选中图层“图层 1”，绘制一矩形选区，选区的宽度和高度如图 4.7 所示，按 Delete 键删除选区中的红色像素。

步骤 11：将矩形选区移动到字母“B”的右下方，如图 4.8 所示，再按 Delete 键删除选区中的红色像素，按“Ctrl+D”组合键取消矩形选区。

步骤 12：选择多边形套索工具，在红色圆角矩形右侧边的中间制作三角形选区，按 Delete 键删除“图层 1”的三角形区域，按“Ctrl+D”组合键取消选区，如图 4.9 所示。

图 4.7　上部选区

图 4.8　下移选区

图 4.9　删除三角形区域

步骤 13：按“Ctrl+T”组合键，将图层“图层 1”中的圆角矩形顺时针旋转“45 度”，此时圆角矩形如图 4.10 所示。

图 4.10　旋转后的效果

步骤 14：在图层面板中双击图层“图层 1”，弹出“图层样式”对话框，选中“图案叠加”选项，“图案”选择“岩石图案”中的“红岩”，将“不透明度”设置为“30%”，“混合模式”设置为“正片叠底”，图层样式设置如图 4.11 所示，设置完成后的圆角矩形效果如图 4.12 所示。

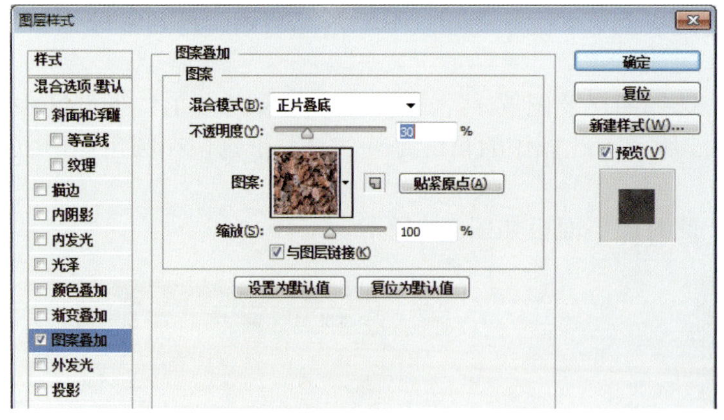

图 4.11　图层样式

图 4.12　添加样式后的效果

步骤 15：选择横排文字工具，设置字体为“Franklin Gothic Demi”、字号为“18 点”、颜色为“黑色”，输入文字“GRAND LIBO HOTEL”。再设置字体为“黑体”、字号为“18 点”、颜色为“红色”，输入文字“------ 丽波大酒店 ------”，最终效果如图 4.1 所示。

4.1.3　练习实践

（1）运用椭圆选框工具、矩形选框工具、渐变工具、自定形状工具和文字工具等制作优久网 Logo，效果如图 4.13 所示。

（2）运用多边形工具制作三角形，用多边形套索工具制作类似“7”的形状，填充红色，再用文字工具添加文字“THRIVE”，为运动品牌网站制作 Logo，效果如图 4.14 所示。

图 4.13　优久网 logo

图 4.14　运动品网站 logo

任务 4.2　网站导航设计

4.2.1　任务描述

网站导航的主要功能在于引导用户方便地访问网站内容，同时，导航也是评价网站专业度、可用度的重要指标。本任务主要是用渐变工具、文字工具和图层样式命令等为某公司网站制作导航，效果如图 4.15 所示。

图 4.15　网站导航

4.2.2　任务实现

步骤 1：在 Photoshop 中新建大小为“550 像素 ×60 像素”、背景色为“白色”、色彩模式为“RGB 颜色”、分辨率为“72 像素 / 英寸”的图像文件。

步骤 2：选择圆角矩形工具，设置其绘图模式为“像素”，半径设置为“30 像素”。

步骤 3：设置前景色为“#296119”，新建图层“图层 1”，在“图层 1”上绘制圆角矩形，如图 4.16 所示。

图 4.16　绘制圆角矩形

步骤 4：按住 Ctrl 键并单击图层“图层 1”的缩略图，生成对应的圆角矩形选区。

步骤 5：将前景色设置为“#296119”、背景色设置为“#62a419”，选择渐变工具，设置“线性渐变”，按住 Shift 键的同时按住鼠标左键由上向下拉竖直线填充渐变色，效果如图 4.17 所示。

图 4.17　填充渐变色

步骤 6：在图层面板上双击图层“图层 1”，弹出“图层样式”对话框，为圆角矩形添加“投影”和“描边”图层样式，其中“投影”样式参数使用默认值，“描边”样式参数设置如图 4.18 所示，效果如图 4.19 所示。

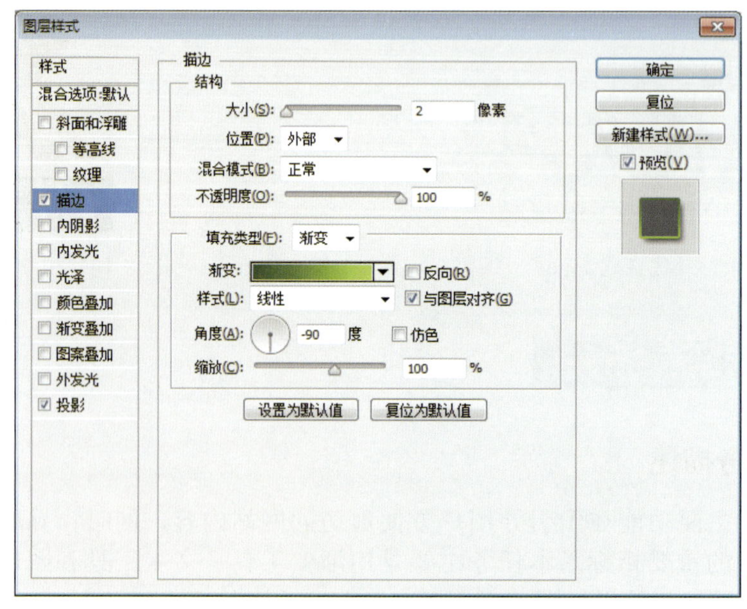

图 4.18 “描边”样式参数

图 4.19 图像效果

步骤 7：在图层面板上单击“新建图层”按钮，新建一图层，在该图层上使用圆角矩形工具绘制第二个圆角矩形，高度约为前一个圆角矩形的 1/2，宽度一致。

步骤 8：将前景色设置为“#a5d514”、背景色设置为“#33900e”，按照步骤 4 和步骤 5 的方法运用渐变工具为其填充渐变色，效果如图 4.20 所示。

图 4.20 第二个圆角矩形

步骤 9：在图层面板上单击“新建图层”按钮，新建一个图层，设置前景色为“#a5d514”，选择直线工具，设置其工具选项栏上的绘图模式为“像素”、半径为“2 像素”，在该图层上绘制竖直线。

步骤 10：选择橡皮擦工具，在其工具选项栏上添加“方头画笔”并把大小设为“3 像素”，然后用橡皮擦工具在黄色直线上擦除几次，变实线为虚线，效果如图 4.21 所示。

图 4.21 制作虚线分隔线

步骤 11：在图层面板上将黄色虚线所在图层复制 4 次，使用移动工具把最上方的黄色虚线移到导航的右边，效果如图 4.22 所示。

图 4.22 移动虚线

步骤 12：在图层面板上，按住 Shift 键选择黄色虚线所在的 5 个图层，选择“图层 | 分布 | 水平居中”菜单，将 5 条虚线分隔线均匀分布，再选择“图层 | 对齐 | 底边”菜单，将虚线底边对齐，完成效果如图 4.23 所示。

图 4.23 均分分隔线

步骤 13：选择横排文字工具，设置字体为“黑体”、字号为“12 点”、颜色为“白色”，添加导航文字，重复步骤 11 中的分布与对齐的方法，最终效果如图 4.15 所示。

4.2.3 练习实践

尝试运用矩形选框工具、渐变工具和横排文字工具，以及绿色和深灰色线性渐变命令制作导航背景，再用不同色系渐变命令制作导航的按钮，完成如图 4.24 所示的导航效果。

图 4.24 网站导航效果

任务 4.3 网站模板设计

4.3.1 任务描述

本任务主要是完成一整套网站页面模板的设计，这套模板共包括 1 个主页和 5 个分页，共 6 个页面。首先完成主页的设计，然后在主页的基础上生成分页面的框架，再生成每个具体的分页。完成后的主页和分页效果如图 4.25 所示。

4.3.2 相关知识

切片工具

在 Photoshop 中制作出网页界面图像后，一般还需要使用切片工具将其裁切为小尺寸图像，方便应用到网页布局中。

切片是指将图像划分为若干较小的图像，这些图像可在 Web 页上重新组合。通过划分图像，可以指定不同的 URL 链接以创建页面导航，或使用其自身的优化设置对图像部分进行优化。

（1）创建切片。

切片按照其内容类型以及创建方法进行分类。若文档中存在参考线，可以使用基于参考线的切片；使用切片工具创建的切片称作用户切片；通过图层创建的切片称作基于图

图 4.25　主页和分页效果

层的切片。当创建新的用户切片或基于图层的切片时，将会生成附加自动切片来占据图像的其余区域。

1）基于参考线创建切片。

在文档中存在参考线的前提下，选择工具箱中的切片工具，单击工具栏中的“基于参考线的切片”按钮，即可根据文档中的参考线创建切片，如图 4.26 所示。

图 4.26　基于参考线创建切片

2）使用切片工具创建切片。

在工具箱中选择切片工具后，在画布中单击并且拖动即可创建切片，如图 4.27 所示，其中灰色为自动切片。

3）基于图层创建切片。

基于图层创建切片是根据当前图层中的对像边缘创建切片。方法是选中某个图层后，选择“图层 | 新建基于图层的切片”菜单，如图 4.28 所示。

图 4.27　使用切片工具创建切片

图 4.28　基于图层创建切片

（2）编辑切片。

1）查看切片。

切片本身具有颜色、线条、编号与标记等属性，其中具有图像的切片、无图像切片、自动切片与基于图层的切片等的标记有所不同。

2）选择切片。

编辑切片之前，需要先选择切片。使用切片选择工具在画布中单击，即可选中切片。

3）切片选项

Photoshop 中的每一个切片除了有显示属性外，还有 Web 属性。使用切片选择工具选中一个切片后，单击工具栏上的“为当前切片设置选项”按钮，即可打开“切片选项”对话框，如图 4.29 所示。

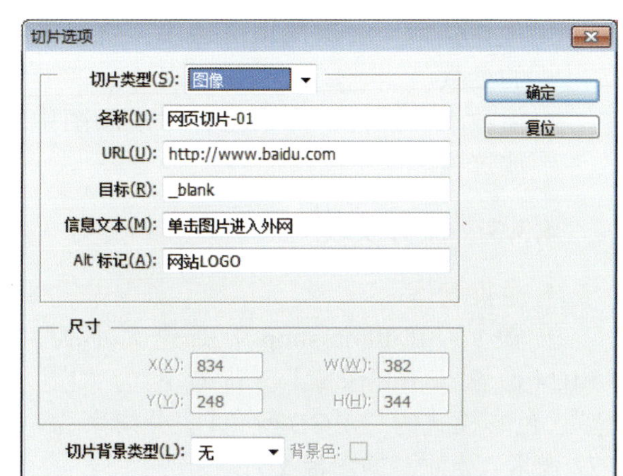

图 4.29　“切片选项”对话框

对话框中的参数说明如下。

- 切片类型：用来设置切片数据在浏览器中的显示方式，分为图像、无图像与表。
- 名称：用来设置切片名称。
- URL：用来为切片指定完整的网址。
- 目标：用来设置链接的打开方式，分别为 _blank、_self、_parent、_top。
- 信息文本：为选定的一个或多个切片更改浏览器状态区域中的默认信息。
- Alt 标记：指定选定切片的标记文本。
- 尺寸：用来设置切片的尺寸和切片坐标。
- 切片背景类型：选择一种背景来填充透明区域。

（3）导出切片。

当切片创建完成后，大尺寸的图像并没有变成小尺寸的图像，还需要一个命令将图

像逐个保存，方法是选择“文件 | 存储为 Web 所用格式”菜单，打开“存储为 Web 所用格式”对话框，如图 4.30 所示。

图 4.30 “存储为 Web 所用格式”对话框

对话框中的参数说明如下。

- 查看切片：对话框左侧区域包括查看切片的不同工具，依次是“抓手工具”“切片选择工具”“缩放工具”“吸管工具”“切换切片可见性”。
- 图像预览：图像预览窗口包括原图、优化、双联与四联 4 种不同的显示方式。
- 优化选项：在该选项区域中，选择下拉列表中的不同文件格式选项，会显示相应的参数。
- 播放动画控件：如果是针对动画图像进行优化，那么在该区域中可以设置动画播放选项。

4.3.3 任务实现

1. 主页制作

步骤 1：在 Photoshop 中新建大小为“1 024 像素 ×768 像素”、背景色为“白色”、色彩模式为“RGB 颜色”、分辨率为“72 像素 / 英寸”的图像文件。

步骤 2：将前景色设为“#7ef3e9”，背景色设为“白色”，选择渐变工具，用“线性渐变”的方式由上向下填充渐变色，效果如图 4.31 所示。

图 4.31 填充主页背景

步骤 3：选择画笔工具，在工具栏上打开“画笔预设选取器”，单击“画笔预设选取器”右侧的下拉菜单，选择“自然画笔”，完成对“自然画笔”的追加。

步骤 4：在图层面板上单击“创建新组”按钮，并将新组命名为“top”。

步骤 5：将前景色设为“#5cbed7”，单击“新建图层”按钮创建新图层，选择画笔工具，将笔头大小设为“40 像素”，在“画笔预设选取器”中选择“点刻密集”中的任意笔刷样式，按住 Shift 键用画笔工具在文档的右上角画横向的直线，效果如图 4.32 所示。

步骤 6：选择直线工具，设置其绘图模式为“像素”，绘制粗细为“2 像素”的黑色直线，再用橡皮擦工具擦除，将直线变为虚线，作为顶部的分隔线。

步骤 7：选择横排文字工具，设置字体为“楷体”、字号为“14 点”，输入文字“Login”“FAQ”“Help”，效果如图 4.33 所示。

图 4.32　制作顶部文字背景

图 4.33　添加顶部文字

步骤 8：在图层面板上单击“创建新组”按钮，并将新组命名为“mainbg”，然后单击“新建图层”按钮，设置前景色为“#f3f7bb”。

步骤 9：选择自定形状工具，在工具栏上的“形状”中选择“横幅 4”，在新图层上绘制，效果如图 4.34 所示。

步骤 10：在横幅所在的图层上，按“Ctrl+T”组合键，右键单击，选择弹出菜单中的“变形”命令，适当进行调整，效果如图 4.35 所示。

图 4.34　创建横幅形状

图 4.35　变形后的效果

步骤 11：按住 Ctrl 键单击横幅所在图层，得到横幅选区，选择“选择 | 修改 | 收缩”菜单，弹出“收缩”对话框，将收缩量设为“20 像素”，单击“确认”按钮，如图 4.36 所示。

步骤 12：在路径面板上单击底部的“从选区生成工作路径”按钮将选区转换成路径，选择画笔工具，将笔头设为“4 像素”的硬边圆点。

步骤 13：在图层面板上单击“新建图层”按钮，选择钢笔工具，在路径上单击右键，选择“描边路径”，弹出“描边路径”对话框，将对话框中的“工具”设为“画笔”，单击“确定”按钮，完成实线描边，效果如图 4.37 所示。

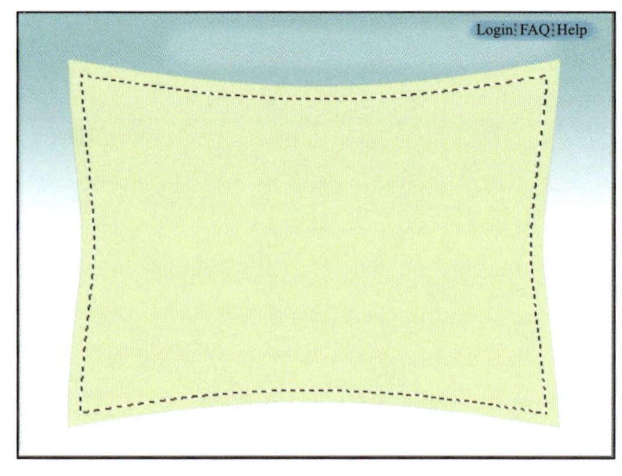

图 4.36　收缩选区

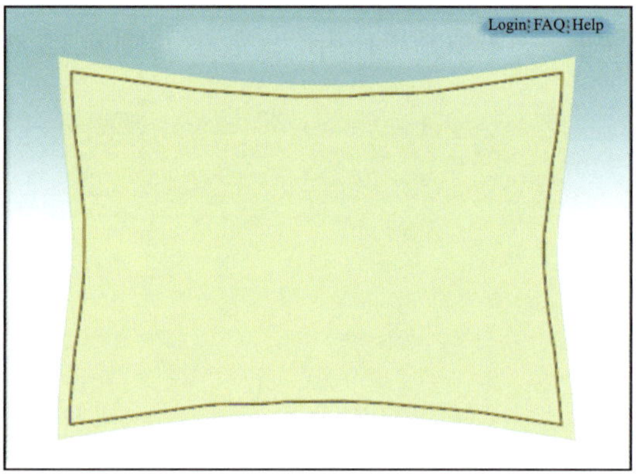

图 4.37　实线描边

步骤 14：选择画笔工具，将笔头设为“15 像素”的硬边圆点，选择“窗口 | 画笔”菜单，打开画笔面板，将间距设置为“156%”，在图层面板上单击“新建图层”按钮，对路径面板中的路径再次描边，效果如图 4.38 所示。

步骤 15：按住 Ctrl 键单击圆点描边图层，得到圆点描边的选区，在实线描边所在图层上按 Delete 键删除，再将圆点描边所在图层隐藏起来，得到虚线描边效果，如图 4.39 所示。

图 4.38　圆点描边

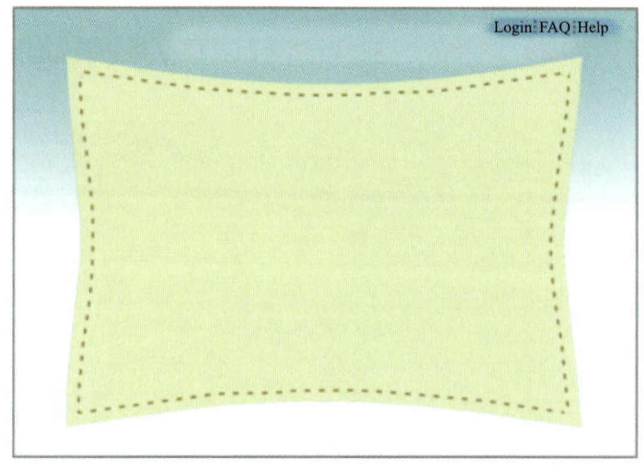

图 4.39　虚线效果

步骤 16：在图层面板上单击“创建新组”按钮，并将新组命名为“ logo”，然后单击“新建图层”按钮，选择椭圆选框工具，按住 Shift 键绘制圆形并填充白色。

步骤 17：为圆形添加“投影”图层样式，选择“图层 | 图层样式 | 创建图层”菜单，将“投影”效果与圆形图层分离。再按“Ctrl+T”组合键，右键单击，在弹出的快捷菜单中选择“扭曲”选项，调整投影的圆形，此时图像效果和图层面板如图 4.40 所示。

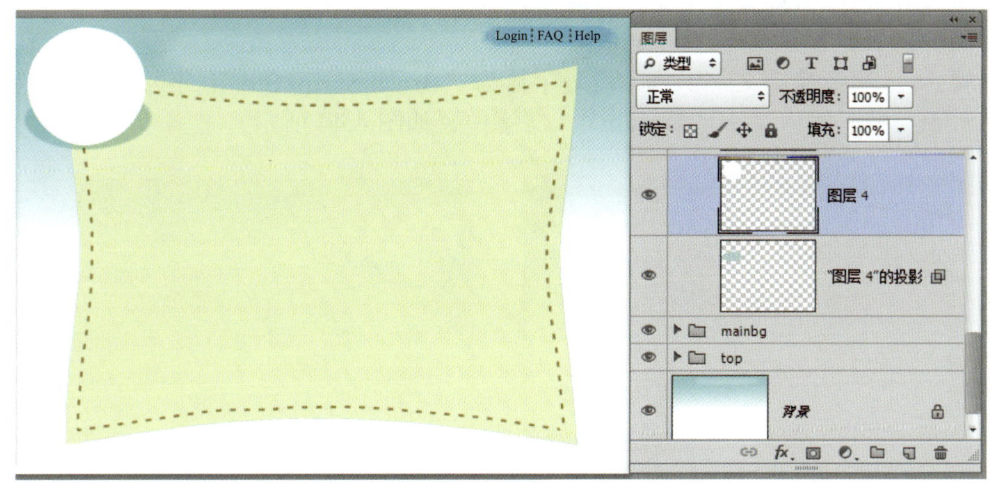

图 4.40　调整投影图层效果和图层面板

步骤 18：将前景色设为“#50c8be”，将画笔工具的笔头调整为“7 像素”，打开画笔面板，将间距值调整为“150%”，按住 Ctrl 键单击，在白色圆形所在图层上得到白色圆形选区，如图 4.41 所示。

步骤 19：打开路径面板，单击面板上的“从选区生成工作路径”按钮，将选区转换成路径，选择钢笔工具，在路径上右键单击，选择“描边路径”命令，弹出“描边路径”对话框，将工具选项设置为“画笔”，单击“确定”按钮，效果如图 4.42 所示。

图 4.41　调整投影效果

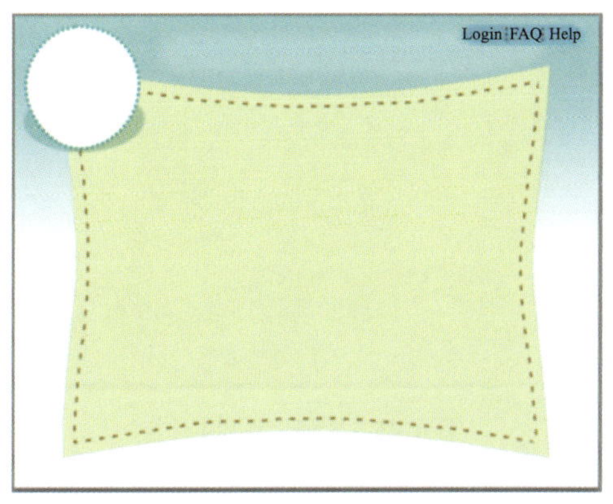

图 4.42　圆点描边效果

步骤 20：打开配套素材文件 04/ 任务 / 蝴蝶 1.jpg，用魔棒工具将素材的白色背景删除。

步骤 21：在主页文档中，在图层面板上单击“新建图层”按钮。选择移动工具，将“蝴蝶”移动到新图层中，按“ Ctrl+T”组合键，在工具栏上将大小调整为原来的“15%”，并适当旋转角度，效果如图 4.43 所示。

步骤 22：选择横排文字工具，设置字体为“ Monotype Corsiva”、字号为“28 点”、颜色为“#111616”，输入文字“hudie”。

步骤 23：选择横排文字工具，设置字体为“Brush Script Std”、字号为“28 点”、颜色为“#ee3191”，输入文字“Frame”。

步骤 24：选择横排文字工具，设置字体为“Brush Script Std”、字号为“28 点”、颜色为“#7df3e9”，输入文字“Desgin”。文字位置如图 4.44 所示。

图 4.43　移入蝴蝶素材

图 4.44　添加文字

步骤 25：用钢笔工具在圆形下方绘制半圆路径，效果如图 4.45 所示。

步骤 26：选择横排文字工具，将光标放到半圆路径上制作路径文字，此时文字会沿着路径的方向显示，效果如图 4.46 所示。

图 4.45　绘制半圆路径

图 4.46　添加路径文字

步骤 27：在图层面板上单击“创建新组”按钮，并将新组命名为“ menu”，然后单击“新建图层”按钮，设置前景色为“ #bd943d”。选择圆角矩形工具，设置选项栏上的绘图模式为“像素”，半径为“5 像素”，绘制圆角矩形作为网页的导航按钮。

步骤 28：用前面制作虚线的方法，为导航按钮制作虚线描边，完成后依次复制图层 5 次，并将最上层按钮移动到右侧，图像效果和图层面板如图 4.47 所示。

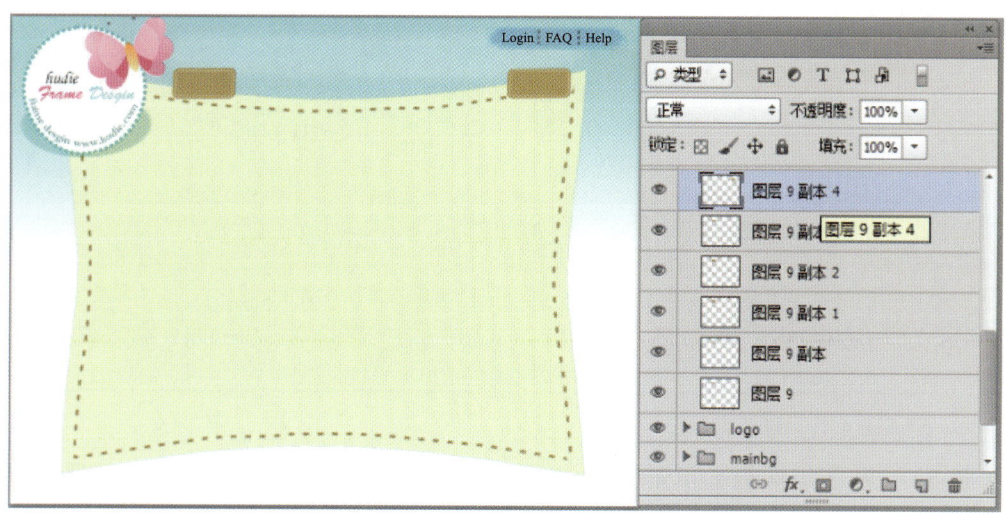

图 4.47 复制导航按钮

步骤 29：按住 Shift 键，同时选中 5 个按钮所在图层，选择“图层 | 分布 | 水平居中”菜单，将按钮水平均分显示，此时图像效果和图层面板如图 4.48 所示。

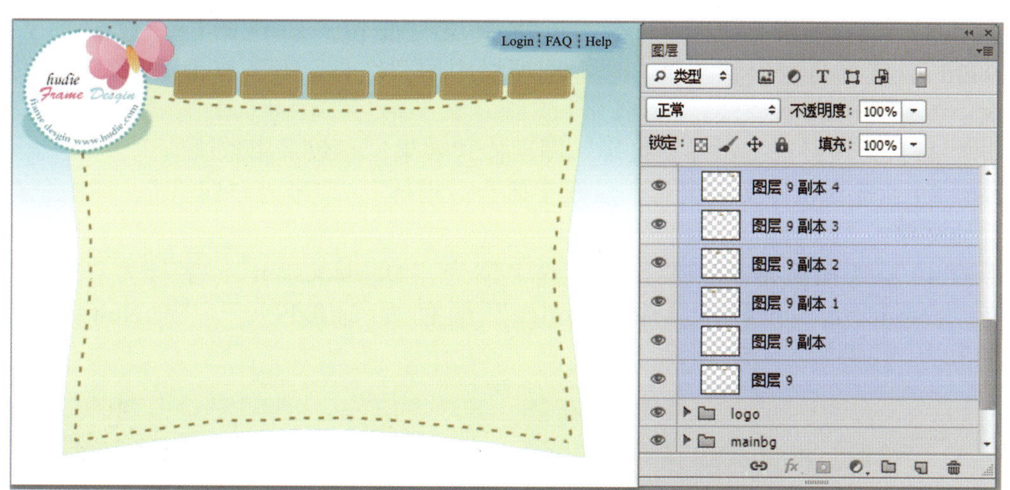

图 4.48 水平均分按钮

步骤 30：用横排文字工具添加导航文字，再按“Ctrl+T”组合键，分别对每个导航按钮和文字进行旋转，效果如图 4.49 所示。

步骤 31：在图层面板上单击“创建新组”按钮，并将新组命名为“left”，然后单击“新建图层”按钮。

步骤 32：选择横排文字工具，设置字体为“Franklin Gothic Medium”、字号为“72 点”、颜色为“#bd943d”，输入文字“Nature is”。

步骤 33：选择横排文字工具，设置字体为“Palatino Linotype”、字号为“30 点”、颜色为“#e4ab32”，输入文字“nature is the Best physician”。文字位置如图 4.50 所示。

图 4.49　导航效果

图 4.50　添加文字

步骤 34：在图层面板上单击“新建图层”按钮，新建图层，选择圆角矩形工具，设置绘图模式为“像素”，在文字下方绘制白色圆角矩形。

步骤 35：设置前景色为“#fbe9bc”，选择圆角矩形工具，新建图层，绘制比白色圆角矩形大的圆角矩形，为该圆角矩形添加“投影”图层样式效果，参数采用默认值。

步骤 36：选择“图层 | 图层样式 | 创建图层”菜单，此操作将投影分离出来并单独存于一个图层中，按“Ctrl+T”组合键，旋转投影，效果如图 4.51 所示。

步骤 37：在图层面板上单击“新建图层”按钮，新建图层，设置前景色为“#bd943d”，选择自定形状工具，选择选项栏中的“红心形卡”作为项目符号，依次绘制 4 次。

步骤 38：为项目符号添加“投影”图层样式效果，参数采用默认值。

步骤 39：选择横排文字工具，设置字体为“楷体”、字号为“14 点”，在白色圆角矩形内添加文字。

步骤 40：选择横排文字工具，设置字体为“Delikatessen”、字号为“30 点”，输入文字“Notice & News”，其中“Notice”颜色为“#f0499e”，“& News”颜色为“#bd943d”，效果如图 4.52 所示。

图 4.51　制作圆角矩形

图 4.52　添加文字

步骤 41：在图层面板上单击“创建新组”按钮，并将新组命名为“right”，然后新建图层。

步骤 42：用画笔工具中的喷溅笔刷效果（此笔刷效果本书配套素材中可见或在网上下载）制作黄色喷溅图案，再用橡皮擦工具进行擦除，效果如图 4.53 所示。

步骤 43：打开配套素材文件 04/ 任务 / 花 1.jpg，将背景抠除，在主页文档中的图层面板上新建图层，将花朵移入文档，按“Ctrl+T”组合键调整大小，效果如图 4.54 所示。

图 4.53　制作喷溅图案

图 4.54　移入花朵

步骤 44：在图层面板的花和喷溅图案所在图层中间按住 Alt 键将花放入喷溅图案中，效果如图 4.55 所示。

步骤 45：打开配套素材文件 04/ 任务 / 蝴蝶 2.jpg，将背景抠除，在主页文档的图层面板上单击“新建图层”按钮。

步骤 46：选择移动工具，将蝴蝶移到花上，再次新建图层，选择画笔工具，笔刷硬度为“0%”，在喷溅图案上制作白色软边圆形作为点缀，效果如图 4.56 所示。

图 4.55　将花放入图案内

图 4.56　移入素材并制作圆点

步骤 47：在图层面板上单击“创建新组”按钮，并将新组命名为“down”。

步骤 48：在图层面板上单击“新建图层”按钮，选择直线工具，设置选项栏中的绘图模式为“像素”、半径为“1 像素”、颜色为“#bd943d”，按住 Shift 键在主页面下部绘制直线，复制直线图层 3 次，并用移动工具将直线均匀分布在页面下方，如图 4.57 所示。

步骤 49：打开配套素材文件 04/ 任务 / 蝴蝶 3.jpg、书 .jpg 和手机 .jpg，依次将背景抠除，使用移动工具将素材分别移动到 3 个独立的图层中，按“Ctrl+T”组合键，调整适当的大小后分别放在直线前面，效果如图 4.58 所示。

图 4.57　制作直线

图 4.58　移入素材

步骤 50：选择文字工具，字体为“迷你简水滴”（见本书配套素材）、字号为“24 点”、颜色为“#bd943d”，效果如图 4.59 所示。

步骤 51：在图层面板上单击“创建新组”按钮，并将新组命名为“ bottom”，选择横排文字工具，设置字体为“楷体”、字号为“30 点”、颜色为“黑色”，完成后的主页效果和图层面板如图 4.60 所示。至此，主页制作完成。

图 4.59　制作主页下部

图 4.60　主页效果和图层面板

2. 分布架构制作

各分页的制作都可以在主页的基础上进行，限于篇幅，在此就不再赘述，各分页的设计效果可参看素材文件。

3. 导出网页文件

以分页 5 为例，使用切片工具将图像生成网页文件。

步骤 1：打开配套素材文件“分页 5.jpg”，选择切片工具分割页面，效果如图 4.61 所示。

图 4.61　切片效果

步骤 2：选择“文件 | 存储为 Web 所用格式”菜单，弹出“存储为 Web 所用格式”对话框，如图 4.62 所示。

图 4.62　“存储为 Web 所用格式”对话框

步骤 3：单击“存储”按钮，弹出“将优化结果存储为”对话框，如图 4.63 所示。单击“保存”按钮，网页文件导出完成。

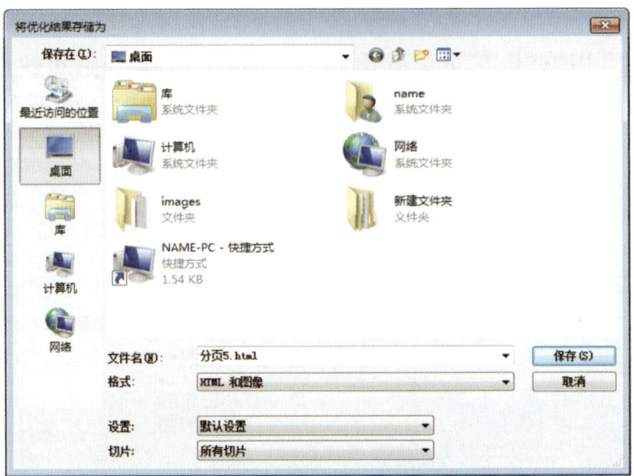

图 4.63 “将优化结果存储为”对话框

4.3.4 练习实践

打开配套素材文件 04/ 练习实践 / 动物 1.jpg、动物 2.jpg、动物 3.jpg 和条纹 .jpg，如图 4.64 所示。使用矩形选框工具、圆角矩形工具、变形工具、文字工具，以及图层样式和羽化命令等，完成宠物网站模板设计，效果如图 4.65 所示。

图 4.64 网站模板素材

图 4.65 宠物网站模板效果

第 5 单元

特效应用

教学目标

- 熟悉各种滤镜的功能。
- 了解各种滤镜所产生的效果。
- 掌握各种滤镜的使用方法。

课前导读

为了强化图像的视觉表现力，往往需要给图像添加特殊的效果。滤镜是 Photoshop 中功能最丰富、效果最奇特的工具之一，可展现丰富的图像效果，为设计人员拓展无限的创意空间。本单元将结合几个特效设计任务来介绍一些常见特效的设计方法和常见滤镜的使用方法。

任务 5.1　添加图案

5.1.1　任务描述

本任务主要通过运用消失点滤镜给茶几的玻璃面板添加艺术图案，使茶几具有更抢眼的外观。原图像与调整后的图像的效果如图 5.1 和图 5.2 所示。

图 5.1　茶几图像

图 5.2　添加花纹

5.1.2 相关知识

消失点滤镜

消失点滤镜用于在包含透视平面的图像中进行透视校正。在进行绘画、仿制、拷贝或粘贴以及变换等编辑操作时，使用该滤镜可以确定这些编辑操作的方向，并将它们缩放到透视平面，使效果更加逼真。

下面以一个实例来介绍消失点滤镜的功能及其所实现的效果。

步骤 1：打开配套素材文件 05/ 相关知识 / 文字 .jpg，如图 5.3 所示，按“Ctrl+A”组合键，再按“Ctrl+C”组合键，将文字图层拷贝下来。

步骤 2：打开配套素材文件 05/ 相关知识 / 公司 .jpg，如图 5.4 所示，选择“滤镜 | 消失点”菜单，打开“消失点”对话框，如图 5.5 所示。

中科生物科技

图 5.3 文字

图 5.4 公司图像

图 5.5 “消失点”对话框

“消失点”对话框的部分选项说明如下。

- 编辑平面工具 ：用来选择、编辑、移动平面的节点以及调整平面的大小。

- 创建平面工具 ：用来定义透视平面的 4 个角节点。创建 4 个角节点后，可以移动、缩放平面或重新确定其形状；按住 Ctrl 键拖动平面的边节点可以拉出一个垂直平面。在定义透视平面的节点时，如果节点的位置不正确，可以按 Backspace 键将该节点删除。
- 选框工具 ：在平面上单击并拖动鼠标可以选择平面上的图像。选择图像后，将光标放在选区内，按住 Alt 键拖动可以复制图像；按住 Ctrl 键拖动选区，可以用源图像填充该区域。
- 图章工具 ：使用该工具时，按住 Alt 键在图像中单击可以为仿制设置取样点；在其他区域拖动光标可复制图像；在某一点单击，然后按住 Shift 键在另一点单击，可在透视中绘制出一条直线。此外，在对话框顶部的选项中可以选择一种“修复”模式。如果要在绘画时不与周围像素的颜色、光照和阴影混合，可选择“关”；如果要在绘画时将描边与周围像素的光照混合，同时保留样本像素的颜色，可选择“明亮度”；如果要在绘画时保留样本图像的纹理，同时与周围像素的颜色、光照和阴影混合，可选择“开”。
- 画笔工具 ：可在图像上绘制选定的颜色。
- 变换工具 ：使用该工具时，可以通过移动定界框的控制点来缩放、旋转和移动浮动选区，类似于在矩形选区上使用“自由变换”命令。
- 吸管工具 ：可以拾取图像中的颜色并作为画笔工具的绘画颜色。

步骤 3：利用创建平面工具 在公司大楼左侧楼顶处创建一个透视平面，如图 5.6 所示。

图 5.6　创建透视平面

步骤 4：按“Ctrl+V”组合建，将“文字”图层复制进来，再将其拖动至创建的透视平面内，接下来对文字进行放大以及位置上的调整，如图 5.7 所示。

步骤 5：单击“确定”按钮，图像的最终效果如图 5.8 所示。

图 5.7　放置文字

图 5.8　最终效果

5.1.3　任务实现

步骤 1：打开配套素材文件 05/ 任务 / 花纹 .jpg，如图 5.9 所示，按“Ctrl+A”组合键，再按“Ctrl+C”组合建，将花纹图案图层拷贝下来。

图 5.9　花纹

步骤 2：打开配套素材文件 05/ 任务 / 茶几 .jpg，如图 5.1 所示，复制“背景”图层，利用工具箱中的磁性套索工具，将茶几的玻璃桌面部分选中，如图 5.10 所示。

步骤 3：在图层面板上新建图层，按“Ctrl+V”组合建，将选区复制到新图层中，单击图层面板“图层 1”前面的“眼睛”图标，隐藏“图层 1”，如图 5.11 所示。

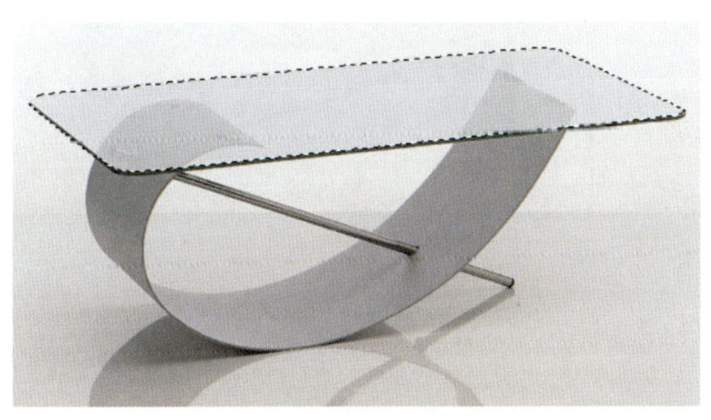
图 5.10　创建选区

图 5.11　图层面板

步骤 4：重新选择“背景 副本”图层，选择“滤镜 | 消失点”菜单，打开“消失点”对话框，利用创建平面工具，创建茶几玻璃面的透视平面，如图 5.12 所示。

步骤 5：按“Ctrl+V”组合键，将“花纹”图层复制进来，设置选框工具的各选项，将“不透明度”设置为“50%”，“修复”设置为“开”，使花纹的颜色与茶几的颜色相似，如图 5.13 所示。

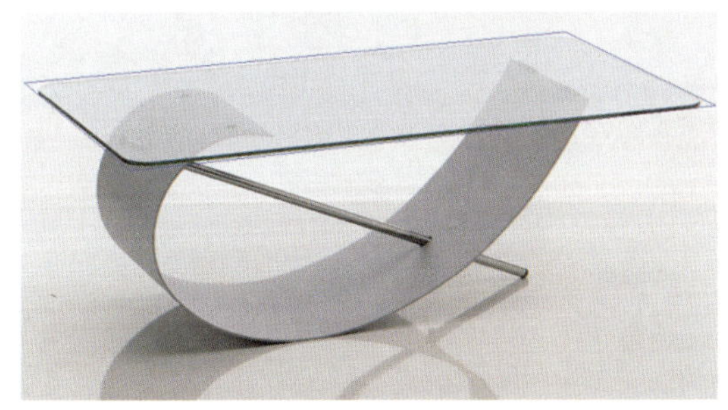
图 5.12　创建透视平面

图 5.13　设置选项

步骤 6：将花纹拖动至创建的透视平面内，利用变换工具调整图像大小并将其拖放至一个合适的位置，如图 5.14 所示。

步骤 7：单击“确定”按钮，图像效果如图 5.15 所示。由图像可以看出，花纹已经超出了茶几的平面，所以要加以调整。

图 5.14　调整位置

图 5.15　效果图

步骤 8：选择“图层 1”，按 Ctrl 键，单击“图层 1”缩略图，调出选区，按“Ctrl+Shift+I”组合键，进行反向选择，如图 5.16 所示。

步骤 9：选择“背景 副本”图层，按 Delete 键，删除多余的图像部分，图像的最终效果如图 5.2 所示。

图 5.16　反选

5.1.4　练习实践

打开配套素材文件 05/ 练习实践 / 卧室 .jpg 和花布 .jpg，如图 5.17 和图 5.18 所示。利用消失点滤镜给床单添加花纹，最终效果如图 5.19 所示。

图 5.17　卧室

图 5.18　花布

图 5.19　最终效果

任务 5.2　美女大变脸

5.2.1　任务描述

本任务分为两大步骤：一是利用液化滤镜实现人物的瘦脸和眼睛变大的效果；二是

利用高斯模糊滤镜对人物的皮肤进行磨皮处理，使皮肤更加白皙、细嫩。原图像与调整后的图像的效果如图 5.20 和图 5.21 所示。

图 5.20　人物原图像

图 5.21　变脸后的效果

5.2.2　相关知识

1. 液化滤镜

液化滤镜用于对图像进行推、拉、旋转、反射、折叠和膨胀等操作，从而达到图像变形的效果。液化滤镜创建的扭曲变形可以是细微的，也可以是剧烈的。

下面以一个实例来介绍液化滤镜的功能及其所实现的效果。

图 5.22　瘦身

步骤 1：打开配套素材文件 05/ 相关知识 / 瘦身 .jpg，如图 5.22 所示，选择“滤镜 | 液化”菜单，打开“液化”对话框，勾选“高级模式”，如图 5.23 所示。

“液化”对话框的部分选项说明如下。

- 向前变形工具 ：可向前推动像素。
- 重建工具 ：用来恢复图像，在变形区域单击或拖动涂抹，可以将其恢复为原状。
- 顺时针旋转扭曲工具 ：在图像中单击或拖动光标可顺时针旋转像素，按住“Alt”键操作则逆时针旋转像素。
- 褶皱工具 ：可以使像素向画笔区域的中心移动，使图像产生收缩效果。
- 膨胀工具 ：可以使像素向画笔区域中心以外的方向移动，使图像产生膨胀效果。
- 左推工具 ：向上拖动光标，像素向左移动，向下拖动，像素向右移动；按住 Alt 键向上拖动时，像素向右移动，按住 Alt 键向下拖动时，像素向左移动。
- 勾选“液化”对话框中的“高级模式”选项，对话框将全部展开。

图 5.23 “液化”对话框

- 冻结蒙版工具 ：如果要对局部图像进行处理，而又不希望影响其他区域，可以使用该工具在图像上绘制出冻结区域，此后使用工具处理图像时，冻结区域会受到保护。
- 解冻蒙版工具 ：用该工具涂抹冻结区域可以解除冻结。

“液化”对话框中的“工具选项”选项组用来设置当前选择的工具的各种属性，具体说明如下。

- 画笔大小：用来设置扭曲的画笔的宽度。
- 画笔密度：用来设置画笔边缘的羽化范围，可以使画笔中心的效果最强，边缘处的效果最弱。
- 画笔压力：用来设置画笔在图像上产生的扭曲速度。较低的压力可以减慢更改速度，易于对变形效果进行控制。
- 画笔速率：用来设置旋转扭曲等工具在预览图像中保持静止时所应用的扭曲速度。该值越高，扭曲速度越快。
- 光笔压力：当计算机配置有数位板和压感笔时，勾选该项可通过压感笔的压力控制工具。

如果图像中包含选区或蒙版，可通过“液化”对话框中的“蒙版选项”选项组设置蒙版的保留方式。具体说明如下。

- 替换选区 ：显示原图像中的选区、蒙版或透明度。
- 添加到选区 ：显示原图像中的蒙版，此时可以使用冻结工具添加到选区。
- 从选区中减去 ：从冻结区域中减去通道中的像素。
- 与选区交叉 ：只使用处于冻结状态的选定像素。
- 反相选区 ：使当前的冻结区域反相。
- 无：单击该按钮可解冻所有区域。

- 全部蒙住：单击该按钮可以使图像全部冻结。
- 全部反相：单击该按钮可以使冻结和解冻区域反相。

“液化”对话框中的“视图选项”选项组用来设置图像、网格和背景的显示与隐藏。具体说明如下。

- 显示图像：在预览区中显示图像。
- 显示网格：勾选该项可在预览区中显示网格，通过网格可以更好地查看和跟踪扭曲。
- 显示蒙版：使用蒙版颜色覆盖冻结区域，在“蒙版颜色”选项中可以设置蒙版颜色。
- 显示背景：如果当前图像中包含多个图层，可通过该选项将其他图层作为背景来显示，以便更好地观察扭曲的图像与其他图层的合成效果。在“使用”下拉列表中可以选择作为背景的图层，在“模式”选项下拉列表中可以选择将背景放在当前图层的前面或后面，以便跟踪对图像所做出的修改；“不透明度”选项用来设置背景图层的不透明度。

步骤 2：利用冻结蒙版工具 在图像中左侧站立的人物部分创建冻结区域，如图 5.24 所示，这样做的目的是在调整另外一个人物图像的时候该区域可以不受影响。

图 5.24　创建冻结区域

步骤 3：利用褶皱工具 对右侧人物的腹部进行收缩处理，使其变瘦，效果如图 5.25 所示。

步骤 4：利用褶皱工具 对右侧人物的大腿进行收缩处理，使腿变细，效果如图 5.26 所示。

步骤 5：利用冻结蒙版工具 在图 5.27 所示处创建冻结区域。

步骤 6：利用向前变形工具 在右侧人物的臂膀处向左推，使臂膀变细，单击“确定”按钮，人物瘦身完毕，最终效果如图 5.28 所示。

图 5.25　瘦腹效果

图 5.26　瘦腿效果

2. 高斯模糊滤镜

高斯模糊滤镜用于添加低频细节，使图像产生一种朦胧效果。该滤镜使用高斯曲线来分布像素信息以增加图像模糊感，模糊程度比较强烈，可使图像产生难以辨认的模糊

图 5.27　创建冻结区域

图 5.28　瘦身效果图

效果。可通过设置模糊半径来快速对图像进行模糊处理。

打开配套素材文件 05/ 相关知识 / 小熊 .jpg，如图 5.29 所示，选择“滤镜 | 模糊 | 高斯模糊”菜单，打开“高斯模糊”对话框，设置“半径”为“3.0 像素”，如图 5.30 所示。单击“确定”按钮，此时图像的效果如图 5.31 所示。

图 5.29　小熊

图 5.30　“高斯模糊”对话框

图 5.31　高斯模糊效果

5.2.3 任务实现

步骤 1：打开配套素材文件 05/ 任务 / 人物 .jpg，如图 5.20 所示，复制“背景”图层。

步骤 2：在“背景 复本”图层上，选择“滤镜 | 液化”菜单，打开“液化”对话框，利用向前变形工具 ，对人物的脸形和嘴进行微调，效果如图 5.32 所示。

步骤 3：利用膨胀工具 ，对准人物的瞳孔单击，便可使眼睛变大，效果如图 5.33 所示。单击“确定”按钮。至此，人物脸形调整结束。

图 5.32 脸形微调

图 5.33 眼睛变大

步骤 4：接下来要对人物的皮肤进行磨皮处理。新建图层，按“Ctrl+Shift+Alt+E”组合键，盖印图层。选择“滤镜 | 模糊 | 高斯模糊”菜单，打开“高斯模糊”对话框，设置“半径”为“4.0 像素”，如图 5.34 所示。单击“确定”按钮，此时图像效果如图 5.35 所示。

步骤 5：给新图层添加图层蒙版，设置前景色为“白色”，背景色为“黑色”，按“Ctrl+Delete”组合键，为图层蒙版填充“黑色”，如图 5.36 所示。

步骤 6：选择工具箱中的画笔工具，设置不同的画笔大小，在人物的面部进行涂抹（除眼睛、眉毛、嘴外）。此时图层面板如图 5.37 所示，图像效果如图 5.38 所示。

步骤 7：按照步骤 6 的方法，对人物的手和肩膀进行处理。最终效果如图 5.21 所示。

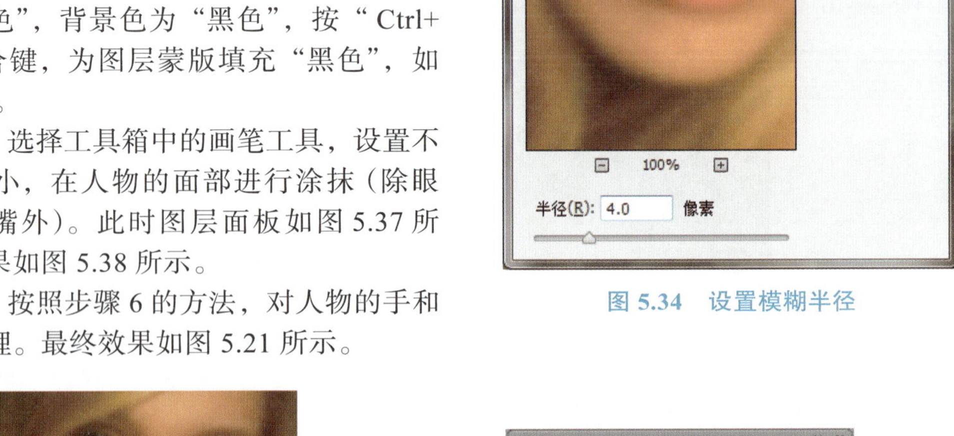

图 5.34　设置模糊半径

图 5.35　高斯模糊效果

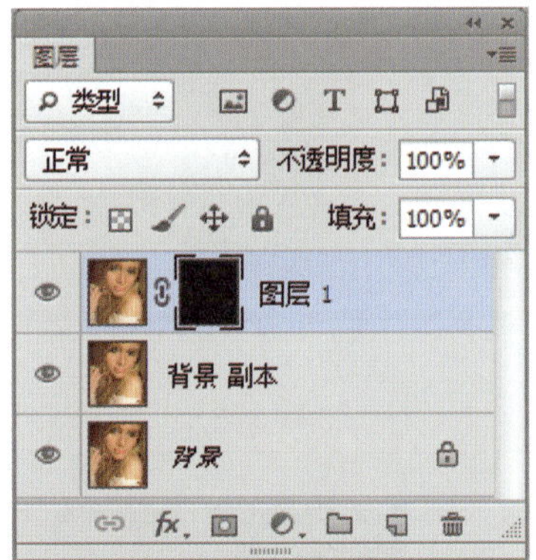

图 5.36　添加图层蒙版

图 5.37　图层面板

图 5.38　图像效果

5.2.4 练习实践

（1）打开配套素材文件 05/ 练习实践 / 瘦脸 .jpg，如图 5.39 所示。利用液化滤镜对人物进行瘦脸处理，最终效果如图 5.40 所示。

图 5.39 原图像

图 5.40 瘦脸效果

（2）打开配套素材文件 05/ 练习实践 / 磨皮 .jpg，如图 5.41 所示。图像中人物的面部有很多色斑，运用本任务所介绍的方法，对人物的皮肤进行磨皮处理，最终效果如图 5.42 所示。

图 5.41 原图像

图 5.42 磨皮效果

任务 5.3 炫彩海报

5.3.1 任务描述

本任务主要通过运用波浪滤镜和点状化滤镜，使人物呈现彩色幻影效果，打造时尚、炫酷、运动风格的海报。原图像与调整后的图像的效果如图 5.43 和图 5.44 所示。

图 5.43 原图像

图 5.44 炫彩效果

5.3.2 相关知识

1. 波浪滤镜

波浪滤镜具有生成器数量、波长、波幅、缩放比例和波类型等属性，可以在图像上创建波状起伏的图案，形成波浪效果。

打开配套素材文件 05/ 相关知识 / 酒杯 .jpg，如图 5.45 所示，选择“滤镜 | 扭曲 | 波浪”菜单，打开“波浪”对话框，如图 5.46 所示。单击“确定”按钮，图像效果如图 5.47 所示。

图 5.45 酒杯

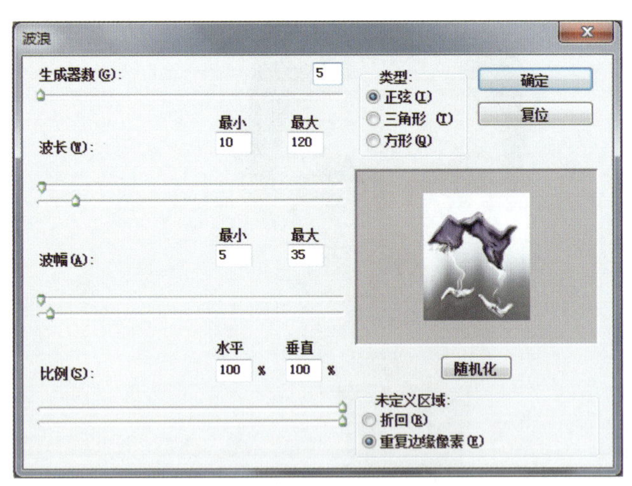

图 5.46 “波浪”对话框

“波浪”对话框的部分选项说明如下。

- 生成器数：用来设置产生波浪的数量。
- 波长：用来设置波的大小，在“最小”文本框中设置最短的波长，在“最大”文本框中设置最长的波长。
- 波幅：用来设置最大和最小的波幅。
- 比例：用来设置波形垂直于水平缩放的百分比。
- 类型：用来设置波浪的形态，包括“正弦”“三角形”“方形”。

- 随机化：单击该按钮可以随机改变经过上述选项设定的波浪效果。如果对当前产生的效果不满意，可以再次单击该按钮，重新生成波浪效果。
- 未定义区域：用来设置如何处理图像中出现的空白区域，选择“折回”可在空白区域填入溢出的内容，选择“重复边缘像素”可填入扭曲边缘的像素颜色。

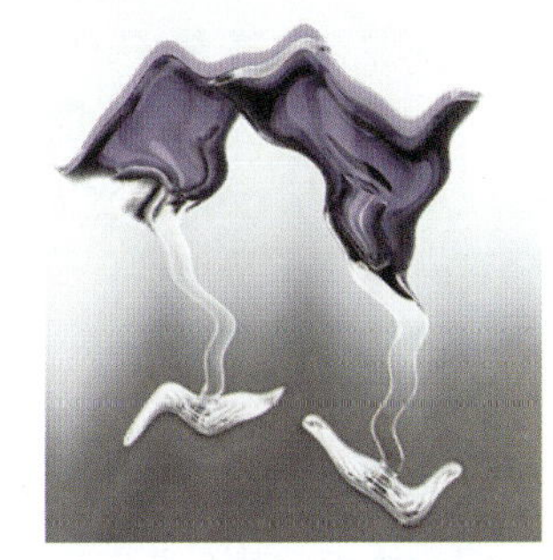

图 5.47 波浪效果

2. 点状化滤镜

点状化滤镜用于将图像中的颜色分解为随机分布的网点，营造点状绘画的效果，背景色将作为网点之间的画布区域。使用该滤镜时，可以通过“单元格大小”来控制网点的大小。

打开配套素材文件 05/ 相关知识 / 橙子 .jpg，如图 5.48 所示，选择“滤镜 | 扭曲 | 波浪”菜单，打开“点状化”对话框，如图 5.49 所示。单击“确定”按钮，图像效果如图 5.50 所示。

图 5.48 橙子

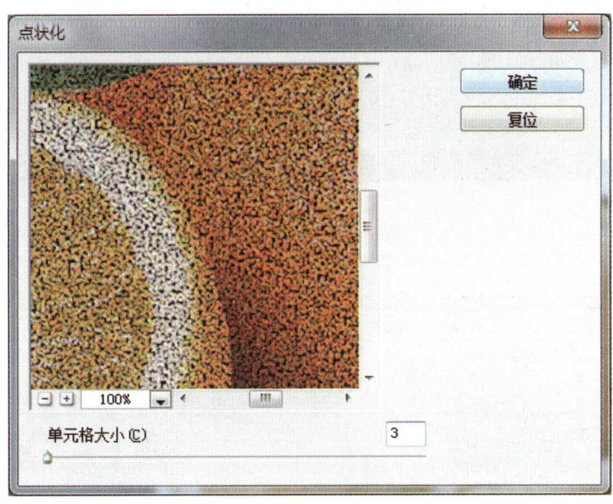

图 5.49 “点状化”对话框

图 5.50 点状化效果

5.3.3　任务实现

步骤 1：打开配套素材文件 05/ 任务 / 炫彩 .psd，如图 5.43 所示。

步骤 2：按住 Ctrl 键，单击“人物”图层缩略图，载入人物选区，如图 5.51 所示。

步骤 3：设置前景色为“#0e2daa”，新建“图层 1”，按“Alt+Delete”组合键，在人物选区中填充前景色，图层面板如图 5.52 所示，图像效果如图 5.53 所示。

步骤 4：按两次“Ctrl+J”组合键，复制图层，将“图层 2 副本”移至“人物”图层下方，如图 5.54 所示。

图 5.51　载入选区

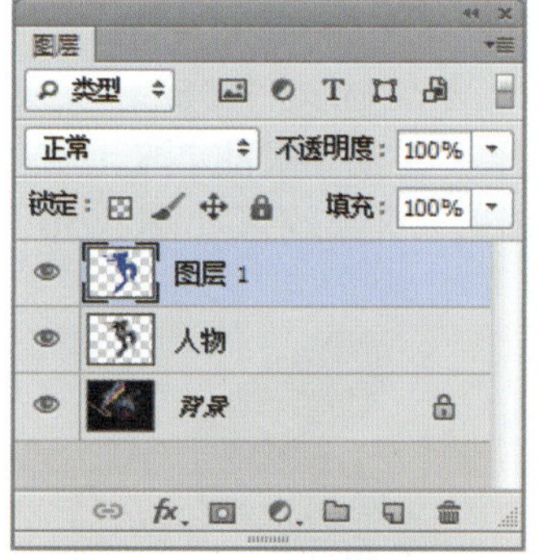

图 5.52　图层面板

图 5.53　填充选区

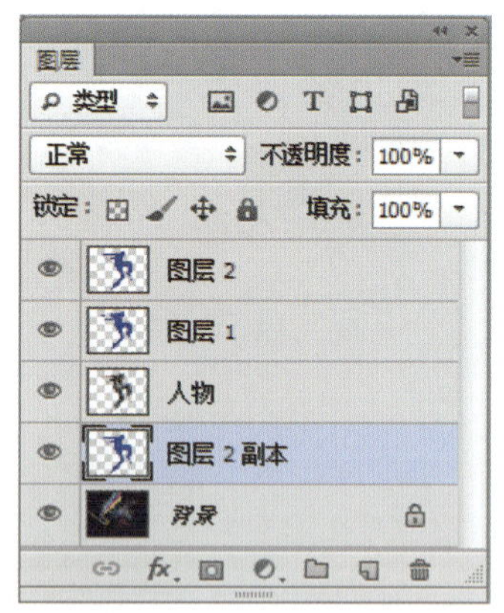

图 5.54　复制图层

步骤 5：隐藏“图层 2”和“图层 2 副本”两个图层，选择“图层 1”，如图 5.55 所示。选择“滤镜 | 扭曲 | 波浪”菜单，打开“波浪”对话框，按照图 5.56 所示进行设置，可以按“随机化”按钮，选择合适的波浪效果，单击“确定”按钮。

步骤 6：将“图层 1”图层的混合模式设置为“颜色减淡”，如图 5.57 所示，此时图像效果如图 5.58 所示。

步骤 7：显示并选择“图层 2”，设置图层的混合模式为“颜色减淡”，如图 5.59 所示，图像效果如图 5.60 所示。

图 5.55　图层状态

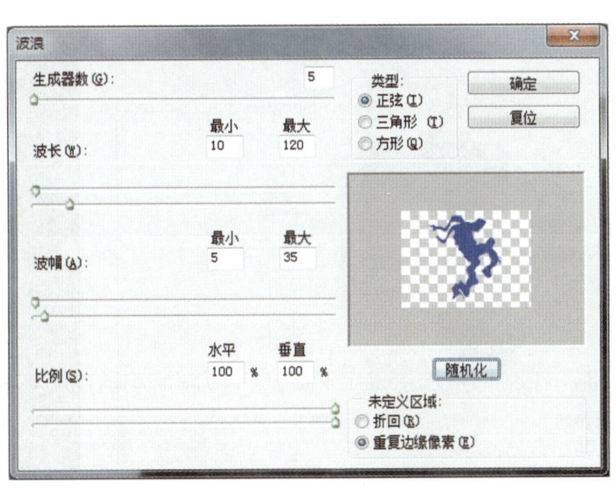

图 5.56　“波浪”对话框

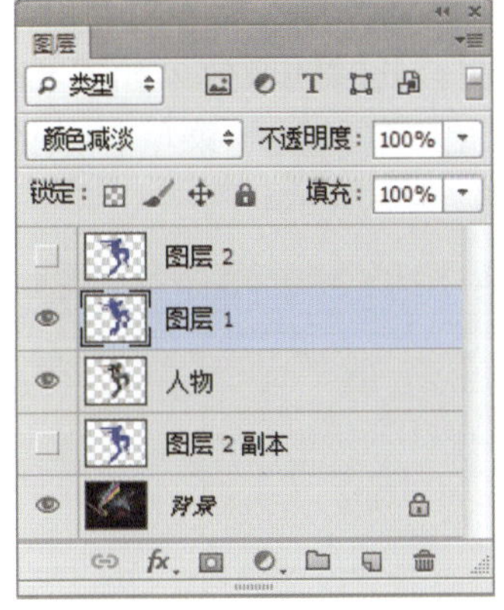

图 5.57　设置图层混合模式

图 5.58　图像效果

图 5.59　图层状态

图 5.60　图像效果

步骤 8：设置前景色为“白色”、背景色为“黑色”，选择“滤镜 | 像素化 | 点状化”菜单，打开“点状化”对话框，按照图 5.61 所示进行设置，单击“确定”按钮，此时图像效果如图 5.62 所示。

步骤 9：显示并选择“图层 2 副本”，选择“滤镜 | 扭曲 | 波浪”菜单，打开“波浪”对话框，按照图 5.56 所示进行设置，单击“确定”按钮。此时图像效果如图 5.63 所示。

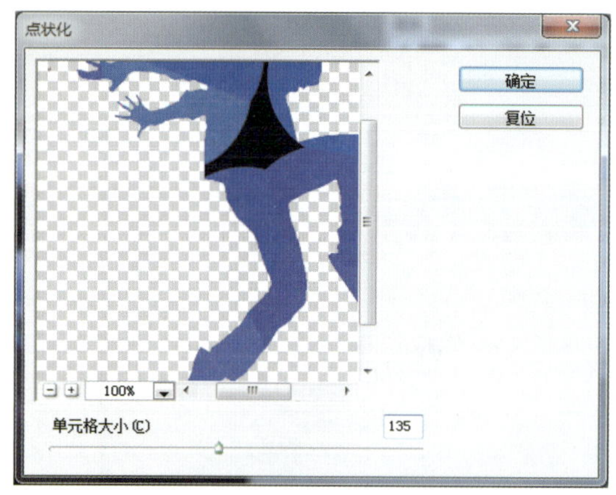

图 5.61 “点状化”对话框

图 5.62 点状化效果

步骤 10：在“图层 2 副本”图层上选择“滤镜 | 模糊 | 高斯模糊”菜单，打开“高斯模糊”对话框，按照图 5.64 所示进行设置，单击“确定”按钮，此时图像效果如图 5.65 所示。

步骤 11：单击图层面板下面的 按钮，选择“色相 / 饱和度”菜单，按照图 5.66 所示进行设置。至此，图像调整完毕，图像最终效果如图 5.44 所示。

图 5.63 波浪效果

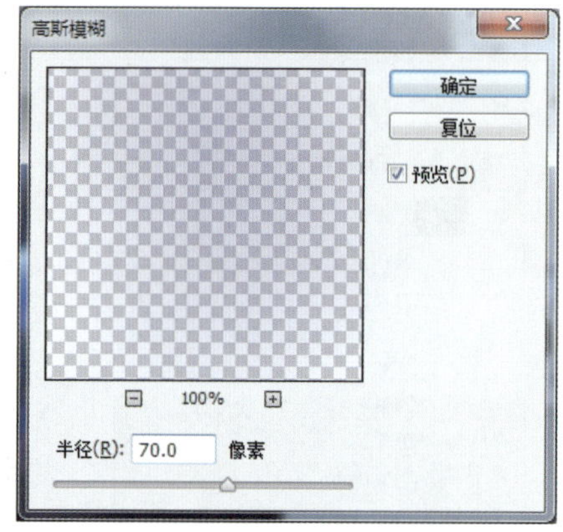

图 5.64 “高斯模糊”对话框

图 5.65 高斯模糊效果

图 5.66 调整色相 / 饱和度

5.3.4 练习实践

打开配套素材文件 05/ 练习实践 / 炫彩世界 .psd，如图 5.67 所示。综合运用波浪滤镜、点状化滤镜打造炫酷的氛围，图像的最终效果如图 5.68 所示。

图 5.67 原图像

图 5.68 效果图

任务 5.4 雪天风景

5.4.1 任务描述

本任务营造的是雪花漫天飞舞的场景。主要利用添加杂色滤镜来制作一些小的白色斑点，再通过进一步模糊滤镜、晶格化滤镜及色阶命令把斑点调明显，然后适当利用动感模糊滤镜进行处理。原图像与调整后的图像的效果如图 5.69 和图 5.70 所示。

图 5.69 原图像

图 5.70 雪景效果

5.4.2 相关知识

1. 添加杂色滤镜

添加杂色滤镜用于将随机的像素应用于图像，模拟在高速胶片上拍照的效果。

打开配套素材文件 05/ 相关知识 / 女孩 .jpg，如图 5.71 所示。选择“滤镜 | 杂色 | 添

加杂色”菜单，打开“添加杂色”对话框，按照图 5.72 所示进行设置。单击“确定”按钮，图像效果如图 5.73 所示。

图 5.71　原图像

图 5.72　“添加杂色”对话框

图 5.73　添加杂色效果

“添加杂色”对话框的选项说明如下。

- 数量：用来设置杂色的数量。
- 分布：用来设置杂色的分布方式，选择“平均分布”，会随机在图像中加入杂点，效果比较柔和；若选择“高斯模糊”，会以沿一条钟形曲线分布的方式来添加杂点，杂点比较强烈。
- 单色：勾选该项，杂点只会影响原有像素的亮度，像素的颜色不会改变。

2. 进一步模糊滤镜

进一步模糊滤镜就是可以对图像进行轻微模糊的滤镜，它可以在图像中有显著颜色变化的地方消除杂色。进一步模糊滤镜与模糊滤镜的功能相似，模糊滤镜对于边缘过于清晰、对比度过于强烈的区域进行光滑处理，生成极轻微的模糊效果；进一步模糊滤镜所产生的效果要比模糊滤镜强 3 ～ 4 倍。针对图 5.71 应用进一步模糊滤镜，效果如图 5.74 所示。

图 5.74　进一步模糊

3. 动感模糊滤镜

动感模糊滤镜可以模仿拍摄运动物体的手法，通过使像素进行某一方向上的线性位移来产生运动模糊效果，产生的效果类似于以固定的曝光时间给一个移动的对象拍照。在表现对象的速度感时会经常用到该滤镜。

下面以一个实例来说明动感模糊滤镜的作用。

步骤 1：打开配套素材文件 05/ 相关知识 / 骏马 .jpg，利用钢笔工具将马选中，按“Ctrl+Enter”组合键载入选区，如图 5.75 所示。

步骤 2：按“Ctrl+J”组合键复制一个图层。回到背景层，选择“滤镜 | 模糊 | 动感模糊”菜单，“角度”设置为“45 度”，“距离”设置为“25 像素”，如图 5.76 所示，单击“确定”按钮，此时图像效果如图 5.77 所示。

“动感模糊”对话框的选项说明如下。

- 角度：用于控制运动模糊的方向，可以通过改变文本框中的数字或直接拖动指针来调整。
- 距离：用于控制像素移动的距离，即模糊的强度。

图 5.75　创建选区

图 5.76　“动感模糊”对话框

图 5.77 动感模糊效果

4. 晶格化滤镜

晶格化滤镜可以使图像中相近的像素集中到多边形色块中，产生类似结晶的颗粒效果。使用该滤镜时，可通过“单元格大小”来控制多边形色块的大小。

下面以一个实例来说明晶格化滤镜的作用。打开配套素材文件 05/ 相关知识 / 骏马 .jpg，如图 5.75 所示。选择“滤镜 | 像素化 | 晶格化”菜单，按照图 5.78 所示进行设置，单击“确定”按钮，图像效果如图 5.79 所示。

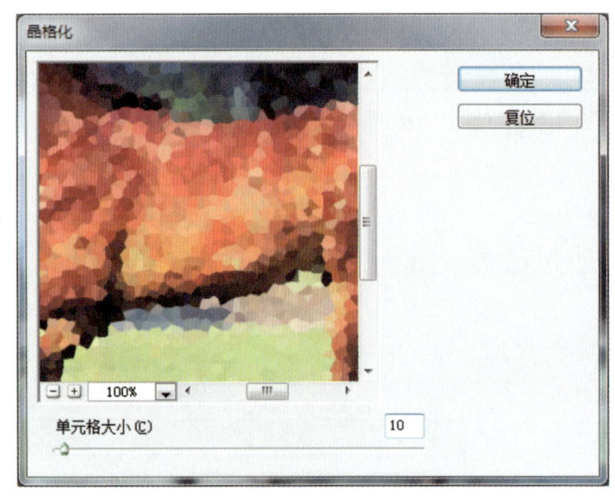

图 5.78 “晶格化”对话框

图 5.79 晶格化效果

5.4.3 任务实现

步骤 1：打开配套素材文件 05/ 任务 / 雪景 .psd，如图 5.69 所示。

步骤 2：新建图层，设置背景色为“黑色”，按“Ctrl+Delete”组合键，给“图层 1”填充“黑色”。

步骤 3：选择“图层 1”，选择“滤镜 | 杂色 | 添加杂色”菜单，打开“添加杂色”对话框，按照图 5.80 所示进行设置，单击“确定”按钮，图像效果如图 5.81 所示。

步骤 4：选择“滤镜 | 模糊 | 进一步模糊”菜单，图像效果如图 5.82 所示。

步骤 5：选择“图像 | 调整 | 色阶”菜单，打开“色阶”对话框，按照图 5.83 所示进行设置，单击“确定”按钮，此时图像效果如图 5.84 所示。

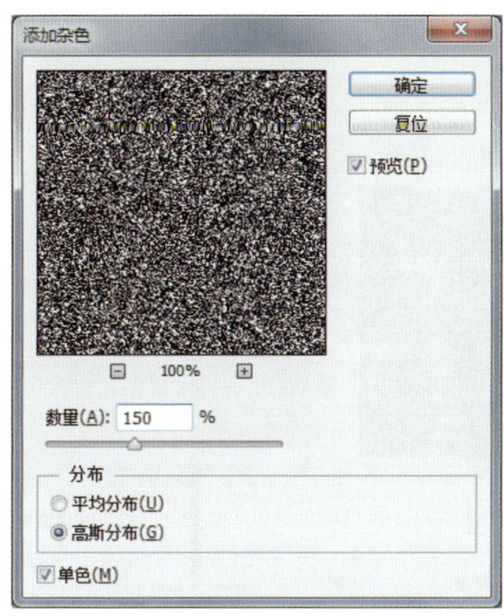

图 5.80 “添加杂色”对话框

图 5.81 添加杂色效果

图 5.82 进一步模糊效果

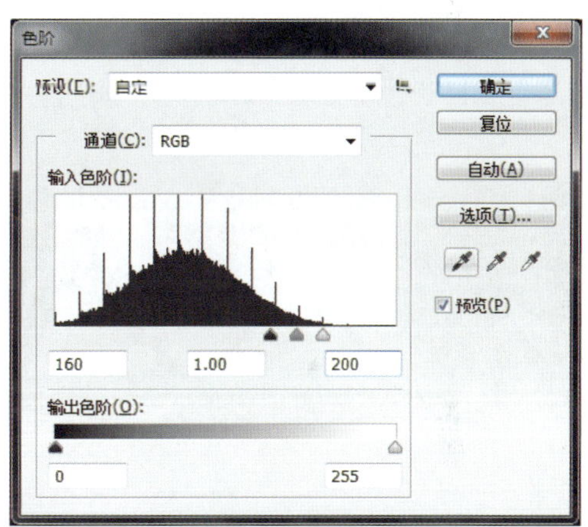

图 5.83 “色阶”对话框

步骤 6：设置图层混合模式为“滤色”，如图 5.85 所示。图像效果如图 5.86 所示。

图 5.84 调整色阶后的效果

图 5.85 图层混合模式

步骤 7：选择“滤镜 | 模糊 | 动感模糊”菜单，“角度”设置为“–65 度”，“距离”设置为“3 像素”，如图 5.87 所示，单击“确定”按钮，此时图像效果如图 5.88 所示。

步骤 8：复制“图层 1”，得到“图层 1 副本”。选择“编辑 | 变换 | 旋转 180 度”菜单，图像效果如图 5.89 所示。

图 5.86　图像效果

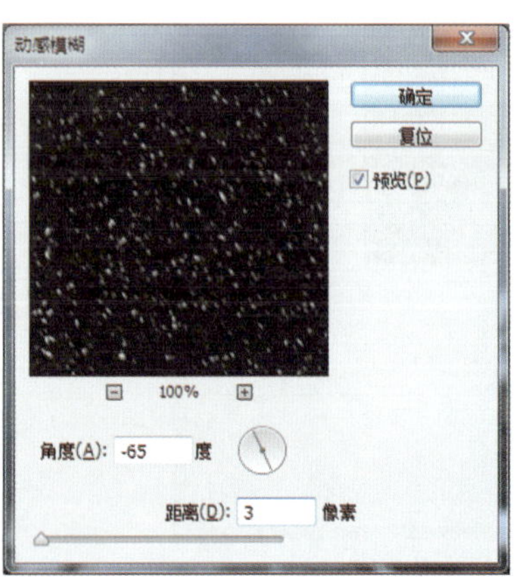

图 5.87　“动感模糊”对话框

图 5.88　动感模糊效果

图 5.89　旋转 180 度后的效果

步骤 9：选择“滤镜 | 像素化 | 晶格化”菜单，“单元格大小”设置为“4”，如图 5.90 所示，单击“确定”按钮，图像效果如图 5.91 所示。

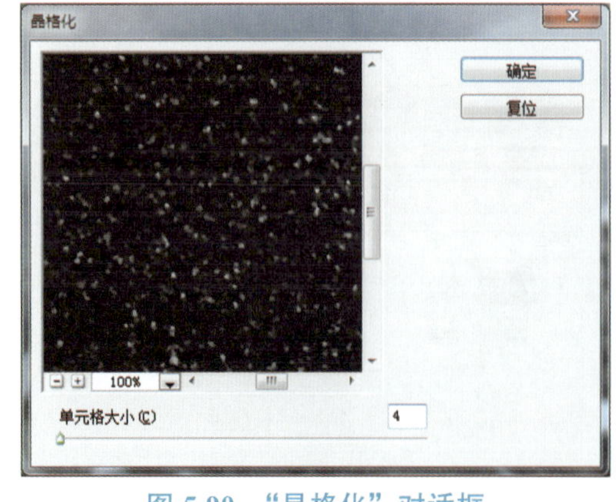

图 5.90　“晶格化”对话框

图 5.91　晶格化后的效果

步骤 10：选择“滤镜 | 模糊 | 动感模糊”菜单，“角度”设置为“ –65 度”，“距离”设置为“7 像素”，如图 5.92 所示，单击“确定”按钮，此时图像效果如图 5.93 所示。

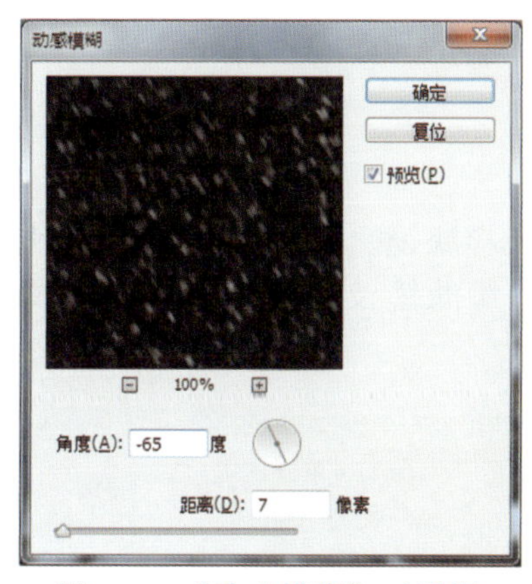

图 5.92 “动感模糊”对话框

图 5.93 动感模糊后的效果

步骤 11：同时选中“图层 1”和“图层 1 副本”图层，单击鼠标右键，在打开的快捷菜单中选择“合并图层”菜单，得到一个新的“图层 1 副本”图层，设置图层混合模式为“滤色”，如图 5.94 所示。

步骤 12：复制“图层 1 副本”图层，在新图层中设置“不透明度”为“50%”，如图 5.95 所示。图像最终效果如图 5.70 所示。

图 5.94 滤色模式

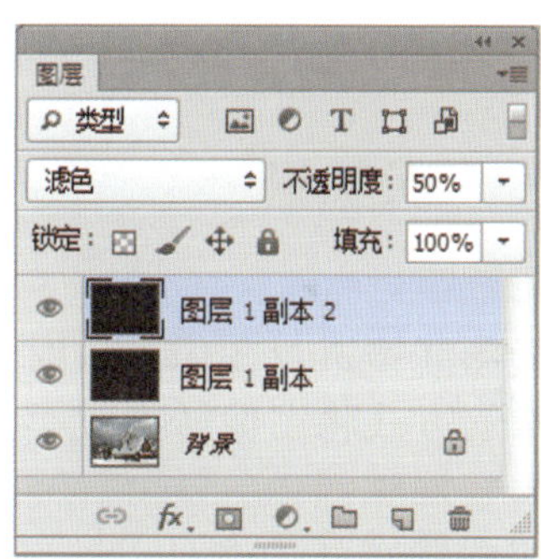

图 5.95 设置不透明度

5.4.4 练习实践

打开配套素材文件 05/ 练习实践 / 山水 .jpg，如图 5.96 所示。按照本任务介绍的方法打造下雨效果。图像的最终效果如图 5.97 所示。

图 5.96 原图像

图 5.97 下雨效果

任务 5.5　木板雕刻

5.5.1　任务描述

本任务可实现在木板上雕刻花纹的效果。先运用云彩滤镜、添加杂色滤镜、动感模糊滤镜及旋转扭曲滤镜制作出木板效果，再运用查找边缘滤镜及纹理化滤镜把花纹纹理“雕刻”在木板上。最终效果如图 5.98 所示。

图 5.98　木板雕刻效果

5.5.2　相关知识

1. 云彩滤镜

使用云彩滤镜进行图像处理时，系统会根据预先在工具箱中设置的前景色和背景色，使用随机像素方式将图像转换成柔和的云彩效果。

2. 旋转扭曲滤镜

旋转扭曲滤镜的功能是以选区为中心来旋转扭曲图像，使图像呈现旋涡状。旋转扭曲滤镜主要通过“角度”的设置来体现扭曲的程度。

打开配套素材文件 05/ 相关知识 / 扩散 .jpg，如图 5.99 所示，选择“滤镜 | 扭曲 | 旋转扭曲”菜单，打开“旋转扭曲”对话框，设置“角度”为“688 度”，如图 5.100 所示，单击“确定”按钮，图像效果如图 5.101 所示。

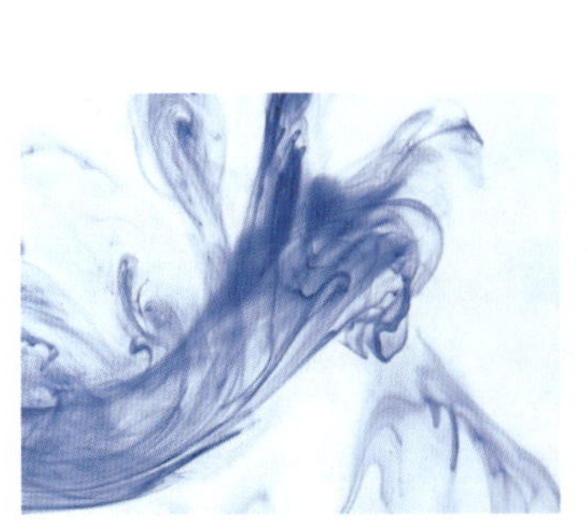

图 5.99　原图像

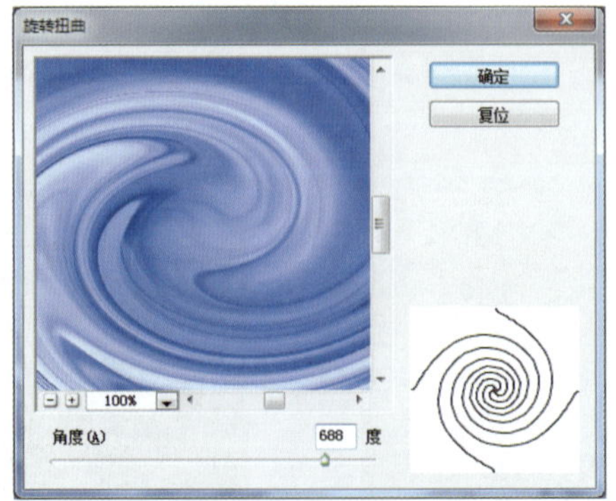

图 5.100　“旋转扭曲”对话框

图 5.101　旋转扭曲效果

3. 查找边缘滤镜

查找边缘滤镜主要用于查找图像中颜色过渡明显的区域，然后以突出的颜色进行显示，以便加以强调，使图像看起来像是用铅笔勾勒出轮廓一样。该滤镜没有任何参数设置。

打开配套素材文件 05/ 相关知识 / 雪山 .jpg，如图 5.102 所示，选择“滤镜 | 风格化 | 查找边缘”菜单。图像效果如图 5.103 所示。

图 5.102　原图像

图 5.103　查找边缘效果

4. 纹理化滤镜

纹理化滤镜处于纹理滤镜组中，该滤镜可以在图像中产生系统预设的纹理效果或根据另一个文件的亮度值向图像中添加纹理效果。

打开配套素材文件 05/ 相关知识 / 花艺术 .jpg 图片，如图 5.104 所示。选择“滤镜 | 滤镜库 | 纹理 | 纹理化”菜单，打开“纹理化”滤镜对话框，按照图 5.105 所示进行设置，单击“确定”按钮，图像效果如图 5.106 所示。

图 5.104 原图像

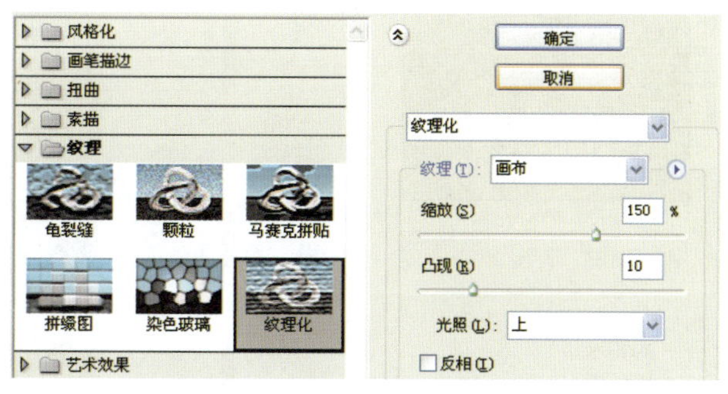

图 5.105　“纹理化”滤镜对话框

“纹理化”对话框中的各个选项作用如下。

- 纹理：提供了“砖形”“粗麻布”“画布”“砂岩”等纹理类型。
- 缩放：用于调整纹理的尺寸。

- 凸现：用于调整纹理产生的厚度。
- 光照：提供了 8 个方向的光照效果。

图 5.106　粗麻布效果

5.5.3　任务实现

步骤 1：新建文件，大小为“500 像素 ×300 像素”。

步骤 2：在工具箱中设置前景色为“#f0b14d”、背景色为“#976c29”。

步骤 3：选择“滤镜 | 渲染 | 云彩”菜单，图像效果如图 5.107 所示。

图 5.107　云彩效果

步骤 4：选择“滤镜 | 杂色 | 添加杂色”菜单，按照图 5.108 所示进行设置，单击“确定”按钮，图像效果如图 5.109 所示。

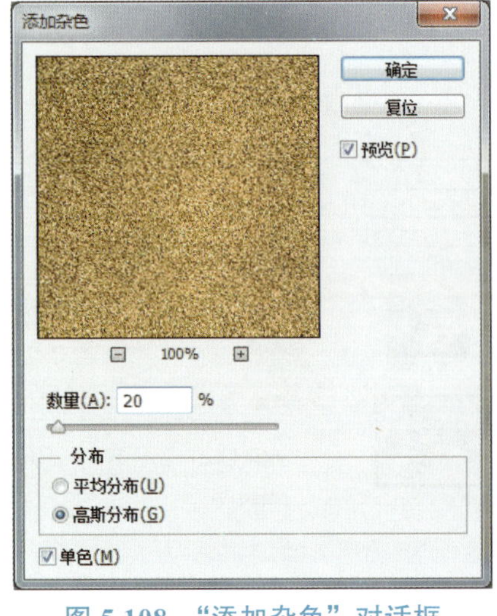

图 5.108　“添加杂色”对话框

图 5.109　添加杂色效果

步骤 5：选择“滤镜 | 模糊 | 动感模糊”菜单，按照图 5.110 所示进行设置，单击“确定”按钮，图像效果如图 5.111 所示。

图 5.110 “动感模糊”对话框

图 5.111 动感模糊效果

步骤 6：使用矩形选框工具在图 5.112 所示的位置上创建一个长方形选区。选择“滤镜 | 扭曲 | 旋转扭曲”菜单，打开“旋转扭曲”对话框，按照图 5.113 所示进行设置，单击“确定”按钮，取消选区，此时图像效果如图 5.114 所示。

图 5.112 创建选区

图 5.113 “旋转扭曲”对话框

图 5.114 旋转扭曲效果

步骤 7：选择“图像 | 调整 | 亮度 / 对比度”菜单，打开“亮度 / 对比度”对话框，按

照图 5.115 所示进行设置，单击“确定”按钮，按“Ctrl+D”组合键，取消选择。此时图像效果如图 5.116 所示。至此，木制纹理制作完成。

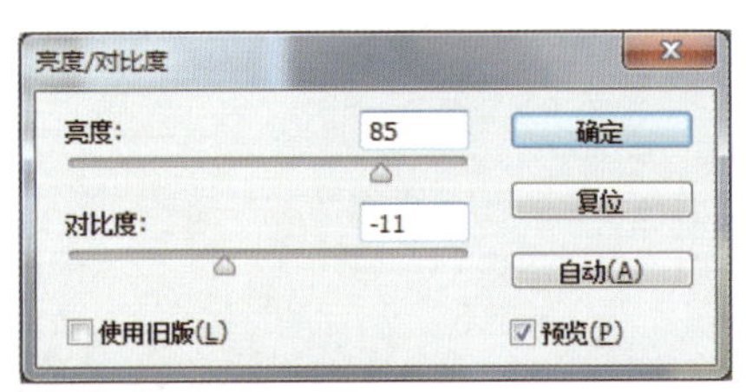

图 5.115 “亮度 / 对比度”对话框

图 5.116 调整后的效果

步骤 8：打开配套素材文件 05/ 任务 / 纹理 .jpg，如图 5.117 所示。

步骤 9：选择“滤镜 | 风格化 | 查找边缘”菜单，图像效果如图 5.118 所示。

图 5.117 原图像

图 5.118 查找边缘效果

步骤 10：选择“图像 | 模式 | 灰度”菜单，单击“扔掉”按钮，图像效果如图 5.119 所示。在“文件”菜单下，选择“存储为”菜单，保存该文件，注意格式必须为“.psd”，文件名为“纹理 .psd”。

步骤 11：回到刚才创建好的木制纹理文件中，选择“滤镜 | 滤镜库 | 纹理 | 纹理化”菜单，打开“纹理化”滤镜对话框，单击 按钮，载入文件“纹理 .psd”，按照图 5.120 所示进行设置，单击“确定”按钮，图像制作完毕，最终效果如图 5.98 所示。

图 5.119 灰度

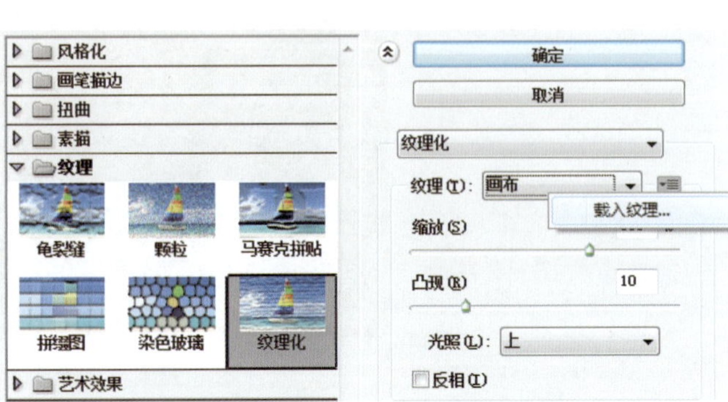

图 5.120 纹理化滤镜

5.5.4 练习实践

（1）打开配套素材文件 05/ 练习实践 / 砖墙画 .jpg，如图 5.121 所示。主要运用纹理化滤镜打造出砖墙绘画的效果，图像的最终效果如图 5.122 所示。

图 5.121 原图像

图 5.122 效果图

（2）综合运用云彩滤镜、旋转扭曲滤镜及高斯模糊滤镜打造紫色旋涡效果，图像最终效果如图 5.123 所示。

图 5.123 紫色旋涡效果

第 6 单元 抠图应用

教学目标

- 掌握路径和选区工具在抠图中的应用。
- 理解快速蒙版的原理。
- 掌握蒙版在抠图中的应用。
- 理解通道的原理。
- 掌握通道在抠图中的应用。
- 掌握抽出滤镜的用法。

课前导读

抠图是指从一幅图像中将某部分分离出来，方便与其他的图像进行合成，是 Photoshop 图像处理领域中非常常见的一类应用。

抠图的方法有很多种，建议根据图片的特点选择合适的抠图工具，这样才能提高抠图的效率。本单元通过几个典型的设计任务来介绍抠图常用工具和方法。

任务 6.1　运用路径工具抠图

6.1.1　任务描述

路径抠图常用于处理画面内容复杂的图像。在本任务中首先使用钢笔工具创建路径，并将其转换为选区，然后打开背景图像，在其中制作人物剪影，并输入文字内容。最终效果如图 6.1 所示。

6.1.2　任务实现

步骤 1：打开配套素材文件 06/ 任务 / 舞者 .jpg，如图 6.2 所示。

图 6.1　效果图

步骤 2：选择钢笔工具，并在其工具选项栏中选择工具模式为“路径”，在人物的腰部单击以创建锚点，沿着人物的轮廓单击创建另一个锚点，绘制一条曲线路径，如图 6.2 所示。

步骤 3：使用鼠标继续沿人物边缘创建路径，并对路径进行编辑，使其包围整个人物，在绘制时注意区分背景和衣服，如图 6.3 所示。

图 6.2　创建路径

图 6.3　创建并编辑路径

步骤 4：选择“窗口 | 路径”菜单，打开路径面板，在其中可以看到创建的新路径，如图 6.4 所示。

步骤 5：在路径面板中选中新建的路径，单击“将路径作为选区载入”按钮 ，然后选择魔棒工具，在其工具选项栏中选择“从选区减去”，减去人物胳膊与裙摆之间的选区及其余部分，建立如图 6.5 所示的选区。

步骤 6：按“Ctrl+Shift+I”组合键反转选区，再按“Ctrl+Delete”组合键，填充白色，效果如图 6.6 所示。

步骤 7：打开配套素材文件 06/ 任务 / 东方明珠 .jpg，选择移动工具，在“舞者”图像中将建立选区后的图像拖到“东方明珠”图像右侧，名为“图层 1”，并调整人物位置和大小，如图 6.7 所示。

图 6.4　生成的工作路径

图 6.5　由路径生成选区

图 6.6　删除背景后的图像

图 6.7　移动后的图像

步骤 8：在图层面板中新建图层，并将其填充为白色，设置图层“不透明度”为“70%”。将新建的图层移动到“图层 1”下方，如图 6.8 所示。

步骤 9：复制背景图层，并将其移动到最上方。同时单击鼠标右键，在弹出的快捷菜单中选择“创建剪贴蒙版”命令，对其创建剪贴蒙版，如图 6.9 所示。

图 6.8　新建填充图层

图 6.9　创建剪贴蒙版

步骤 10：使用相同的方法添加文字效果，输入文字“舞动青春——生命因你而精彩”，并设置字体为“叶根友毛笔行书”，调整字号并分别为其创建剪贴蒙版，如图 6.10 所示。

图 6.10　创建剪贴蒙版后的文字和人物

步骤 11：按“Ctrl+Alt+Shift+E”组合键盖印图层，然后在调整面板中单击“曲线”按钮，打开“曲线”属性面板，在中间的线条上单击并向下拖动，调整图像的亮度，如图 6.11 所示。

图 6.11　使用“曲线”调整图像亮度

步骤 12：返回图像编辑区，即可发现图像的颜色加深了，更加符合广告灯箱海报的展示需要，保存文件，最终效果如图 6.1 所示。

6.1.3　练习实践

打开配套素材文件 06/ 练习实践 / 球 .jpg，运用钢笔工具抠取图中的小孩和球，并为其添加新背景。素材及最终效果如图 6.12 所示。

图 6.12 素材及最终效果

任务 6.2 运用色彩范围抠图

6.2.1 任务描述

"色彩范围"命令的功能是选取一个指定范围的颜色信息。本任务图像中的天空各部分的颜色比较相近，因此可通过"色彩范围"命令选取整片天空，从而方便去除图像背景。抠除背景前后的效果对比如图 6.13 所示。

图 6.13 抠除背景前后

6.2.2 相关知识

色彩范围

打开配套素材文件 06/ 相关知识 / 野菊花 .jpg，选择"选择 | 色彩范围"菜单，弹出"色彩范围"对话框，如图 6.14 所示。

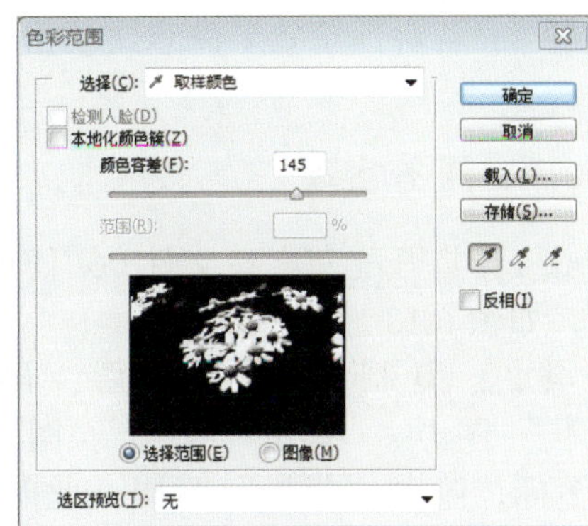

图 6.14　图像及“色彩范围”对话框

该对话框中的各选项的作用如下。

- 选择：用于设置取样方式。选择“取样颜色”选项时，将使用吸管工具 在图像编辑区中吸取颜色。
- 检测人脸：选取“肤色”便可以选择与普通肤色类似的颜色，便于进行更准确的肤色选择。
- 本地化颜色簇：如果正在图像中选择多个颜色范围，选择该项可以构建更加精确的选区。
- 颜色容差：可以通过拖动滑块或在文本框中输入数值来设置选取范围，取值范围为 0 ～ 200，数值越大，选择的颜色范围越大。
- 范围：如果已选定“本地化颜色簇”，则可使用“范围”滑块来控制要包含在选区中的颜色与取样点的最大和最小距离。
- 添加到取样工具 ：用于添加颜色。可以在图像编辑区中单击来添加颜色。
- 从取样中减去工具 ：用于减少颜色。可以在图像编辑区中单击来减少颜色。
- 选择范围：选中该单选项后，在预览窗口中以灰度图显示选区效果。
- 图像：选中该单选项后，在预览窗口中显示原图像状态。
- 选区预览：用于在图像编辑区中预览选区。其中：
  - 无：不在图像编辑区中显示选区。
  - 灰度：在图像编辑区中以灰度方式显示未被选择的区域。
  - 黑色杂边：在图像编辑区中用黑色来显示未被选择的区域。
  - 白色杂边：在图像编辑区中用白色来显示未被选择的区域。
  - 快速蒙版：使用当前的快速蒙版设置来显示选区。
- 载入：单击该按钮将重新使用存储在计算机中的设置。
- 存储：单击该按钮将当前设置以“.AXT”格式存储在计算机中。
- 反相：可在选取范围与非选取范围之间切换。

使用“色彩范围”命令创建选区的具体操作方法如下。

步骤 1：选择“选择 | 色彩范围”菜单，打开“色彩范围”对话框。

步骤 2：在“选择”下拉列表框中选择“取样颜色”选项，然后使用吸管工具单击图像编辑区中的某一部分。

步骤 3：在“选区预览”下拉列表框中选择“灰度”选项。

步骤 4：若对预览效果满意，单击“确定”按钮，即可完成对选区的创建，如图 6.15 所示。

图 6.15　用“色彩范围”命令创建选区

6.2.3　任务实现

步骤 1：打开配套素材文件 06/ 任务 / 枝头鸟 .jpg，如图 6.13 左图所示。

步骤 2：复制“背景”图层，得到“背景副本”图层。单击“背景”图层前面的 图标，隐藏“背景”图层。此时图层面板如图 6.16 所示。

步骤 3：选择“选择 | 色彩范围”菜单，打开“色彩范围”对话框，选择吸管工具，在图像的背景部分单击，此时在“色彩范围”对话框中被选择部分变成了白色，移动“颜色容差”滑块进行选择，具体参数设置如图 6.17 所示。

图 6.16　图层面板

图 6.17　“色彩范围”对话框

步骤 4：单击“确定”按钮，得到选区。如图 6.18 所示。

步骤 5：按 Delete 键，删除选中的内容，按“Ctrl+D”组合键取消选区，如图 6.19 所示。

图 6.18　用“色彩范围”命令创建选区

图 6.19　删除选中内容

步骤 6：打开配套素材文件 06/ 任务 / 羊群 .jpg，复制背景图层到“枝头鸟 .jpg”文件中，并命名为“羊群”图层，如图 6.20 所示。将“羊群”图层移动到“背景 副本”图层下方，最终效果如图 6.21 所示。

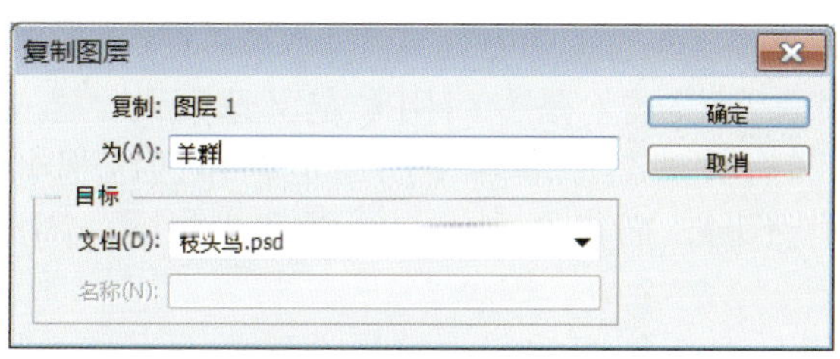

图 6.20　复制图层

图 6.21　最终效果

6.2.4　练习实践

打开配套素材文件 06/ 练习实践 / 树叶 .jpg，根据本节介绍的“色彩范围”命令的使用方法为图 6.22 左图更换背景，更换背景前后的效果如图 6.22 所示。

图 6.22　调整前后

任务 6.3　运用图层蒙版抠图

6.3.1　任务描述

“图层蒙版”适合抠取背景色比较复杂的图像，而且抠取效果也比较理想。本任务将应用“图层蒙版”来提取图像主体。通过为图层添加“图层蒙版”并用画笔工具编辑蒙版来将图像的背景隐藏。抠除背景前后的效果如图 6.23 所示。

图 6.23　抠除背景前后

6.3.2 相关知识

1. 图层蒙版

关于“图层蒙版”的详细内容请参见“第 3 单元 图像合成应用”，此处不再赘述。

2. 快速蒙版

快速蒙版是 Photoshop 中的一个特殊蒙版模式，是专门用来定义选区的。当处于快速蒙版模式时，所有的操作都与定义选区有关。其原理与使用通道制作选区基本相同，但由于其制作选区的原理与通过工具制作不同，而操作方式与绘画方式相同，因此是一种高效、易用、直观的制作选区的方法。

运用快速蒙版可以制作一些特别精确且富有创意的艺术效果选区，而这些选区是用一般选择工具无法创建的。

创建快速蒙版的方法如下。

在工具箱中单击“以快速蒙版模式编辑”按钮 可直接进入快速蒙版编辑模式，也可双击该按钮，打开“快速蒙版选项”对话框，如图 6.24 所示。

“快速蒙版选项”对话框中各参数具体说明如下。

- 被蒙版区域：表示在快速蒙版编辑模式中，颜色指示的区域对应的是选区，以图像原貌出现的区域没有对应选区。
- 所选区域：表示在快速蒙版编辑模式中，颜色指示的区域没有对应选区，以图像原貌出现的区域对应的是选区。
- 颜色：设定在快速蒙版编辑模式中出现的指示颜色。

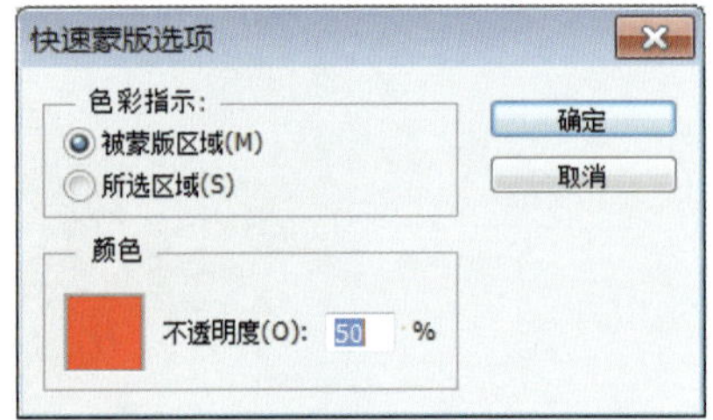

图 6.24 “快速蒙版选项”对话框

- 不透明度：设定在快速蒙版编辑模式中指示颜色的不透明度，范围为 0% ～ 100%。

下面以一个实例来讲解快速蒙版的使用方法。

步骤 1：打开配套素材文件 06/ 相关知识 / 小兔 .jpg，如图 6.25 所示。选择椭圆选框工具，在图像中创建如图 6.26 所示的选区。

图 6.25 打开素材文件

图 6.26 创建选区

步骤 2：单击工具栏底部的“以快速蒙版模式编辑”按钮 ，进入快速蒙版编辑模式，此时在通道面板底部会自动生成一个名为“快速蒙版”的通道，用来保存快速蒙版的状态，如图 6.27 所示。图像的选区框暂时消失，图像的未选择区域变为红色，选中的区域没有发生变化，如图 6.28 所示。

图 6.27 通道面板

图 6.28 快速蒙版编辑模式

步骤 3：选择“滤镜 | 像素化 | 彩色半调”菜单，设置最大半径为“15 像素”，其他参数不变，单击“确定”按钮，此时效果如图 6.29 所示。

步骤 4：编辑完毕后，单击工具栏底部的“标准模式编辑”按钮 ，切换为标准模式，得到如图 6.30 所示的选区。

步骤 5：选择“选择 | 反向”菜单，设置前景色为“绿色”，选择油漆桶工具并填充，最终效果如图 6.31 所示。

图 6.29 设置彩色半调效果

图 6.30 得到特殊效果的选区

图 6.31 最终效果

6.3.3 任务实现

步骤 1：打开配套素材文件 06/ 任务 / 小鸟 .jpg，如图 6.23 左图所示。

步骤 2：复制“背景”图层。选择“背景 副本”图层，单击图层面板底部的“添加图层蒙版”按钮 ，为该图层添加一个空白蒙版。效果如图 6.32 所示。

图 6.32 添加图层蒙版

步骤 3：隐藏背景图层。单击工具箱中的画笔工具 ，设置画笔直径为“10 像素”；硬度为“10%”。

步骤 4：单击“背景 副本”图层的“图层蒙版缩览图”，将前景色调整为“黑色”。沿小鸟的边缘仔细勾画，勾画时可将图片放大，效果如图 6.33 所示。

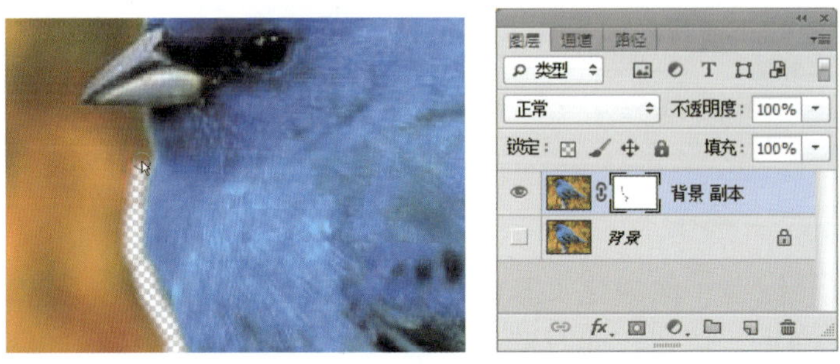

图 6.33　勾画小鸟的轮廓

步骤 5：用画笔工具涂抹小鸟的边缘，勾画出小鸟的轮廓，效果如图 6.34 所示。

图 6.34　用画笔工具编辑蒙版

步骤 6：调整画笔硬度为“100%”，并适当增大画笔直径，在小鸟以外的背景上涂抹，将不需要的部分隐藏起来，效果如图 6.35 所示。

图 6.35　编辑蒙版的过程

步骤 7：涂抹背景时难免会发生错误，此时，可将前景色调整为“白色”，然后使用画笔工具在图像上需要显示的地方进行恢复。蒙版编辑完成后的图像效果如图 6.23 右图所示。

步骤 8：打开一幅背景图片，拖至“背景”和“背景 副本”层之间，最终效果如图 6.36 所示。

图 6.36　图像效果及图层面板

说明：

（1）用蒙版抠图时一定要细致，并不断调整笔刷的直径和软硬参数。

（2）勾画人物轮廓时，可将图像放大若干倍，这样方便调整细节。

（3）用蒙版抠图不会破坏原图像，发现不合适的地方可以随时修改。

6.3.4　练习实践

打开配套素材文件 06/ 练习实践 / 小鸟 .jpg，根据本任务讲解的蒙版的相关知识为该图像更换背景，更换背景前后的效果如图 6.37 所示。

图 6.37　调整前后

任务 6.4　运用图层混合模式抠图

6.4.1　任务描述

本任务通过将图像的背景色调整为“白色”，并运用“图层混合模式”中的“正片叠底”得到人物细微的发丝，再运用蒙版将人物主体以外的部分隐藏，实现为图像更换背景的目的，调整背景前后的效果如图 6.38 所示。

图 6.38　调整前后

6.4.2　任务实现

步骤 1：打开配套素材文件 06/ 任务 / 人物 .jpg，如图 6.38 左图所示。

步骤 2：打开图片后，按“Ctrl+J”组合键两次，分别复制得到图层“图层 1”和“图层 1 副本”。

步骤 3：打开一幅素材图片，拖入当前图像中，放在“图层 1”底部，用于检查效果并作为新的背景层。隐藏“图层 1 副本”图层，此时图层面板如图 6.39 所示。

步骤 4：单击图层“图层 1”，选择“图像 | 调整 | 亮度 / 对比度”菜单，打开“亮度 / 对比度”对话框，设置“亮度”为“40”，“对比度”为“50”，如图 6.40 所示。

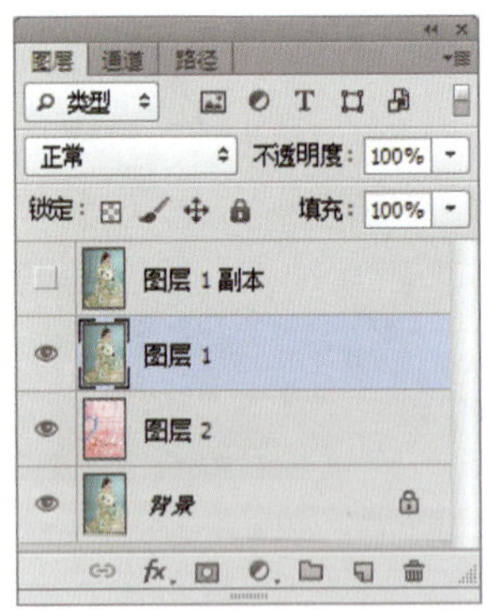

图 6.39　复制背景层并添加背景

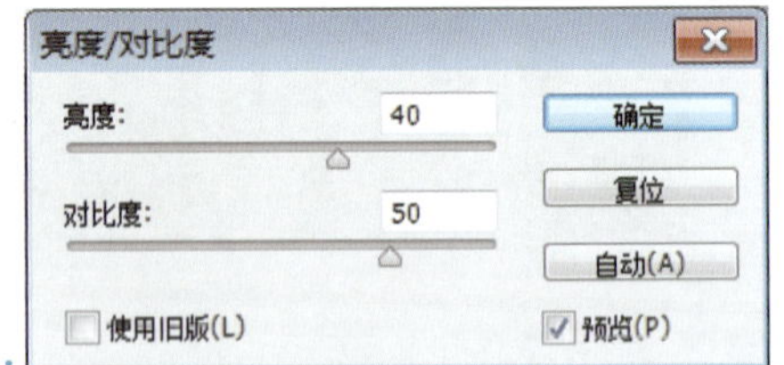

图 6.40　“亮度 / 对比度”对话框

步骤 5：单击“确定”按钮，此时图像效果如图 6.41 所示。

步骤 6：选择“图像 | 调整 | 色阶”菜单，打开“色阶”对话框，如图 6.42 所示。单击“在图像中取样以设置白场”按钮，在图像的绿色背景上取样，设置白场。单击“确定”按钮后的图像效果如图 6.43 所示。

步骤 7：将图层“图层 1”的图层混合模式更改为“正片叠底”，得到人物的发丝，效果如图 6.44 所示。

图 6.41　调整亮度 / 对比度

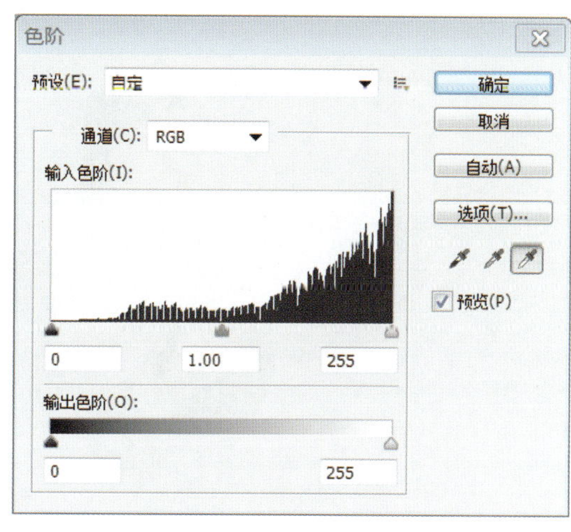

图 6.42　“色阶”对话框

图 6.43　设置白场

图 6.44　正片叠底效果

步骤 8：单击“图层 1 副本”前的 图标，显示该图层。使用工具箱中的磁性套索工具在图像中创建如图 6.45 所示的选区。

步骤 9：单击图层面板底部的“添加图层蒙版”按钮 ，为该图层添加蒙版。最终效果如图 6.38 右图所示。

图 6.45　创建选区

6.4.3　练习实践

打开配套素材文件 06/ 练习实践 / 小女孩 .jpg，根据本节介绍的方法为其更换背景，更换背景前后的效果如图 6.46 所示。

图 6.46　调整前后

任务 6.5　运用通道抠图

6.5.1　任务描述

运用通道将对象与背景分离的方法比较适合处理“形状复杂的对象”，如人物的头发、动物皮毛等。本任务将通过通道抠图方式来抽取狐狸。抠除背景前后的效果如图 6.47 所示。

图 6.47　抠除背景前后

6.5.2　相关知识

通道的概念是由分色印刷的印版概念演变而来的，在 Photoshop 中，通道是存储不同类型信息的灰度图像，其应用非常广泛，可用来保存图像的颜色信息，就如同图层用来保存图像一样；另外，通道还可以用来建立、编辑和保存选区。一个图像包括各种类型的通道，最多可以有 56 个通道。通道所需的文件大小由通道中的像素信息决定。某些文件格式（包括 TIFF 和 Photoshop 格式）将压缩通道信息，可以节约空间。

1. 通道的分类

Photoshop 中的通道通常可以分为 3 种：颜色信息通道、Alpha 通道、专色通道。

（1）颜色信息通道。

颜色信息通道包括单颜色通道和复合通道，是在打开图像时自动创建的，其数目由图像的模式所决定。

当打开任意一幅图像时，Photoshop 会自动根据图像的颜色模式建立相应数目的单颜色通道，在这些单颜色通道中，分别存储了该图像不同的颜色分量信息；另外，有些模式的图像还会生成一个复合通道，复合通道中并不包含任何信息，它只是所有单颜色通道整体效果的体现，单击该复合通道可以返回通道的默认状态。

对于一个 RGB 模式的图像而言，每一个像素点的颜色都是由红、绿、蓝 3 种颜色的分量构成的，因此，打开之后就会有 3 个单颜色通道（名为红、绿、蓝）和一个复合通道（名为 RGB），如图 6.48 所示。

CMYK 模式的图像有一个名为 CMYK 的复合通道和 4 个单颜色通道（名为青色、洋红、黄色、黑色）共 5 个通道，如图 6.49 所示。

Lab 模式的图像，有 Lab、明度、a、b 共 4 个通道，其中 Lab 为复合通道，如图 6.50 所示。灰度模式只有一个灰色通道；位图模式只有一个位图通道；索引模式只有一个索引通道；多通道模式只有一个黑色通道；双色调模式也只有一个通道。

图 6.48　RGB 模式图像的通道

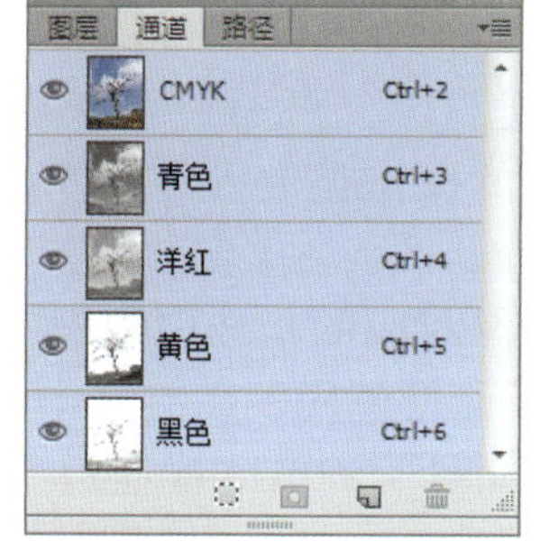

图 6.49　CMYK 模式图像的通道

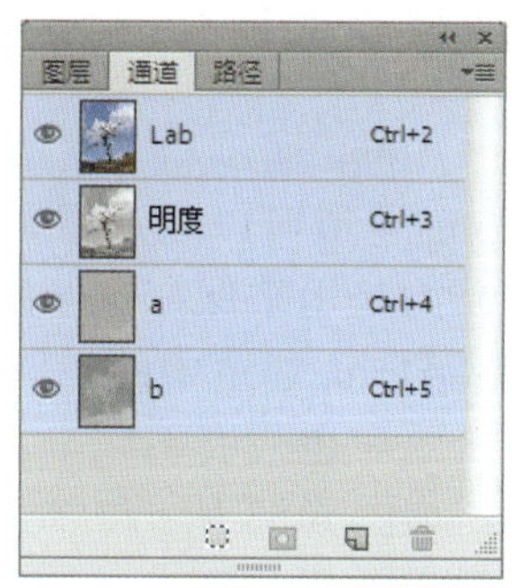

图 6.50　Lab 模式图像的通道

下面以 RGB 模式为例来介绍单颜色通道是如何存储颜色分量信息的。如图 6.51 所示，图中只有黑色，黑色在 RGB 模式中的表示方式为 RGB（0，0，0），红、绿、蓝分量值分别为 0、0、0，在对应的单颜色通道红、绿、蓝中均为黑色，即说明单颜色通道中黑色代表的颜色分量值为 0。

分别在图 6.51 的红、绿、蓝通道中填充一个白色的圆形区域，如图 6.52 所示。

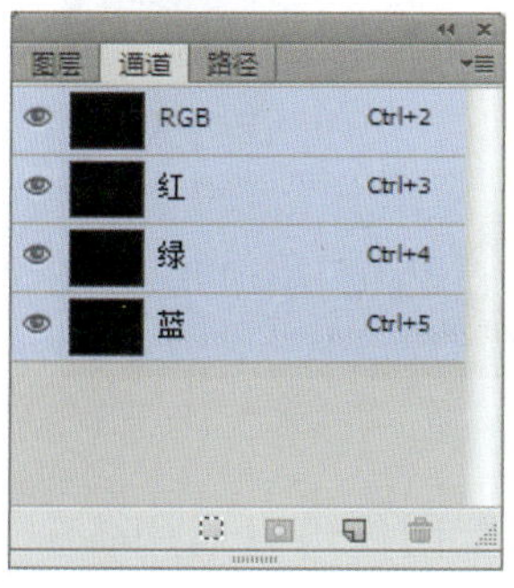

图 6.51　黑色对应的通道状态

在图 6.52 中，红色区域对应的红、绿、蓝通道状态为白色、黑色、黑色，而红色在 RGB 模式中对应的红、绿、蓝分量值分别为 255、0、0，也就是说通道中的白色区域对应的颜色分量值为 255、黑色区域对应的分量值为 0；另外，在通道中还允许出现灰色，不同级别的灰色分别对应不同的分量值。

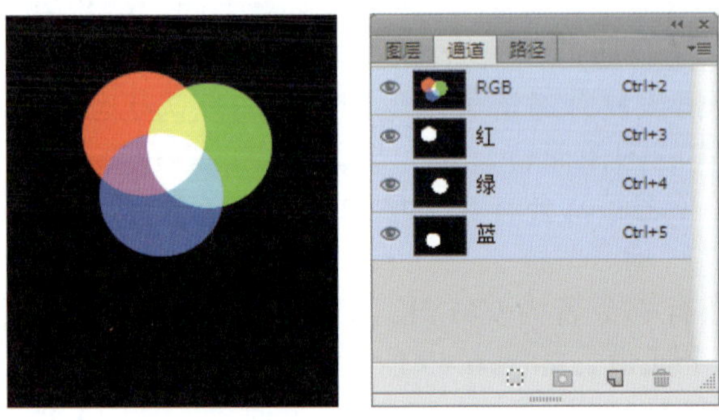

图 6.52　通道中的白色区域

对于其他图像模式，虽然颜色构成方式不同，但是颜色的构成信息同样是分别保存在不同的颜色通道中，只不过颜色通道的数目和通道存储的信息不同而已。

（2）Alpha 通道。

Alpha 通道将选区存储为灰度图像，可通过对灰度图像的编辑实现对选区的编辑。Alpha 通道可以随意增减，与图层的操作类似，但应注意 Alpha 通道并不是用来保存图像的，而是用来保存选区的。

Alpha 通道中的不同的灰度图像对应的是选中程度不同的选区，白色代表完全选中的选区、灰色代表不完全选中的选区、黑色代表没有选中的区域。

如图 6.53 所示，在名为“Alpha1”的 Alpha 通道中填充的是从中心到边界、从白色到黑色的径向渐变，该灰度图像对应一个选中程度渐变的选区，该选区从中心向外选中的程度由高到低，直至没有选中，它所选中的图像的不透明度从中心到边界越来越低，呈现渐变透明效果，如图 6.54 所示。

图 6.53　Alpha 通道

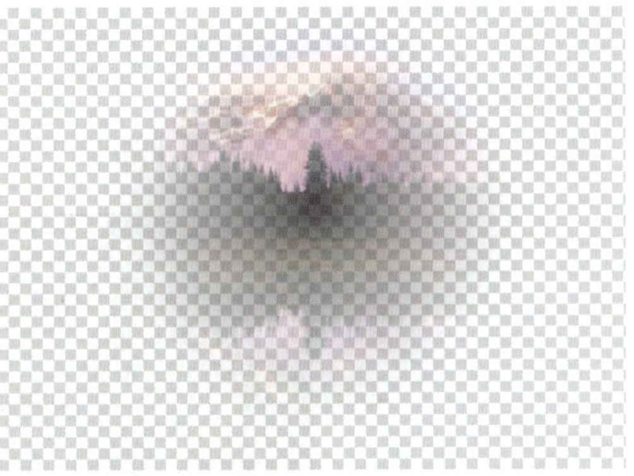

图 6.54　选中的图像

Alpha 通道中的灰度图像可以运用各种绘图工具、滤镜、色彩调节命令等进行编辑，以构造出不同的选区。运用绘图工具，如画笔、铅笔、图章、橡皮擦、渐变、油漆桶、模糊、锐化、涂抹、加深、减淡和海绵等，可以直接在通道中绘制灰度图像；运用滤镜可以制作特殊的效果和控制边界；还可以运用曲线、色阶等工具对通道中的灰度图像做进一步的加工。

当选定通道进行编辑时，在拾色器中选择的颜色都会变成灰色（黑色、白色不会变化），运用白色可以增加选区，运用黑色可以减少选区，而灰色对应的区域则是半透明的区域，利用半透明的区域选择的图像也会是半透明的，而渐变的灰色选择的图像的不透明度也是渐变的，明确这一点在进行图像合成时是非常重要的。在通道面板中还可以通过通道的相加、相减、相交来实现相应选区的进一步控制。

下面以一个实例来讲解 Alpha 通道的使用方法。

步骤 1：新建文件，名称为“霓虹字”，大小为“700 像素 ×300 像素”，分辨率为“72 像素 / 英寸”，颜色模式为“RGB 颜色”，背景色为“白色”。

步骤 2：使用文字工具输入文字“圣诞快乐”，调整字体为“华文新魏、黑色、加粗”，如图 6.55 所示。

步骤 3：按住 Ctrl 键的同时，单击文字图层，生成文字选区，进入通道面板，单击面板底部的“将选区存储成通道”按钮，创建 Alpha1 通道。此时，通道面板如图 6.56 所示。

圣诞快乐

图 6.55　输入文字

图 6.56　通道面板

步骤 4：返回图层面板，删除文字图层，如图 6.57 所示。

步骤 5：返回通道面板，选中 Alpha1 通道，按“Ctrl+D”组合键取消选择，选择“滤镜｜模糊｜高斯模糊”菜单，设置半径为“3 像素”，单击“确定”按钮，再选择“图像｜调整｜曲线”菜单，把曲线调整为“M”形，此时的 Alpha1 通道如图 6.58 所示。

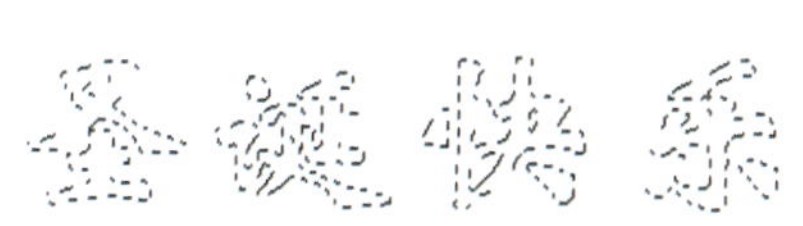

图 6.57　删除文字层后

图 6.58　执行滤镜效果后的 Alpha1 通道

步骤 6：返回图层面板，新建图层，进入通道面板，单击面板底部的“将通道作为选区载入”按钮，在图层面板的新图层上创建选区，选择渐变工具，设置渐变颜色，填充渐变效果，按“Ctrl+D”组合键取消选择，效果如图 6.59 所示。

步骤 7：填充背景，衬托字体。最终效果如图 6.60 所示。

图 6.59　渐变后的文字效果

图 6.60　最终效果

（3）专色通道。

该通道的作用是指定用于专色油墨印刷的附加印版，主要用于印刷。它可以使用一种特殊的混合油墨替代或附加到图像颜色油墨中。在印刷时，每一个专色通道都有一个属于自己的印版。

如果要印刷带有专色的图像，则需要创建存储这些颜色的专色通道，该通道被单独打印输出。为了输出专色通道，图像文件应以 DCS 2.0 格式或 PDF 格式存储。

在处理专色时，需要注意以下事项。

1）对于具有锐边并挖空下层图像的专色图形，需要考虑在页面排版或图形应用程序中创建附加图片。

2）要将专色作为色调应用于整个图像，需将图像转换为“双色调”模式，并在其中一个双色调印版上应用专色，最多可使用 4 种专色，每个印版一种。

3）专色名称打印在分色片上。

4）在完全复合的图像顶部压印专色，每种专色按照在“通道”面板中显示的顺序进行打印，最上面的通道作为最上面的专色进行打印。

5）除非在多通道模式下，否则不能在通道面板中将专色移动到默认通道的上面。

6）不能将专色应用到单个图层。

7）在使用复合彩色打印机打印带有专色通道的图像时，将按照“密度”设置指示的不透明度打印专色。

8）可以将颜色通道与专色通道合并，将专色分离成颜色通道的成分。

2. 通道的基本操作

用户可以对通道进行多种操作，包括通道的建立、复制、删除、显示、隐藏，保存选区和载入选区，以及通道的合并、分离、排序等。

（1）通道面板。

用户可以在通道面板中编辑并管理通道，如图 6.61 所示。选择“窗口｜通道”菜单，可以控制通道面板的显示与隐藏。

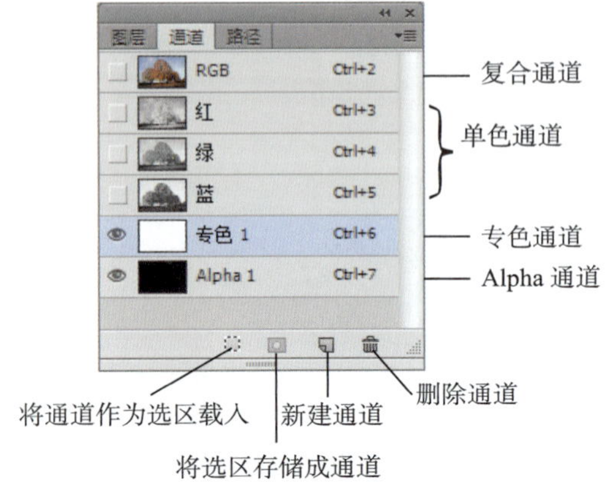

图 6.61　通道面板

从图中可以看出，通道面板列出了所有

的颜色信息通道、Alpha 通道和专色通道，最先列出复合通道（对于 RGB、CMYK 和 Lab 图像模式），其次是颜色通道，再次是专色通道或 Alpha 通道，专色通道和 Alpha 通道的顺序可以改变。当然，不同模式的图像的通道会有所不同。

通道内容的缩略图显示在通道名称的左侧，在编辑通道时系统会自动更新缩略图。通道面板底部各按钮的作用如下。

- 将通道作为选区载入：从当前选中的通道中载入相应的选区。
- 将选区存储成通道：当存在选区时，该按钮可用，将当前选区存储到一个新建的通道中，并为新建的通道指定名称。
- 新建通道：新建一个 Alpha 通道，并自动指定通道名称。
- 删除通道：删除选中的通道。

可以使用该面板来查看文档窗口中的任何通道组合，例如，可以同时选中 Alpha 通道和复合通道，观察 Alpha 通道中的更改与整幅图像是怎样的关系。

各个通道以灰度显示，在 RGB、CMYK 或 Lab 图像中，用户可以看到用原色显示的各个通道；在 Lab 图像中，只有 a 和 b 通道用原色显示。如果有多个通道处于选中状态，则这些通道始终用原色显示。可以更改默认设置，以便用原色显示各个颜色通道。

当通道的左侧有眼睛图标时，表示该通道在图像中是可见的。

单击通道面板右上角的按钮可打开通道面板菜单以进行其他的操作，如图 6.62 所示。

其中“面板选项”是对面板本身的操作，用来设置面板中缩略图的大小以及是否出现缩略图，如图 6.63 所示；其他命令都是对通道的操作。

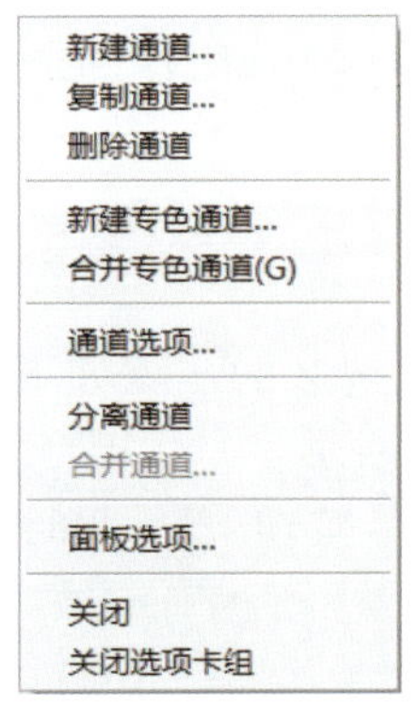

图 6.62　通道面板菜单

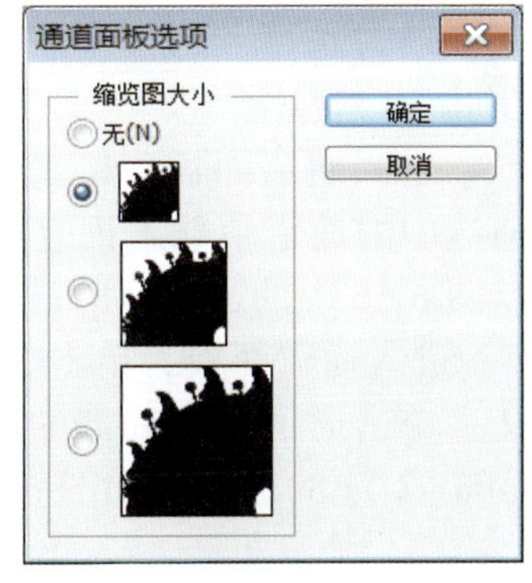

图 6.63　通道面板选项

（2）将选区存储为通道。

对于已经存在的选区，经常需要借助通道做进一步的编辑，这就必须将选区存储为通道，实现该操作的方法有两种。

方法一：选择“选择｜存储选区”菜单，具体操作在前面章节中已做过介绍，在此不再赘述。

方法二：进入“通道”面板，单击通道面板底部的“将选区存储为通道”按钮，此时将自动建立一个新的通道用来保存当前选区。

下面以一个实例来介绍选区的存储方法。在本例中将“懒羊羊”对应的选区保存到通道中，具体步骤如下。

步骤 1：打开配套素材文件 06/ 相关知识 / 懒羊羊 .jpg。

步骤 2：运用魔棒工具选中图像的白色背景，选择“选择｜反向”菜单，选中“懒羊羊”，如图 6.64 所示。

步骤 3：打开通道面板，单击通道面板底部的“将选区存储为通道”按钮 ，此时在通道面板底部生成一个名为“ Alpha1”的通道，图 6.64 中的选区即被保存到了通道 Alpha1 中，如图 6.65 所示。

图 6.64　创建选区

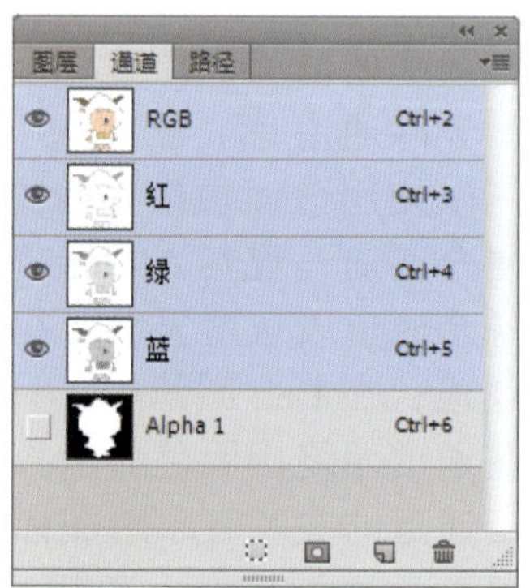

图 6.65　将选区存储为通道

（3）将通道作为选区载入。

运用通道对现有的选区进行编辑或构造出新的选区后，需要从通道中将它所对应的选区调出来加以运用，实现该操作的方法有两种。

方法一：通过选择“选择｜载入选区”菜单实现，具体的操作在前面的章节中已做过介绍，在此不再赘述。

方法二：进入通道面板，单击通道面板底部的“将通道作为选区载入”按钮 ，此时将从当前选中的通道中载入相应的选区。

下面以图 6.66 中的通道 Alpha1 为例，从该通道中载入选区的步骤如下。

步骤 1：进入通道面板，单击 Alpha1 通道，如图 6.66 所示。

步骤 2：单击通道面板底部的“将通道作为选区载入”按钮 ，此时在图像中形成与通道 Alpha1 对应的选区，如图 6.67 所示。

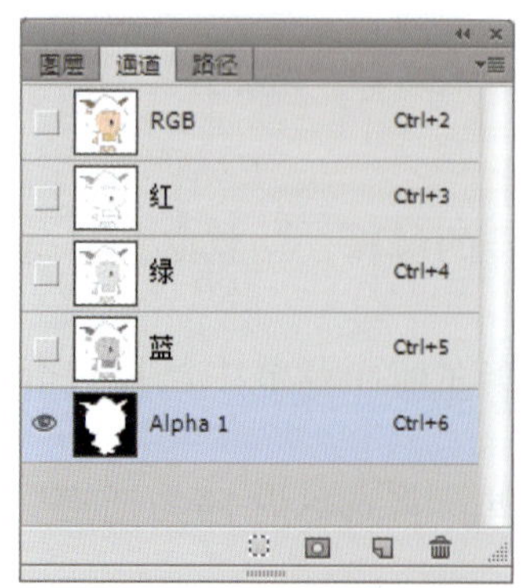

图 6.66　选中 Alpha1 通道

图 6.67　载入选区

（4）新建通道。

新建通道的方法有很多，除了前面介绍的将选区存储成新通道的方法以外，还可以在通道面板中建立新的通道，具体方法有如下两种。

方法一：单击通道面板底部的“创建新通道”按钮 ，即可按照默认参数新建一个 Alpha 通道，通道的名称按照 Alpha1、Alpha2、Alpha3……的顺序自动命名。

方法二：在通道面板菜单中选择“新建通道”命令，打开“新建通道”对话框，如图 6.68 所示。

该对话框中各选项的作用如下。

- 名称：可输入通道的名称，Photoshop 提供默认名称。
- 色彩指示：默认选中“被蒙版区域”选项，表示在新建的通道中有颜色的区域为被遮盖的范围，没有颜色的区域为选取区域。若选中“所选区域”，则正好相反。
- 颜色：单击该框将出现“拾色器”对话框，可以设置用于显示蒙版的颜色。
- 不透明度：该文本框中可输入数值 0 ～ 100，用来设置蒙版区域显示的不透明度。

（5）复制通道。

在通道的编辑过程中有可能需要备份通道，该操作可通过通道面板菜单中的“复制通道”命令或鼠标右键菜单来实现，“复制通道”对话框如图 6.69 所示。

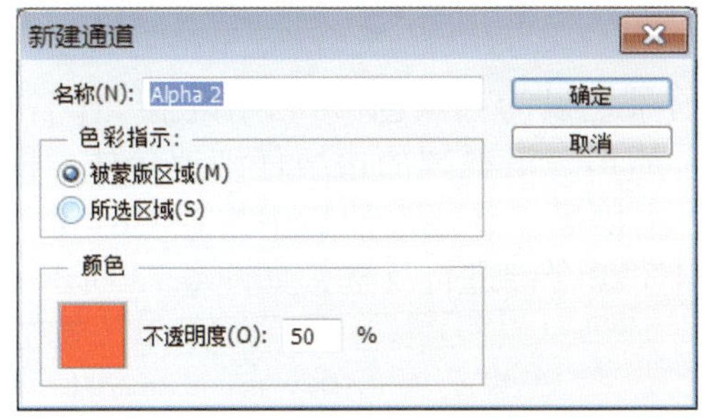

图 6.68 “新建通道”对话框

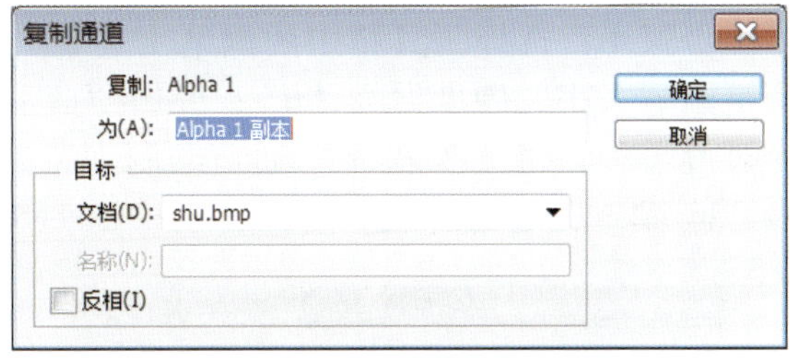

图 6.69 “复制通道”对话框

该对话框中各选项的作用如下。

- 为：该文本框用于输入复制得到的新通道的名称。
- 目标：该选项组用来设置复制通道的目标文档及复制之后是否反相。其中“文档”文本框用来选择目标文档，包括当前文档和新建文档，当选择“新建”时，“名称”文本框可用来输入目标文档的名称，而选中“反相”复选框则表示在复制形成的通道中将蒙版区域和选择区域反转。

（6）删除通道。

对于已经没有用的通道可以删除，删除通道的操作比较简单，具体方法有如下 3 种。

方法一：选中需要删除的通道，单击通道面板底部的“删除通道”按钮 即可删除。

方法二：选中需要删除的通道，单击通道面板右上角的 按钮，在弹出的菜单中选择“删除通道”命令即可删除。

方法三：选中需要删除的通道，单击鼠标右键，在弹出的菜单中选择“删除通道”命令即可删除。

6.5.3 任务实现

步骤 1：打开配套素材文件 06/ 任务 / 狐狸 .jpg，如图 6.47 左图所示。

步骤 2：打开通道面板，分别选中各单色通道，观察图像中主体与背景的对比度，如图 6.70 所示，选择对比度最高的“蓝”通道进行复制，建立“蓝 副本”通道，如图 6.71 所示。

图 6.70 选择单色通道查看图像

图 6.71 建立“蓝 副本”通道

步骤 3：选择“蓝 副本”通道，按“ Ctrl+L”组合键调整色阶，加强主体与背景的对比度，“色阶”对话框设置如图 6.72 所示。

步骤 4：选择工具箱中的画笔工具 ，将前景色设为“黑色”，利用键盘“ [ ]”键调整画笔大小，硬度设为“0”；编辑“蓝 副本”通道，沿狐狸的边缘仔细地涂抹，使边缘过渡柔和，将“蓝 副本”通道绘制为背景白、主体黑，在通道面板中按住 Ctrl 键并单击“蓝 副本”通道，载入选区，按“Ctrl+Shift+I”组合键进行反选，如图 6.73 所示。

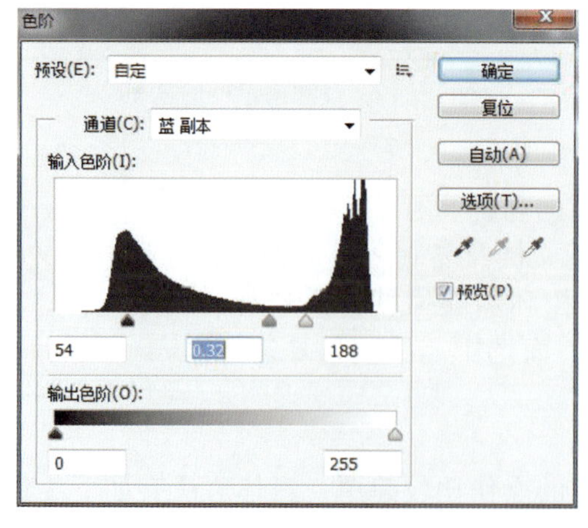

图 6.72 调整色阶

图 6.73 调整通道后的效果

步骤 5：将通道调整为“ RGB”通道可见，回到图层面板，单击矩形选框工具 ，在选项栏中单击“调整边缘”按钮，弹出对话框，选择输出到“新建带有图层蒙版的图层”，建立新图层，如图 6.74 所示，图像抠取之后的效果如图 6.75 所示。

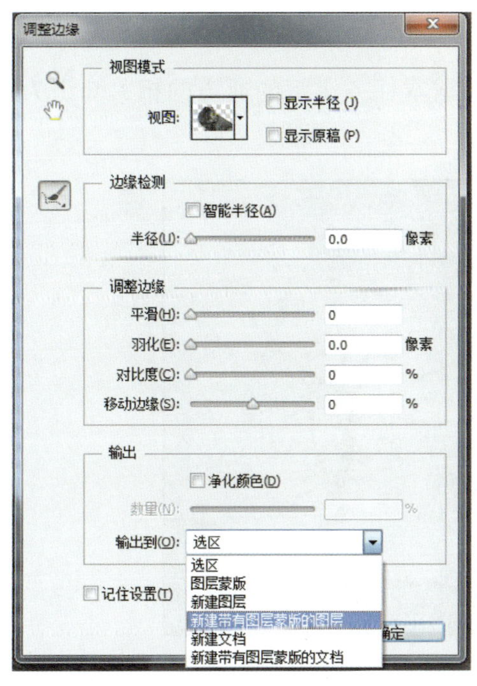

图 6.74　调整边缘

图 6.75　抠取之后的图像

步骤 6：打开配套素材文件 06/ 任务 / 森林 .jpg，选择“图像 | 图像旋转 | 水平翻转画布”菜单，复制“背景”图层，建立“背景 副本”图层，将“背景 副本”图层混合模式调整为“颜色减淡”，效果如图 6.76 所示。

图 6.76　调整背景后的效果

步骤 7：选择矩形工具 ，设置工具绘图模式为“形状”，填充设为“无颜色”，描边设为“黑色、14 点、实线”，在“背景 副本”图层上绘制矩形。在图像右上方用文字工具输入文字并适当排版，如图 6.77 所示。

步骤 8：将抽取完的狐狸所在图层复制到当前图像中，适当调整位置，最终效果如图 6.78 所示。

图 6.77　输入文字并排版

图 6.78　最终效果

6.5.4　练习实践

打开配套素材文件 06/ 练习实践 / 树 .jpg，根据本任务讲解的通道的相关知识为图像更换背景，调整前后的效果如图 6.79 所示。

图 6.79　调整前后

任务 6.6　运用滤镜工具抠图

6.6.1　任务描述

使用抽出滤镜可以轻松地将一个具有复杂边缘的对象从背景中分离出来。抽出滤镜常用于精确选取人的头发、动物的毛及其他具有纤细边缘的对象。本任务通过运用抽出滤镜抽出半透明的婚纱，再配合“图层蒙版”实现去除图像背景的效果，调整前后的效果对比如图 6.80 所示。

图 6.80　调整前后

需要特别强调的是，使用抽出滤镜后会直接删除图片上被抠取部分以外的像素，为了安全起见，最好在使用抽出滤镜前复制图层，以保留原始图像信息。

6.6.2 相关知识

抽出滤镜

选择“滤镜 | 抽出”菜单或按“Alt+Ctrl+X”组合键，弹出“抽出”对话框，如图 6.81 所示。

图 6.81 “抽出”对话框

该对话框的左边是工具箱，各个工具的功能如下。

- 边缘高光器工具：用于标示需要选择的区域。
- 填充工具：用于填充选择的区域。
- 橡皮擦工具：用于擦除高亮显示的区域。
- 吸管工具：用于拾取需要在图像中保留的颜色。
- 清除工具：用于使蒙版变为透明。
- 边缘修饰工具：用于修饰图像的边缘。
- 缩放工具：用于对图像进行放大和缩小。
- 抓手工具：用于移动图像，使图像中需要的部分显示出来。

该对话框的中间是预览图，右面是参数设置区，各参数的作用如下。

- 画笔大小：用于设定所选工具的笔触大小。
- 高光：用于设定选择边缘高光器工具绘制时的画笔颜色。
- 填充：用于设定填充的颜色。
- 智能高光显示：用于提高抽出对象的效率，能够自动捕捉对比最鲜明的边缘。
- 带纹理的图像：如果图像的前景或背景包含大量纹理，需选择此选项。
- 平滑：用于调整抽出后的图像的平滑度。通常，为避免不必要的模糊处理，最好设置为 0 或一个较小的数值。

- 通道：如果图像存在通道，在此选择通道的名称。
- 强制前景：此选项可以设置前景色。当需要强调抠取某一对象的颜色时，如发丝、羽毛、透明的纱等，就要用到该选项。方法是把“强制前景”设置为该对象的颜色，可以用吸管工具来提取颜色。

实际上，抽出就是制作选区，把选区内的颜色提取出来。运用抽出滤镜为图片更换背景有单色抠取和全色抠取两种方式。下面通过实例来分别加以说明。

（1）单色抠取。

步骤 1：打开配套素材文件 06/ 相关知识 / 窗花 .jpg，如图 6.82 所示。

步骤 2：复制“背景”图层，得到“背景 副本”图层。

步骤 3：单击“背景 副本”图层，选择“滤镜｜抽出”菜单，勾选“强制前景”选项，颜色设置为图 6.83 光标所在处的颜色，即红色。用边缘高光器工具 按图 6.84 所示进行涂抹。

图 6.82　原图效果

图 6.83　强制前景色图

步骤 4：单击“确定”按钮，可看到抽出后的效果，如图 6.85 所示。

图 6.84　设置抽出范围

图 6.85　抽出效果

（2）全色抠取。

步骤 1：打开配套素材文件 06/ 相关知识 / 狗狗 .jpg，如图 6.86 所示。

步骤 2：选择“滤镜｜抽出”菜单，弹出“抽出”对话框，如图 6.87 所示。

步骤 3：在工具选项中设置“画笔大小”为“20”，“高光”为“绿色”，“填充”为“蓝色”，在预览中勾选“显示高光”和“显示填充”，设置好相关参数后，运用边缘高光器工具 沿图像的轮廓勾画一个闭合的边缘高光线，如图 6.88 所示。

图 6.86　原始效果与最终效果

图 6.87　“抽出”对话框

步骤 4：使用填充工具 在画笔勾画出的封闭线条中单击以填充实色，从而定义出需要抽出的图像区域，如图 6.89 所示。

图 6.88　勾画图像的边缘

图 6.89　填充保留区域

步骤 5：单击“预览”按钮查看抽出的效果，如图 6.90 所示。

图 6.90　预览抽出效果

步骤 6：单击“确定”按钮，完成抽出，最终效果如图 6.86 右图所示。

由此可见，单色抠取与全色抠取的区别在于前者要勾选“强制前景”选项，并设置要抠取的颜色，而后者则不需要。

6.6.3　任务实现

步骤 1：打开配套素材文件 06/ 实例 / 婚纱 .jpg，如图 6.80 左图所示。

步骤 2：复制“背景”图层两次，分别得到“背景 副本”和“背景 副本 2”图层。其中“背景 副本”图层通过抽出命令得到半透明婚纱，“背景 副本 2”图层用来保留人物不透明的部分。

步骤 3：选中“背景 副本”图层，选择“滤镜｜抽出”菜单，打开如图 6.91 所示的对话框。

图 6.91　“抽出”对话框

步骤 4：勾选对话框右侧的“强制前景”复选框，单击左侧的吸管工具 ，在图 6.92 中光标所在的位置单击，设置抽出颜色为“白色”。

步骤 5：单击边缘高光器工具 ，在工具选项栏调整“画笔大小”为“50”。然后在要抠出的人像上涂抹，注意婚纱要全部涂抹到，涂抹效果如图 6.93 所示。

图 6.92　吸取颜色

图 6.93　涂抹人像

步骤 6：单击“预览”按钮，预览效果，如图 6.94 所示。

步骤 7：单击“确定”按钮，透明婚纱部分已经抠出来了。此时的图层面板如图 6.95 所示。

图 6.94　预览抽出效果

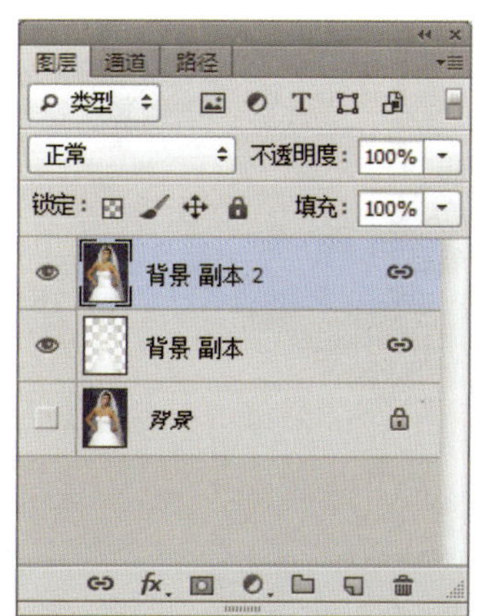

图 6.95　抽出操作后的图层面板

步骤 8：单击“背景 副本 2”图层，选择磁性套索工具 ，沿着人物的主体轮廓勾勒，创建人物的主体选区，效果如图 6.96 所示。

步骤 9：单击图层面板底部的“添加图层蒙版”按钮，将选区以外的部分隐藏，此时图像效果如图 6.97 所示。

图 6.96　创建人物主体选区

图 6.97　添加蒙版后的效果

步骤 10：为人物添加新背景。选择一个素材文件并打开，将其拖动到“背景 副本”图层的下方，最终效果示意如图 6.80 右图所示。

6.6.4　练习实践

打开配套素材文件 06/ 练习实践 / 婚纱 .jpg，根据本任务讲解的知识运用抽出滤镜将图像中的透明婚纱抽取出来，并为图像更换背景，调整前后的效果如图 6.98 所示。

图 6.98　调整前后

第 7 单元

自动处理应用

教学目标

- 熟悉动作的各种基本操作。
- 掌握自定义动作的方法。
- 掌握各种批量处理命令的应用。
- 掌握图片批量处理的方法和技巧。

课前导读

在处理图片的过程中，经常会碰到需要将大量图片统一大小、统一格式的情况，如果一张张处理则效率很低，而借助 Photoshop 中的“动作”和“批处理”可以实现自动化处理，大大减少工作量、提高工作效率。Photoshop 所提供的动作功能可以将一系列命令组合起来，执行这个单独的动作就相当于执行了这一系列的命令，从而使执行多个命令的过程自动化，如批量加水印、批量加画框、批量裁剪、批量修改大小、批量设置文件格式等，从而大大简化重复性操作。本单元通过两个典型的任务来介绍运用“动作”及“批处理”命令快速批量编辑图片的方法。

任务 7.1　批量处理图片大小

7.1.1　任务描述

旅游时照了很多珍贵的照片，存放在自己的相机中，想与朋友分享，可是多为 2 048 像素 ×1 536 像素或者尺寸更大的照片，每张都有 1MB 以上，这样的照片无法上传到自己的博客中（博客要求每张图片的大小不能超过 300KB，宽度超过 550 像素时也无法全部显示）。本任务将通过自定义动作对图 7.1 所示的大量原始图像的大小进行调整，实现批量处理。具体要求：将待处理文件夹中的所有图片调整成宽度 320 像素、高度 240 像素，效果如图 7.2 所示。

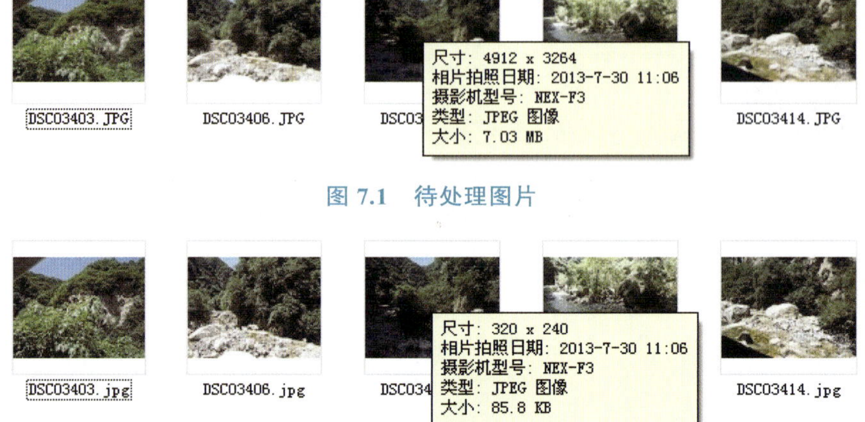

图 7.1　待处理图片

图 7.2　处理完成的图片

7.1.2　相关知识

1. 动作

动作是指在单个或一批文件上执行一系列命令，是 Photoshop 中的一种能够自动完成多个命令的功能。可以将一系列的命令组合为单个动作，从而简化任务，提高工作效率。动作的自动化功能非常强大，可以将常用的编辑功能录制成一个动作，然后反复使用；另外，它还可以借助“批处理”功能将需要进行同一操作的大批量图形文件交给计算机自动处理。比如，要将一万幅 RGB 格式的图像全部进行去色处理，若逐一操作，每一幅图像都需要经过打开、转化、保存和关闭 4 步，那么一万幅就需要四万步，需耗费大量的时间和精力，如果使用“批处理”功能进行转换，用户只需执行一次操作，Photoshop 就会自动执行打开、转化、保存和关闭操作，直至将全部图像转换完成。

2. 动作面板

动作面板用于记录、播放、编辑和删除动作，也可以进行存储、载入和替换动作等操作。

如果在 Photoshop 主界面上没有显示动作面板，选择“窗口 | 动作”菜单或者按“Alt+F9”组合键即可显示，如图 7.3 所示。

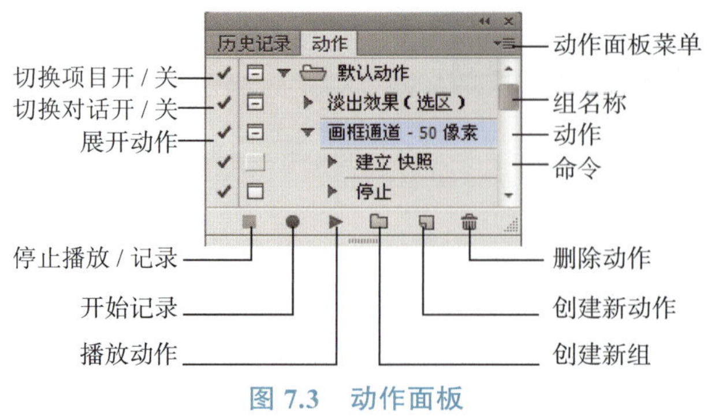

图 7.3　动作面板

各个工具的功能如下。

● 切换项目开 / 关 ✔：当按钮显示 ✔ 图标时，表示该组中的动作或命令可以正常执行；当按钮没有显示 图标时，则该组中的所有动作都不能执行；当按钮显示的 图标为红色时，则该组中的部分动作或命令不能执行。

- 切换对话开 / 关 ：当按钮显示 图标时，在执行动作的过程中，会在打开对话框时暂停，单击“确定”按钮后才能继续；当按钮没有显示 图标时，Photoshop 就会按动作中的设定逐一执行下去，直到动作执行完成；当按钮显示的 图标为红色时，表示文件夹中只有部分动作或命令设置了暂停操作。
- 展开动作 ：单击此按钮可以展开文件夹中的所有动作。
- 停止播放 / 记录 ：可停止当前的录制操作，此按钮只有在录制动作按钮被按下时才可以使用。
- 开始记录 ：可录制一个新的动作，当处于录制过程中时，该按钮为红色。
- 播放动作 ：可执行当前选定的动作。
- 新建组 ：建立一个新的动作组，用来存放一些新的动作。
- 新建动作 ：建立一个新的动作，新建的动作将出现在当前选定的文件夹中。
- 删除动作 ：将当前选定的动作或文件夹删除。
- 动作面板菜单 ：可以打开动作面板菜单并执行其中的命令，包括“按钮模式”“新建动作”“新建组”“复制”“删除”“播放”“开始记录”“再次记录”“插入菜单项目”“插入停止”“插入路径”“动作选项”“回放选项”“清除全部动作”“复位动作”“载入动作”“替换动作”“存储动作”以及显示一些 Photoshop 预设的动作文件夹名称，如图 7.4 所示。
- 按钮模式：执行该命令，可以将动作切换为按钮状态，如图 7.5 所示。再次执行该命令，可以切换到普通显示状态。
- 组名称：显示当前文件夹的名称。文件夹里面是一个动作的集合，包含了很多个动作，默认设置下为一个（默认动作）文件夹。
- 动作：显示当前动作的名称。
- 命令：显示当前一步命令的名称。

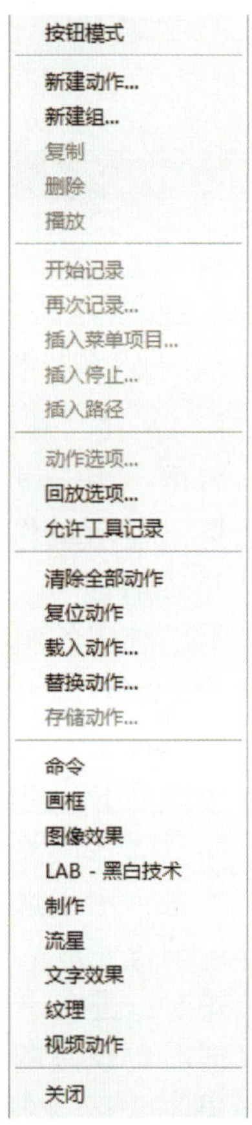

图 7.4　动作面板菜单

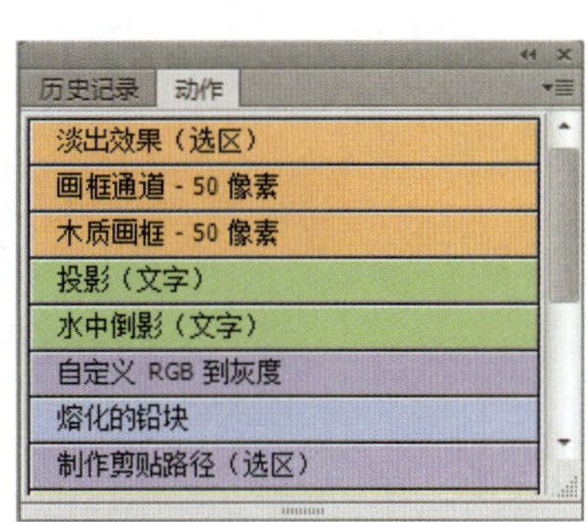

图 7.5　“按钮模式”对话框

3. 动作的基本操作

（1）创建并记录动作。

动作面板可以执行录制的大多数的操作命令，如渐变、选框、裁剪、套索、直线、移动、魔术棒、文字工具、色彩填充以及路径、通道、图层、历史记录面板等。但是并非所有的操作命令都能被录制成动作，也有少数特殊的操作命令不能被录制，例如，绘画和色调工具、视图命令、工具选项以及预置等都不能被录制。

创建动作时，Photoshop 将按照使用命令和工具（包含设定的参数）的顺序记录操作和命令。

下面将详细介绍如何创建一个新动作。

步骤 1：单击动作面板中的“创建新组”按钮或执行动作面板菜单中的“新建组”命令，打开“新建组”对话框，如图 7.6 所示。在“名称”文本框中设定新组的名称，单击“确定”按钮。建立该组后便可以和 Photoshop 自带的动作相区分。若要更改新建组的名称，双击该组名称即可。

步骤 2：打开任意一个图片文件，用于在以下操作中进行动作录制。

步骤 3：执行动作面板菜单中的“新建动作”命令，打开如图 7.7 所示的对话框。

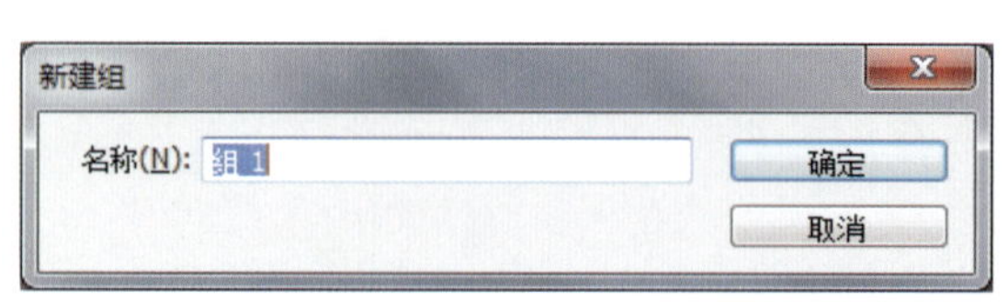

图 7.6 “新建组”对话框

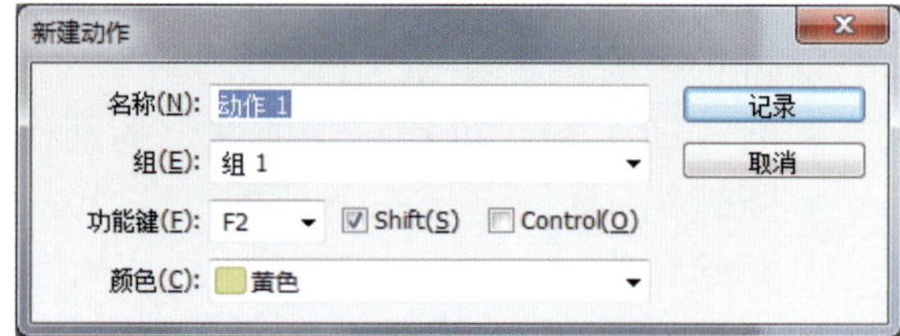

图 7.7 “新建动作”对话框

步骤 4：在“新建动作”对话框中可以进行各种设置，各项参数功能如下。

- 名称：用于设置新动作的名称。
- 组：显示动作面板中的所有文件夹，打开下拉工具列表即可进行选择。如果在打开对话框时，已经选定了组，那么打开对话框后，在“序列”列表框中将自动显示已选定的组。
- 功能键：用于设定新建动作并使其执行的快捷键。有 F2 ～ F12 共 11 种快捷键，当选择了其中的一项后，其右边的“Shift”与“Control”复选框将会被置亮，这样三者相互组合便可以产生 44 种快捷键。通常，用户不需要打开列表框来选择，而只需在键盘上按下设定的快捷键，对话框中就会出现相应的选择结果。
- 颜色：用于选择动作的颜色，该颜色会在“按钮模式”的动作面板中显示出来。

参数设置完成后，单击“记录”按钮，即可进入命令录制状态。

步骤 5：进入录制状态后，“记录”按钮呈按下状态，且以红色显示，如图 7.8 所示。接下来把需要录制的动作按顺序逐一操作一遍，Photoshop 就会将这一过程录制下来。注意，如果不需要录制“打开”动作，必须在打开图像后再开始录制，否则 Photoshop 会将“打开”这一步操作也记录下来。

步骤 6：录制完成后单击“停止播放 / 记录”按钮停止录制，图 7.9 所示为录制完成的状态。

图 7.8 录制状态

图 7.9 录制完成状态

（2）插入菜单项目。

对于不能被录制的命令，用户可以在录制的过程中或者在录制动作完成后，将其插入到动作面板中。

执行动作面板菜单中的“插入菜单项目”命令就可以在选中的动作中插入想要执行的动作命令。执行该命令后会打开如图 7.10 所示的“插入菜单项目”对话框。在菜单中单击来指定命令，被指定的命令将出现在“菜单项”的后面，设定后单击“确定”按钮即可将命令插入到动作中去。

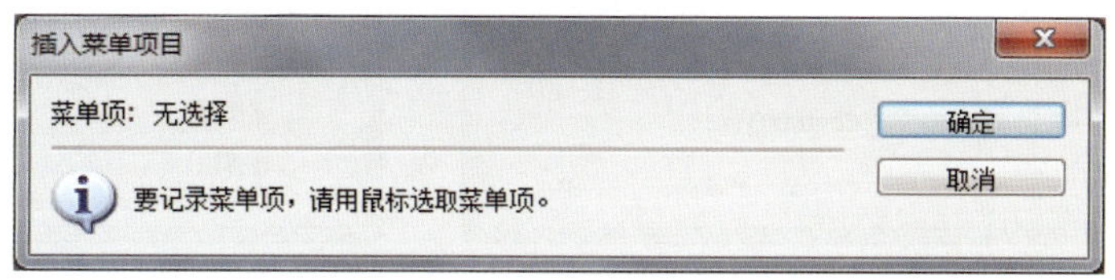

图 7.10 “插入菜单项目”对话框

（3）插入停止命令。

如果用户希望在执行动作时加入一些动作无法录制的操作步骤或者查看当前的工作进度，就需要选取“插入停止”命令。

选取要插入停止的位置，单击动作面板菜单中的“插入停止”命令即可在动作中插入一个暂停设置。在录制动作时，对于不能被记录的命令，如果插入了停止命令，就可以在执行动作时停留在这一步操作上，以便进行手动操作，待这些操作完成后再继续执行动作命令。

在动作面板菜单中选择“插入停止”命令后会打开图 7.11 所示的“记录停止”对话框，可以在“信息”文本框中键入文本内容，动作运行到停止命令时就会打开信息提示框，而该提示框中便显示设定的文本内容。

（4）插入路径命令。

由于在记录动作时不能同时记录绘制路径的操作。因此 Photoshop 提供了一种专门在动作中插入路径的命令。先在路径面板中选定要插入的路径名，然后在动作面板中指定要插入的位置，最后在动作面板菜单中选择“插入路径”命令，即可在动作中插入一个路径，如图 7.12 所示。当用户回放该动作时，工作路径即被设置为所记录的路径。如果当前图像中不存在路径，则“插入路径”命令不可用。

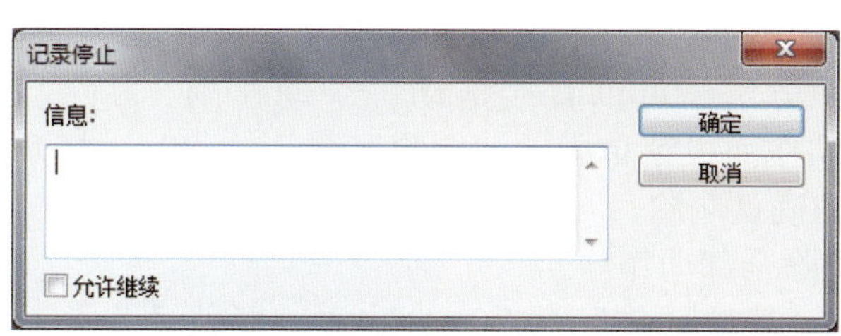

图 7.11 “记录停止”对话框

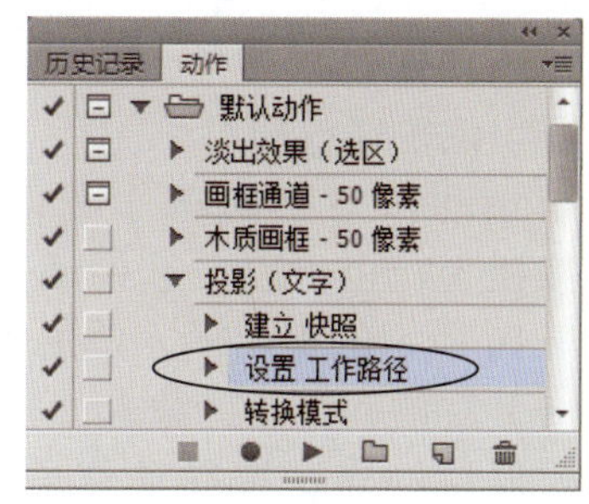

图 7.12 在动作中插入路径

（5）动作选项。

“动作选项”功能可用于帮助用户修改动作的名称、功能键、颜色等属性。选中需要修改的动作后，执行动作面板菜单中的“动作选项”命令，打开如图 7.13 所示的“动作选项”对话框，便可更改名称、功能键或者动作按钮的显示颜色，更改完成后单击“确定”按钮。

（6）回放选项。

“回放选项”对话框如图 7.14 所示，其中的各选项的作用如下。

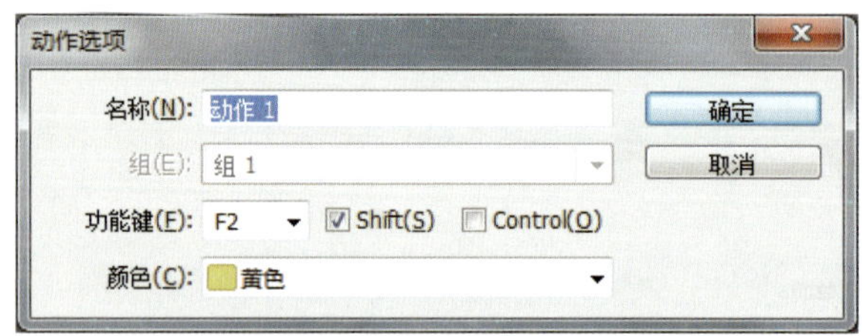

图 7.13 “动作选项”对话框

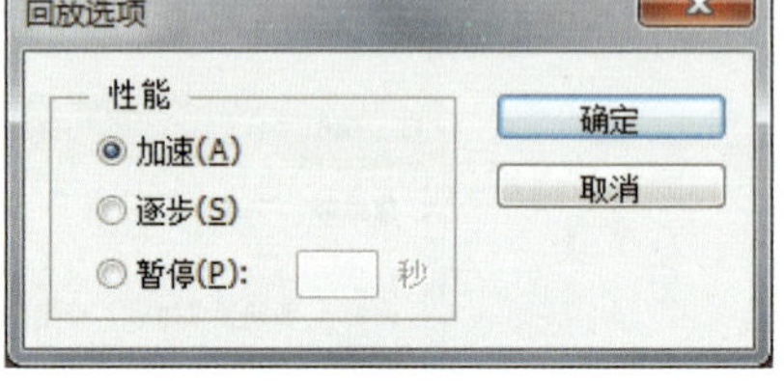

图 7.14 “回放选项”对话框

- 加速：默认设置，以正常速度播放动作。
- 逐步：顺序完成每个命令并重绘图像，再执行下一个命令。
- 暂停：顺序输入执行各个命令后的暂停时间，暂停时间由其后的文本框设置的数值决定，数值的变化范围是 1 ～ 60 秒。

（7）播放动作。

动作创建之后，用户可以对要进行相同操作的另一幅图像播放。执行动作时，系统将按照记录的顺序执行一系列的命令，执行方法有以下几种。

- 选中要执行的动作，单击动作面板上的“播放选定的动作”按钮，如图 7.15 所示，或者选择动作面板菜单中的“播放”命令。
  在按钮模式下，只需单击动作按钮即可。
- 若此动作设置了组合键，可直接按组合键来快速执行。例如前面创建的形状模糊动作，只需按“Shift+F2”组合键即可。

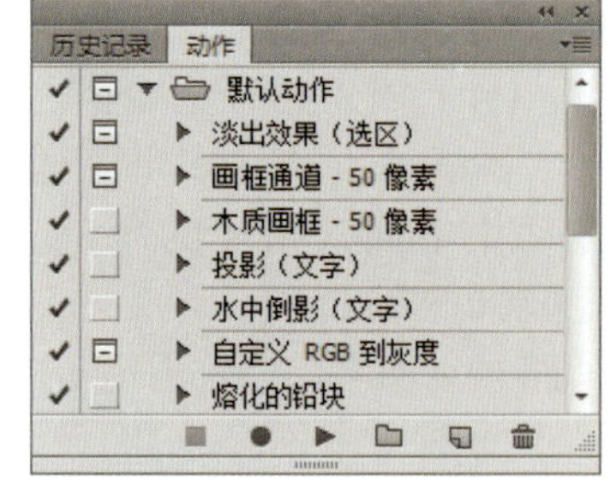

图 7.15 执行动作

（8）复制、移动、删除动作。

复制动作有两种操作方法，可以直接拖动一个动作到“创建新动作”按钮上；也可以在选中动作后，单击动作面板菜单中的“复制”命令。

移动动作比较简单，只需选中需要移动的动作，拖动至适当位置释放即可。

删除动作与复制动作类似，也有两种方法，可以直接拖动一个动作到“删除动作”按钮上；也可以在选中动作后，单击动作面板菜单中的“删除”命令，此时会打开如图 7.16 所示的提示框，单击“确定”按钮确认删除。

（9）复位、存储、载入、替换动作，清除全部动作。

- 复位动作：选择动作面板菜单中的“复位动作”命令，会出现“复位动作”对话框，单击“确定”按钮，即可用预先设置的动作替换当前窗口内的动作。如

图 7.17 所示。若单击“追加”按钮，可将预先设置的动作追加到当前的动作面板中。

图 7.16 “删除动作”提示框

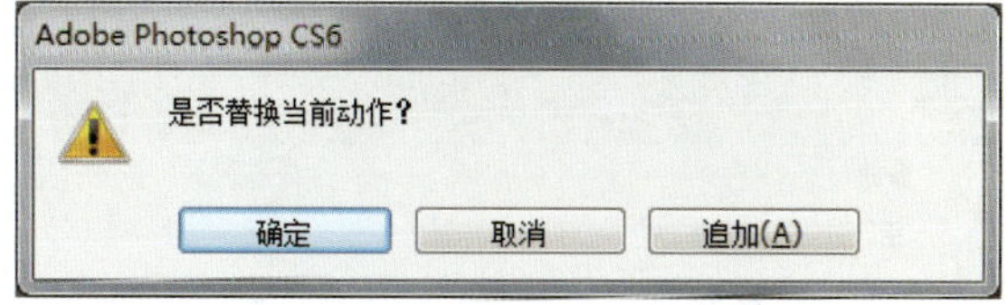

图 7.17 “复位动作”提示框

- 存储动作：用户可将自定义的动作存储起来。先选取某个想要存储的动作集，再从动作面板菜单中选择“存储动作”命令，选择“Program Files\Adobe\Adobe Photoshop CS6\Presets\Actions”文件夹，输入文件的名称，单击“存储”按钮即可，保存后的文件扩展名为“.ATN”。
- 载入动作：如果要将已存储的动作集再次载入并且播放，从动作面板菜单中选择“载入动作”命令，在打开的对话框上选择要载入的动作集即可。
- 替换动作：如果要替换动作面板上的动作集，从动作面板菜单中选择“替换动作”命令即可。
- 清除全部动作：如果要将动作面板上所有的动作集清除，直接从动作面板菜单中选择“清除所有动作”命令即可。

4. 批处理

Photoshop 提供的“批处理”命令允许用户对一个文件夹内的所有文件和子文件夹批量输入并且自动执行动作，从而大幅度提高用户处理图像的效率。比如，用户要把某个文件夹内的所有图像的文本颜色模式转换为另一种颜色模式，那么就可以使用“批处理”命令成批地进行各图像文件的颜色模式转换。

在使用“批处理”命令之前，用户需要将要进行批处理的所有文件放在同一个文件夹内，如果需要将批处理后的文件存储在新的位置，则还需要建立一个新文件夹。

选择“文件 | 自动 | 批处理”菜单，打开如图 7.18 所示的对话框。下面将详细介绍该对话框中的各项功能。

- 组：用于显示“动作”调板中的所有动作组，打开该列表框即可进行选择。
- 动作：用于显示在序列列表框中选定的动作组中的所有动作。
- 源：用于指定图片的来源，当选择“文件夹”选项时，从中可以指定图片文件夹的路径。

在“选择”按钮下面有 4 个复选框，均是为“文件夹”选项设置的。

- ➢“覆盖动作中的‘打开’命令”复选框：在指定的动作中，若包含“打开”命令，在进行批处理操作时，就会自动跳过该命令。
- ➢“包含所有子文件夹”复选框：指定的文件夹中若包含子文件夹，也会一并执行批处理动作。
- ➢“禁止显示文件打开选项对话框”复选框：表示在执行批处理操作时不打开文件选项对话框。

➢ “禁止颜色配置文件警告”复选框：表示打开的文件的色彩与原来定义的不同时，不打开提示对话框。

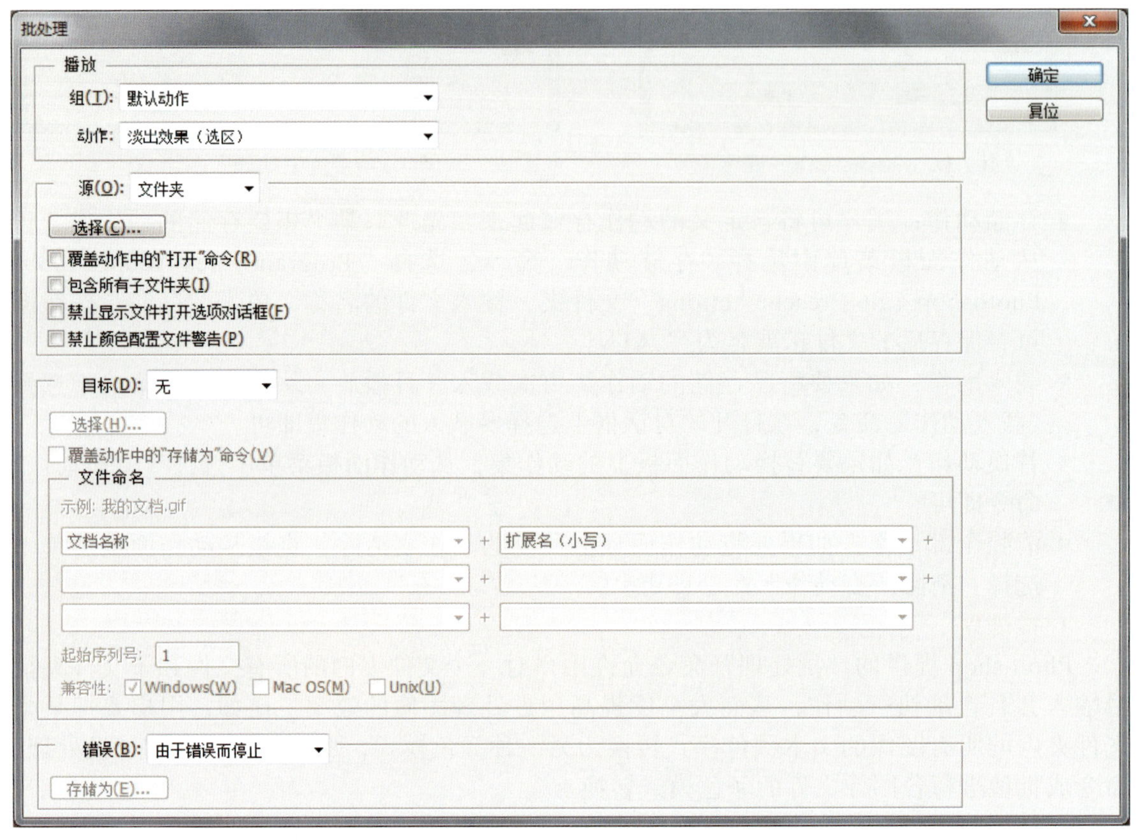

图 7.18 “批处理”对话框

当在“源”列表框中选择“导入”选项时，“批处理”对话框会有一些变化，此时可以在“自”列表框中设定扫描来源。

- 目标：用于设定执行完动作后文件保存的位置。
  - ➢ 当选择“无”选项时，表示不保存。使用批处理命令选项保存文件时，总是将文件保存为与原文件相同的格式。如果想通过批处理命令将文件保存为新的格式，则需在录制的过程中，记录“保存为”或“保存副本”命令，并记录“关闭”命令作为原动作的一部分。然后，在设置批处理时对目标选取“无”即可。
  - ➢ 当选择“存储并关闭”选项时，表示执行批处理命令后的文件以原文件名保存后关闭。
  - ➢ 当选择“文件夹”选项时，表示将处理后生成的目标文件保存到指定的文件夹里，单击下面的“选择”按钮，可以选择目标文件所在的文件夹。
  - ➢ 当选中“覆盖动作中的‘存储为’命令”时，可以确保进行批处理操作后，文件被保存在指定的目标文件夹内，而不会保存到使用“保存为”或“保存副本”命令来记录的位置。

- 错误：用于指定批处理过程中产生错误时的操作。
  - 当选择“由于错误而停止”选项时，则在批处理的过程中出现错误时会弹出错误提示信息，与此同时中止动作。
  - 当选择了“将错误记录到文件”选项时，则在批处理的过程中出现错误时，动作继续往下执行，不过 Photoshop 会把出现的错误记录下来，并保存到文件夹中。

设置完毕，单击“确定”按钮即可进行批处理操作。当执行“批处理”命令时，如想要中止，按 Esc 键即可。用户也可以将“批处理”命令录制到动作中，这样可以将多个动作组合到一个动作中，从而一次性执行多个动作。

7.1.3 任务实现

步骤 1：先准备两个文件夹，一个用来存放将要处理的图片；另一个用来存放处理好的图片。

步骤 2：在 Photoshop 中打开配套素材文件 07/ 任务 / 等待处理 /DSC03403.jpg，选择“图像 | 图像大小”菜单，查看到该图片当前大小为宽 4 912 像素、高 3 264 像素。

步骤 3：在动作面板中，单击底部的“创建新组”按钮，创建一个新组，如图 7.19 所示。

步骤 4：在动作面板中，选择“组 1”组，单击底部的“创建新动作”按钮，创建一个新动作，设置“名称”为“批量修改图片大小”、“组”为“组 1”、“功能键”为“F2”、“颜色”为“红色”，如图 7.20 所示，单击“记录”按钮即可开始录制后续的所有操作。

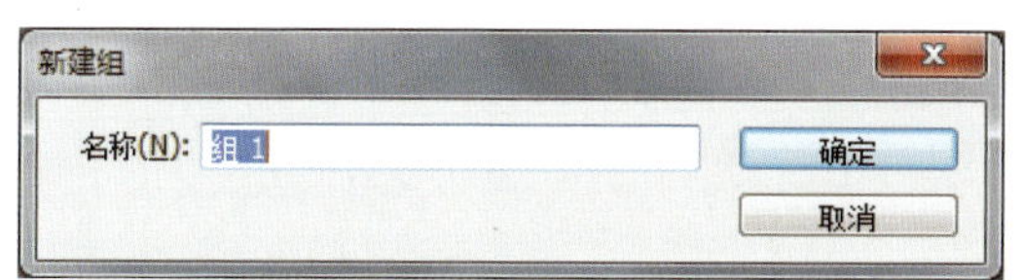

图 7.19 “新建组”对话框

图 7.20 “新建动作”对话框

步骤 5：选择“图像 | 图像大小”菜单，打开“图像大小”对话框，取消勾选“约束比例”，设置“宽度”为“320 像素”、“高度”为“240 像素”，如图 7.21 所示，单击“确定”按钮。

步骤 6：选择“文件 | 存储为”菜单，打开“存储为”对话框，为文件命名，单击“保存”按钮，打开“JPEG 选项”对话框，设置“品质”参数，如图 7.22 所示，单击“确定”按钮。

步骤 7：关闭打开的图片文件，此时在动作面板中，可以看到所做的每一个步骤都已经被记录下来了，如图 7.23 所示。单击面板底部的“停止 / 播放记录”按钮来停止动作的录制。

步骤 8：至此，已经完成了一张图片的大小调整，并利用动作记录将所有的步骤录制下来，下面就可以运用刚刚录制完成的动作批量处理图片了。

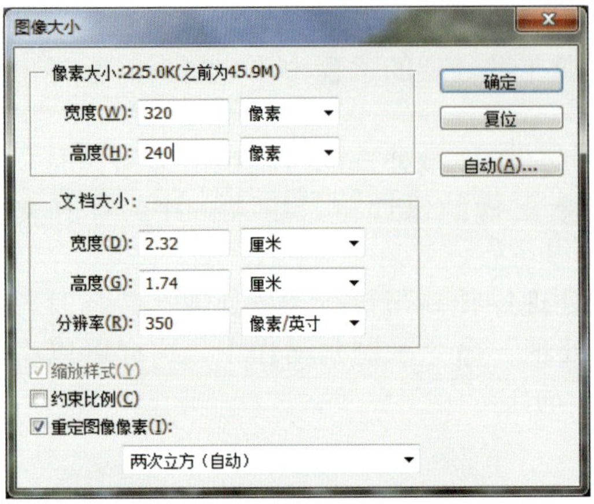

图 7.21 “图像大小”对话框

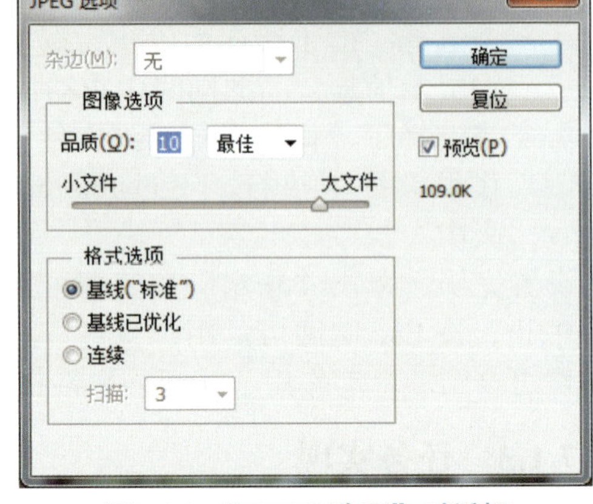

图 7.22 “JPEG 选项”对话框

步骤 9：选择“文件 | 自动 | 批处理”菜单，打开“批处理”对话框，如图 7.24 所示。

步骤 10：在“批处理”对话框中，选择“组”为“组 1”、“动作”为“批量修改图片大小”、“源”为“文件夹”、“目标”为“文件夹”，单击“源”下面的“选择”按钮，指定需要处理的图片所在的文件夹，单击“目标”下面的“选择”按钮，指定处理后的图片所存放的文件夹，设置完成后，单击“确定”按钮即可自动批处理源文件夹中的所有图片文件。

图 7.23 动作面板

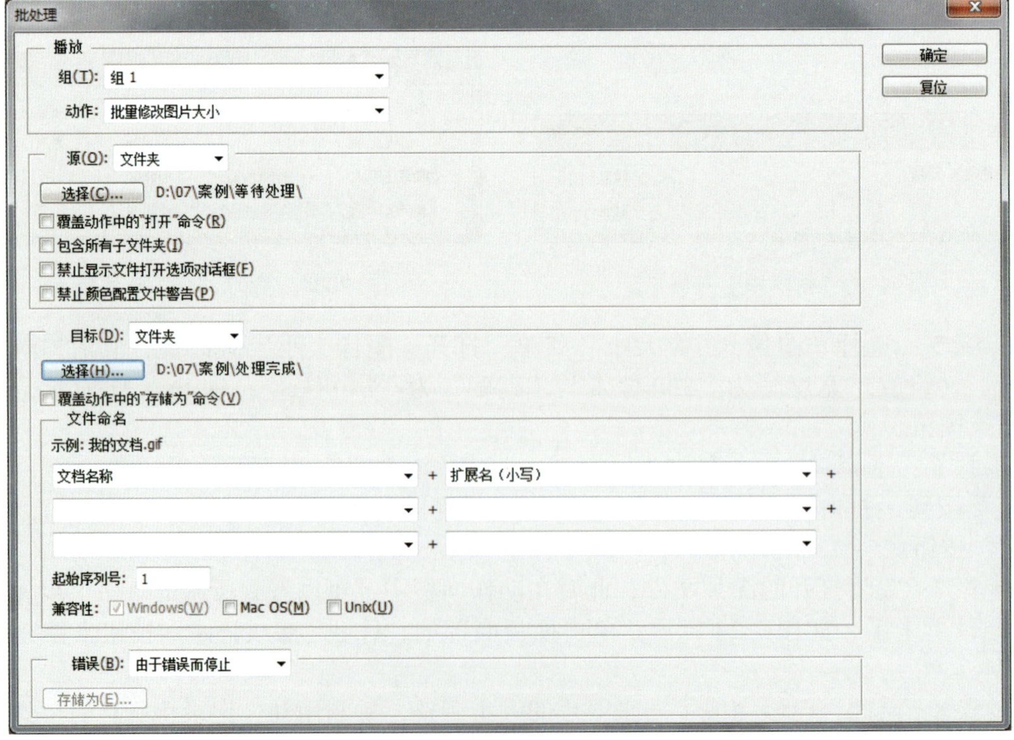

图 7.24 “批处理”对话框

7.1.4 练习实践

（1）在动作面板中载入预设的“图像效果”动作组，运用“仿旧照片”动作为配套素材 07/ 练习实践 / 等待处理文件夹中的所有图片加上如图 7.25 所示的效果。

（2）在动作面板中录制新动作，为配套素材 07/ 练习实践 / 等待处理文件夹中的所有图片加上如图 7.26 所示的暴风雪效果。

图 7.25 仿旧照片效果

图 7.26 暴风雪效果

任务 7.2 自动添加水印

7.2.1 任务描述

若要批量给上传到网上的图片添加版权信息，如在图片右下角加上水印，可通过动作面板、创建快捷批处理来实现。创建快捷批处理之后，可在不打开 Photoshop 软件的情况下实现图片的批量处理。

7.2.2 相关知识

创建快捷批处理

快捷批处理实际上是一个包含动作命令的应用程序。建立快捷批处理图标后，只要将图像或文件夹拖动到该图标上，即可对其进行自动处理。

选择“文件 | 自动 | 创建快捷批处理”菜单，打开“创建快捷批处理”对话框，如图 7.27 所示。

可单击“将快捷批处理存储为”中的“选择”按钮，指定存储快捷批处理的位置及名称，其余选项的设置方法与“批处理”对话框中的基本相同，这里不再赘述。

创建完成后，快捷批处理的图标会出现在指定的文件夹中。快捷批处理的特点是用户不必打开 Photoshop 软件就可以对需要处理的图像进行批处理。

7.2.3 任务实现

步骤 1：首先准备两个文件夹，其中一个命名为“原始图片”，用于存放待处理的图片，另一个命名为“水印图片”，用来存放添加水印之后的图片。在 Photoshop 中打开配套素材文件 07/ 任务 / 原始图片 /09.jpg，如图 7.28 所示。

创建快捷批处理

将快捷批处理存储为

选择(C)... D:\07\案例\水印.exe

确定

复位

播放

组(T): 默认动作

动作: 批量水印图片

覆盖动作中的"打开"命令(R)

包含所有子文件夹(I)

禁止显示文件打开选项对话框(F)

禁止颜色配置文件警告(P)

目标(D): 文件夹

选择(H)... D:\07\案例\水印图片\

覆盖动作中的"存储为"命令(V)

文件命名

示例: 我的文档.gif

文档名称 + 扩展名（小写） +

起始序列号: 1

兼容性: Windows(W) Mac OS(M) Unix(U)

错误(B): 由于错误而停止

存储为(S)...

图 7.27 “创建快捷批处理”对话框

图 7.28 原始图片

步骤 2：在动作面板中单击“创建新动作”按钮，打开“新建动作”对话框，如图 7.29 所示，在“名称”栏中输入“批量水印”，然后单击“记录”按钮开始记录动作。

步骤 3：在工具箱中选择横排文字工具，设置字体为“微软雅黑”、字号为“24 点”、颜色为“#2400ff”，在图片的右下角输入文字“宝宝 三周啦！”，设置文字图层的“混合模式”为“强光”，图层面板如图 7.30 所示，文字效果如图 7.31 所示。

图 7.29 “新建动作”对话框

图 7.30 图层面板

图 7.31 文字效果

步骤 4：选择“文件 | 存储为”菜单，将文件保存到“水印图片”文件夹，保存类型为“JPEG”。

步骤 5：返回动作面板，单击“停止播放 / 记录”按钮停止记录，关闭当前图片文件。

步骤 6：选择“文件 | 自动 | 创建快捷批处理”菜单，打开“创建快捷批处理”对话框。在“将快捷批处理存储为”中单击“选择”按钮，选择快捷批处理的保存位置，输入文件名“水印 .exe”；在“播放”中设置“组”为“水印”、“动作”为“批量水印”，该动作是刚才创建的动作；在“目标”下拉列表中选择“文件夹”，单击其下的“选择”按钮，并在打开的对话框中选择“水印图片”文件夹，将其下面的复选框“覆盖动作中的‘存储为’命令”选中，单击“确定”按钮。

步骤 7：将“原始图片”文件夹拖放到快捷批处理文件“水印 .exe”上方，即可自动处理“原始图片”文件夹中所有的图片，并在“水印图片”文件夹中生成对应的水印图片，如图 7.32 所示。

水印图片　原始图片　水印.exe

图 7.32 生成的文件

7.2.4 练习实践

创建快捷批处理文件，要求能给一批自然风景图片加上画框效果，如图 7.33 所示。

图 7.33 画框效果

第 8 单元

综合设计应用

教学目标

- 掌握产品广告设计的一般思路和方法。
- 掌握实物模型设计的一般思路和方法。

课前导读

前面各单元分别根据不同的应用情况，结合具体的任务，对各种工具、面板、菜单命令的基本操作方法及技巧进行了介绍，本单元将以两种典型的设计为例，介绍如何综合运用 Photoshop 中各种功能完成复杂作品的设计。

任务 8.1 防晒霜广告

8.1.1 任务描述

本任务为防晒霜产品广告设计，需要综合运用色彩调整、滤镜、路径、通道等知识，是一个具有很强的实用性的综合性任务。广告设计的最终效果如图 8.1 所示。

8.1.2 任务实现

步骤 1：新建文件，名称为“防晒霜广告”，大小为“370 像素 ×570 像素”，分辨率为“72 像素 / 英寸”，颜色模式为“RGB 模式”。

步骤 2：打开配套素材文件 08/ 任务 / 皮肤素材 .jpg，如 8.2 所示，利用移动工具将其移至“防晒霜广告”文件中，生成新的图层并改名为“人物斑点”，然后将人物调整至合适位置，如图 8.3 所示。

步骤 3：对人物的皮肤做磨皮处理。复制“人物斑点”图层，选择“滤镜 | 模糊 | 高斯模糊”菜单，设置“半径”为“8.0”像素，如图 8.4 所示，此时图像效果如图 8.5 所示。

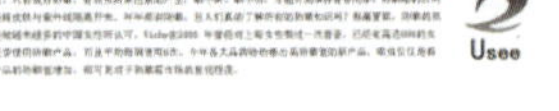

图 8.1　防晒霜广告效果

图 8.2　人物图像

图 8.3　移到合适位置

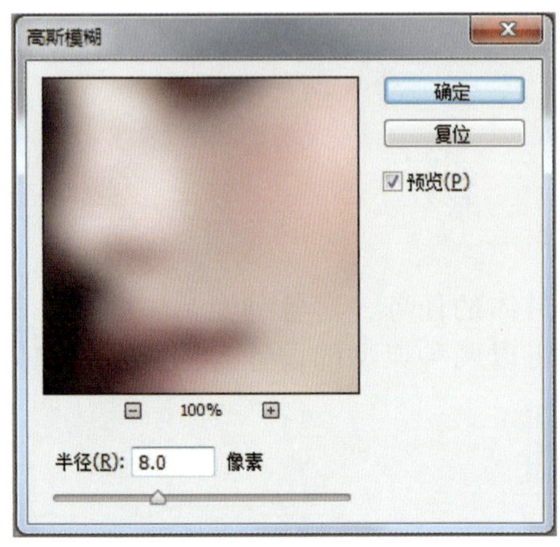

图 8.4　“高斯模糊”对话框

图 8.5　高斯模糊效果

步骤 4：为“人物斑点 副本”图层添加蒙版，按 D 键，恢复前景色与背景色的设置，按“Ctrl+Delete”组合键，将蒙版填充为“黑色”，此时图层面板如图 8.6 所示。

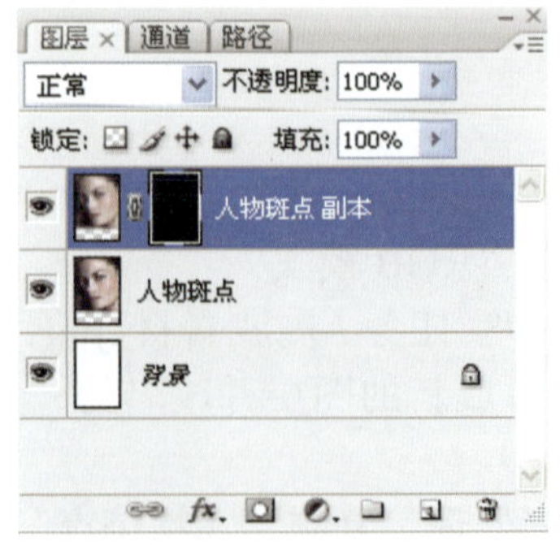

图 8.6　添加蒙版

步骤 5：设置前景色为“白色”，选择柔角画笔工具，工具选项栏设置如图 8.7 所示。然后在人物额头处涂抹，使额头变得光滑白皙，效果如图 8.8 所示。

图 8.7　工具选项栏

步骤 6：使用不同大小的柔角画笔，并适当调整“不透明度”与“流量”，在人物的面部（眉毛、眼睛、鼻子及嘴唇部分以外）进行涂抹，对人物的面部进行磨皮处理，实现如图 8.9 所示的效果。此时图层面板如图 8.10 所示。

图 8.8　额头效果

图 8.9　磨皮处理

步骤 7：将前景色设置为“黑色”，再用柔角画笔工具在眉毛、眼睛及嘴唇部位进行涂抹，将这些部分恢复本来面目。图像效果如图 8.11 所示。

图 8.10　图层面板

图 8.11　恢复细节

步骤 8：打开配套素材文件 07/ 任务 / 拉链 .jpg，如图 8.12 所示，利用钢笔工具将拉链抠出来，并将其移到“防晒霜广告”文件中，图层命名为“拉链”，如图 8.13 所示。

图 8.12　拉链图像

图 8.13　移动拉链

步骤 9：选择“拉链”图层，按“Ctrl+T”组合键，对拉链进行缩小及旋转处理，放置在如图 8.14 所示的位置。

步骤 10：用套索工具将拉链右下方的部分圈选，按“Ctrl+T”组合键，对其进行旋转，如图 8.15 所示。

步骤 11：参照步骤 10，选择拉链右下方的部分，进行旋转、移动，如图 8.16 所示。

图 8.14　拉链位置

图 8.15　调整拉链

图 8.16　调整拉链

步骤 12：采用复制的方法，将拉链延长，并进行适当的旋转，实现如图 8.17 所示的效果。

步骤 13：参照步骤 9 ～ 12，将拉链的左下部分延长，实现如图 8.18 所示的效果。

步骤 14：将前几步操作中产生的有关拉链的图层进行合并，并命名为“拉链合成”，复制“拉链合成”图层，得到“拉链合成 副本”图层，并将该图层的混合模式设置为“线性加深”，如图 8.19 所示。此时图像效果如图 8.20 所示。

步骤 15：将“拉链合成”和“拉链合成 副本”两个图层合并，重命名为“拉链合成”。选择“图像 | 调整 | 色相 / 饱和度”菜单，设置“饱和度”的值为“–36”，如图 8.21 所示，单击“确定”按钮。此时图像效果如图 8.22 所示。

图 8.17 延长拉链

图 8.18 拉链效果

图 8.19 图层面板

图 8.20 线性加深效果

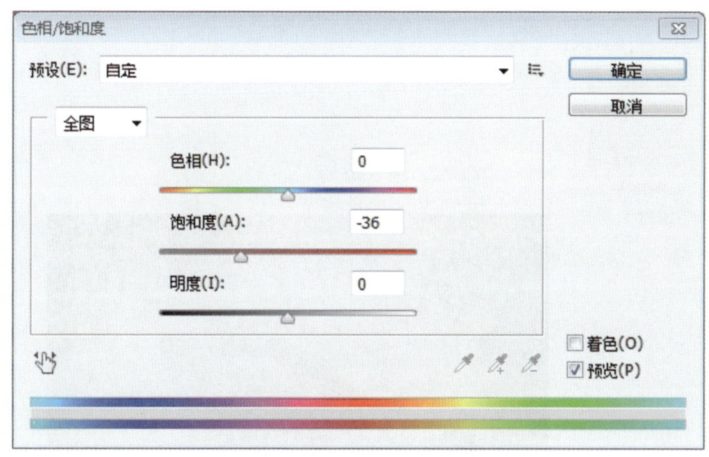

图 8.21 "色相 / 饱和度"对话框

图 8.22 降低饱和度

步骤 16：选择加深工具，在拉链的左半部分进行涂抹，使拉链的颜色加深，再选择减淡工具在拉链的右半部分进行涂抹，使拉链的颜色减淡，这样能够使拉链和脸部的光感相吻合，图像效果如图 8.23 所示。

步骤 17：用钢笔工具勾出如图 8.24 所示的路径，按“Ctrl+Enter”组合键，将路径转化为选区，拉链只选取一半。

步骤 18：选择“人物斑点”图层，按“Ctrl+J”组合键，新建一图层，命名为“额头斑点”，并将该图层移至“拉链合成”图层的下方，如图 8.25 所示。此时图像效果如图 8.26 所示。

图 8.23　加深、减淡效果

图 8.24　创建路径

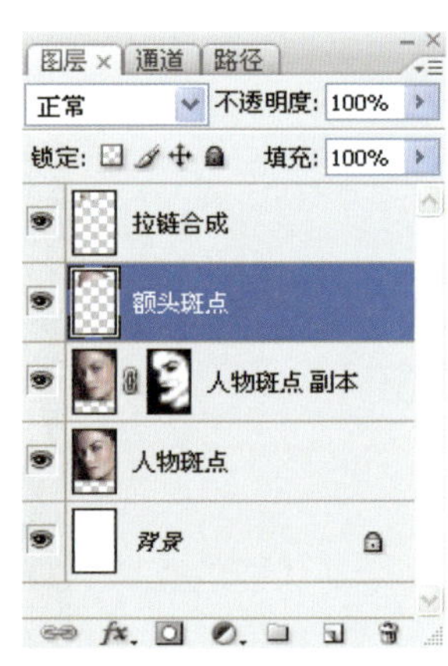

图 8.25　图层面板

图 8.26　额头斑点

步骤 19：选择“额头斑点”图层，选择“图像 | 调整 | 曲线”菜单，适当压暗色调，按照图 8.27 所示进行设置。单击“确定”按钮，此时，人物额头上的斑点变暗，图像效果如图 8.28 所示。

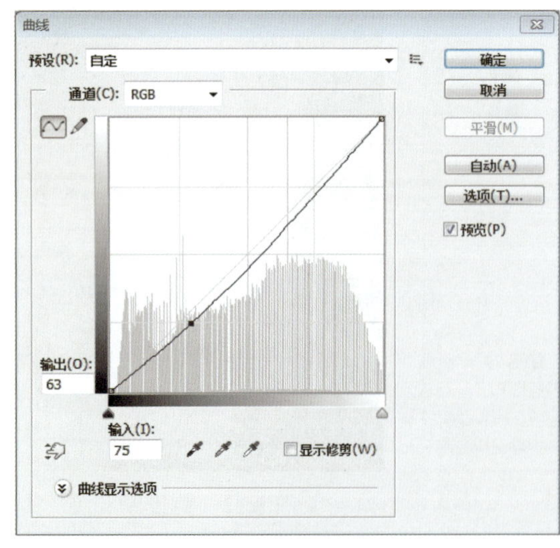

图 8.27　调整曲线

图 8.28　斑点变暗

步骤 20：为“额头斑点”图层添加投影样式，按照图 8.29 所示进行设置，单击“确定”按钮，此时图像效果如图 8.30 所示。

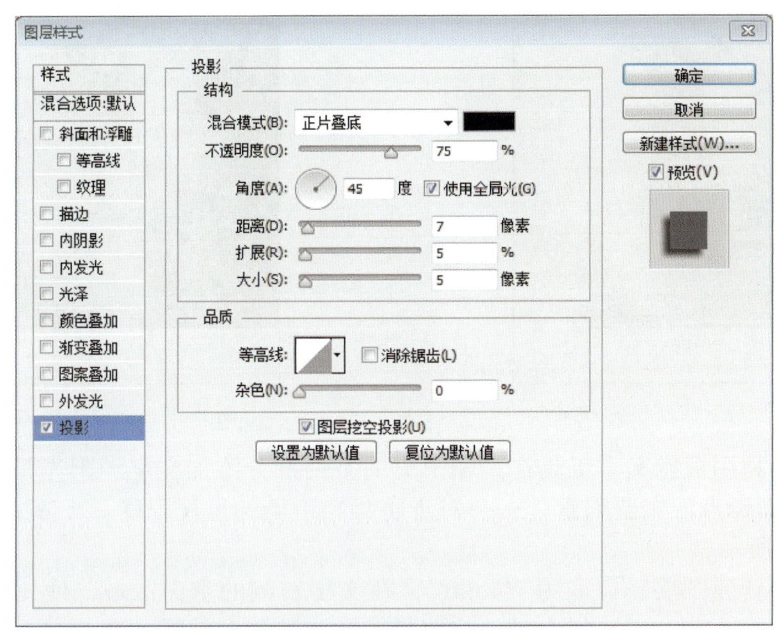

图 8.29　投影样式

步骤 21：观察图 8.30 中左上方的头发区域，由于对“额头斑点”进行了色阶的处理以及设置了投影样式，使皮肤和头发之间出现明显的分界线，要将其删除。选中“额头斑点”图层，利用软橡皮擦（硬度调低）将其清除，效果如图 8.31 所示。

图 8.30　投影效果

图 8.31　清除分界线

步骤 22：选择“拉链合成”图层，为该图层添加投影样式，按照图 8.29 所示进行设置，单击“确定”按钮，此时图像效果如图 8.32 所示。

步骤 23：利用软橡皮擦将拉链的上方擦除一小部分，效果如图 8.33 所示。

图 8.32　拉链投影效果

图 8.33　擦除拉链上方

步骤 24：利用横排文字工具在人物下方的空白部分添加文字“阳光是造成肌肤老化与形成皮肤表面斑点的主要因素，……对于防晒霜市场的重视程度。”（参见素材文件夹），效果如图 8.34 所示。

步骤 25：新建图层，命名为“ logo”，在文字右侧的空白区域，使用钢笔工具绘制一个路径，按“Ctrl+Enter”组合键，将路径转化为选区，效果如图 8.35 所示。

图 8.34　添加文字效果

图 8.35　绘制 logo

步骤 26：将前景色设置为“黑色”，背景色设置为“白色”，选择渐变工具，工具选项栏设置如图 8.36 所示。

图 8.36　工具选项栏

步骤 27：选择“线性渐变”，为选区填充渐变颜色，效果如图 8.37 所示。

图 8.37　填充渐变

步骤 28：在“logo”的下方，用横排文字工具输入字母“Usee”，工具选项栏设置如图 8.38 所示。文字效果如图 8.39 所示。

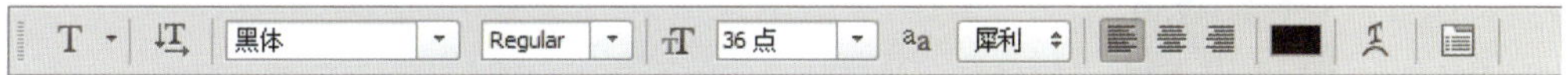

图 8.38　工具选项栏

图 8.39　文字效果

至此，防晒霜广告设计完毕，最终效果如图 8.1 所示。

8.1.3　练习实践

参考本任务中的设计效果，设计出类似风格的广告效果图。

任务 8.2　戒指

8.2.1　任务描述

本任务要求制作戒指实物模型，没有任何素材图片辅助，完全通过手绘制作。任务的重点在于戒指的外形、镂空装饰花纹的设计制作以及颜色的搭配。首先利用椭圆工具、图层混合模式以及“曲线”命令制作出戒指的外形并设置好颜色，然后利用路径工具绘制出戒指上的装饰花纹，再制作出镂空效果，利用文字工具及“浮雕”命令制作戒指内侧的文字，最后以渐变背景衬托出戒指的华贵，最终效果如图 8.40 所示。

8.2.2 任务实现

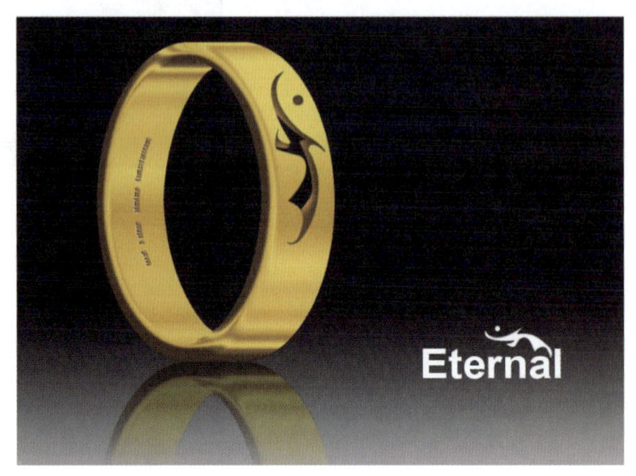

图 8.40 戒指

步骤 1：新建文件，大小为“800 像素 × 600 像素”，分辨率为“200 像素 / 英寸”，颜色模式为“RGB”模式，背景为“透明”。

步骤 2：用椭圆选框工具绘制一个椭圆，并填充“黑色”，效果如图 8.41 所示。

步骤 3：按 Ctrl 键，单击图层面板中“图层 1”的缩略图，调出椭圆选区，选择“选择 | 修改 | 收缩”菜单，设置“收缩量”为“23 像素”，如图 8.42 所示，单击“确定”按钮。此时图像效果如图 8.43 所示。

图 8.41 椭圆效果

图 8.42 “收缩选区”对话框

步骤 4：选择选框工具，利用键盘上的方向键将选区向左上方移动，然后按 Delete 键将选区内容删除，效果如图 8.44 所示。该步骤是为以后制作透视效果做基础。

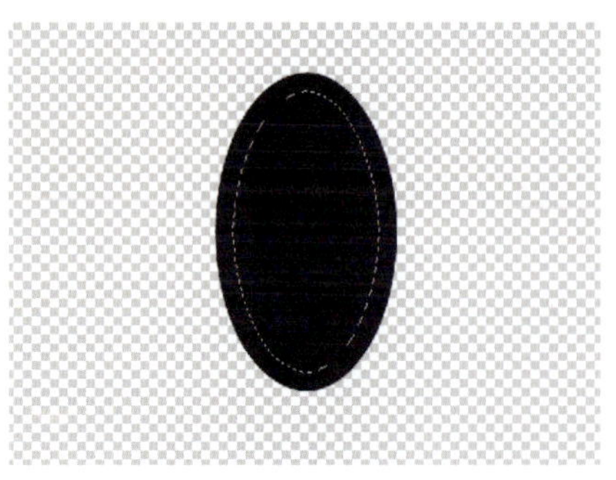
图 8.43 收缩选区

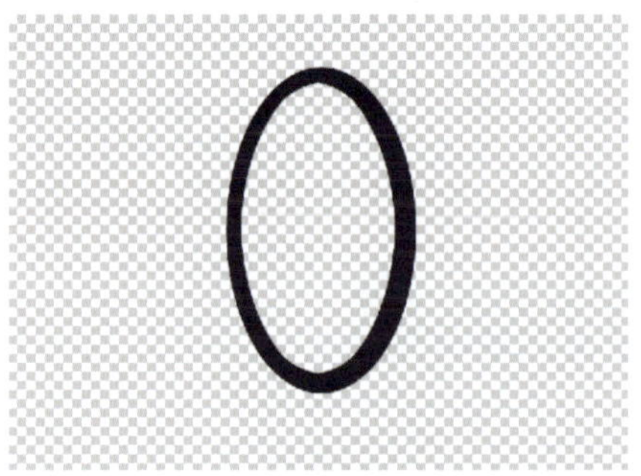
图 8.44 图像效果

步骤 5：复制当前图层，形成“图层 1 副本”图层，在该图层上选择图层样式中的“斜面和浮雕”样式，按照图 8.45 所示进行设置。“光泽等高线”的设置如图 8.46 所示。单击“确定”按钮，此时图像效果如图 8.47 所示。

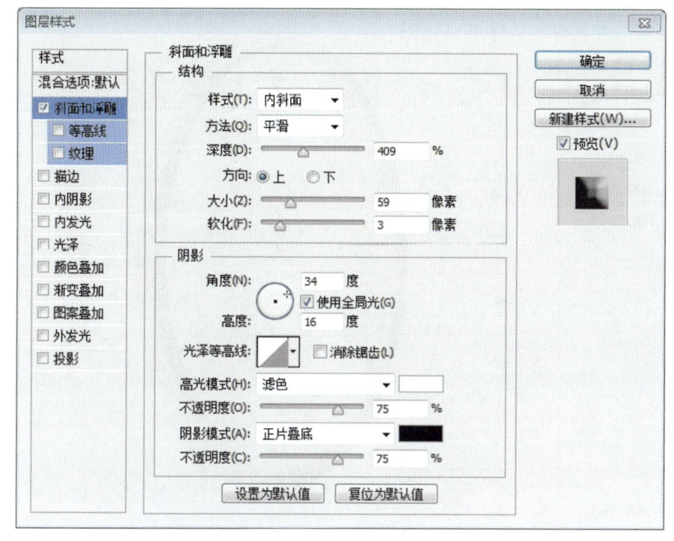

图 8.45 “斜面和浮雕”样式

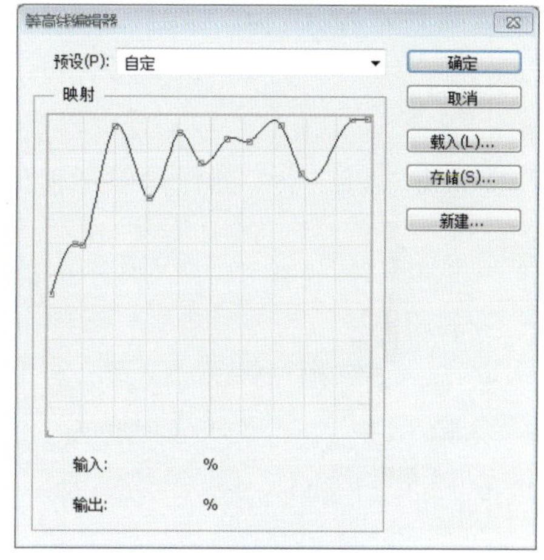

图 8.46 “等高线编辑器”对话框

步骤 6：新建空白图层“图层 2”，同时选中“图层 2”与“图层 1 副本”，将两个图层合并，如图 8.48 所示。这样原来的椭圆图层样式就没有了，并且保留了添加图层样式后的效果，如图 8.49 所示。

图 8.47 斜面和浮雕效果

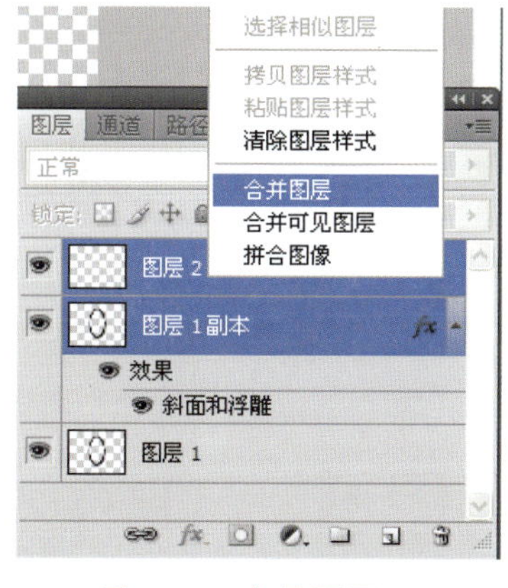

图 8.48 合并图层

图 8.49 合并图层效果

步骤 7：对“图层 2”进行曲线调整，选择“图像 | 调整 | 曲线”菜单，打开“曲线”对话框，具体设置如图 8.50 所示。单击“确定”按钮，此时图像效果如图 8.51 所示。

步骤 8：按 Ctrl 键，单击图层面板中“图层 2”的缩略图，调出椭圆选区，然后选择移动工具，按住 Alt 键的同时按键盘上的方向键，使选区向左移动，这样就会把调整好的椭圆环向左复制至合适的宽度，然后取消选区，此时图像效果如图 8.52 所示。

步骤 9：接下来要将戒指调整成金黄色。切换至通道面板，选择蓝色通道，如图 8.53 所示。选择“图像 | 调整 | 曲线”菜单，打开“曲线”对话框，选择“蓝”通道，按照图 8.54 所示进行设置，单击“确定”按钮，此时图像效果如图 8.55 所示。

步骤 10：在“曲线”对话框中，选择“红”色通道，按照图 8.56 所示进行设置，单击“确定”按钮，此时图像效果如图 8.57 所示。

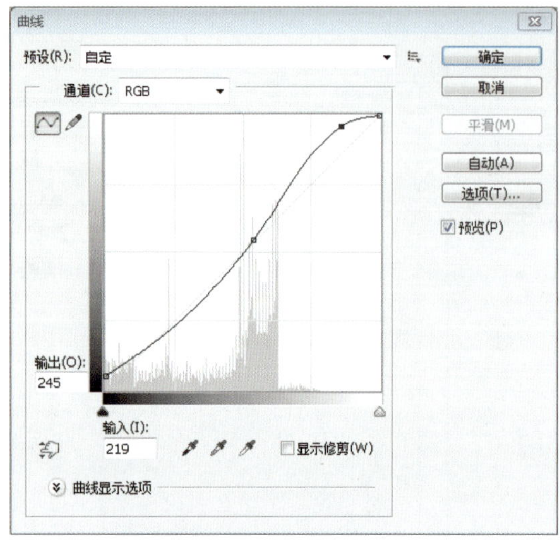

图 8.50 “曲线”对话框

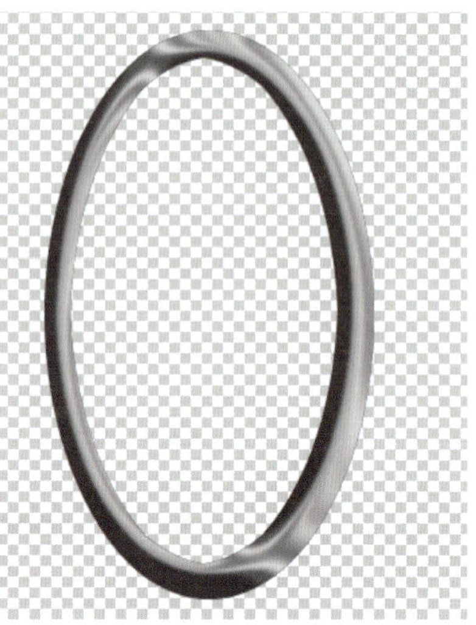

图 8.51 图像效果

图 8.52 图像效果

图 8.53 选择蓝色通道

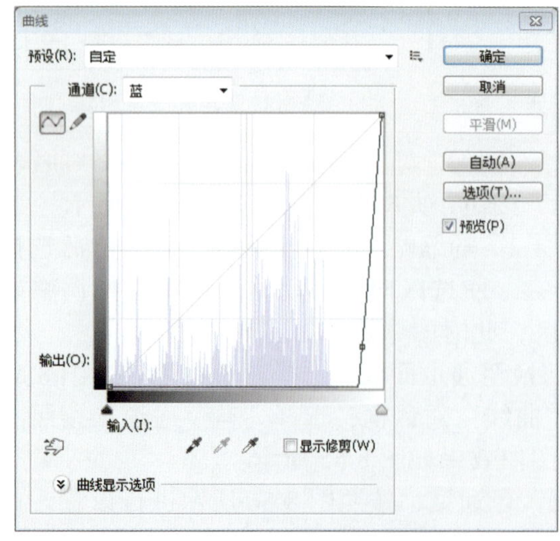

图 8.54 调整蓝色通道曲线

图 8.55 图像效果

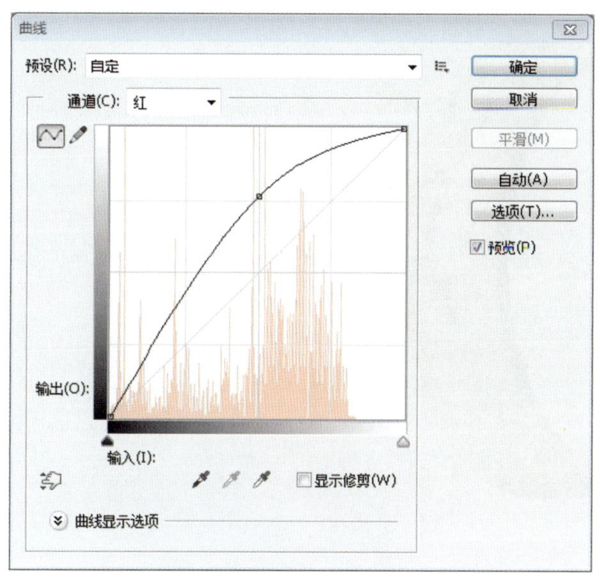

图 8.56　调整红色通道曲线

图 8.57　图像效果

步骤 11：在"图层 2"图层上，用钢笔工具绘制一个装饰花纹路径，切换至路径面板，单击下方的"将路径作为选区载入"按钮 ，再按 Delete 键，将选区内容删除，这样能使花纹部分镂空，此时图像效果如图 8.58 所示。

步骤 12：新建图层，命名为"厚度"，置于"图层 2"图层下方，用钢笔工具绘制出镂空的厚度，转换成选区，并填充深咖啡色，效果如图 8.59 所示。

图 8.58　装饰花纹

图 8.59　镂空的厚度

步骤 13：选择减淡工具，工具选项栏的设置如图 8.60 所示。利用减淡工具对厚度部分进行反光面的处理，让厚度有反光的效果。处理后的效果如图 8.61 所示。

图 8.60　工具选项栏

图 8.61　减淡效果

步骤 14：选择直排文字工具，在图像中随意输入一些字母，工具选项栏设置如图 8.62 所示。此时得到一个文字图层，命名为“字母”，图像效果如图 8.63 所示。

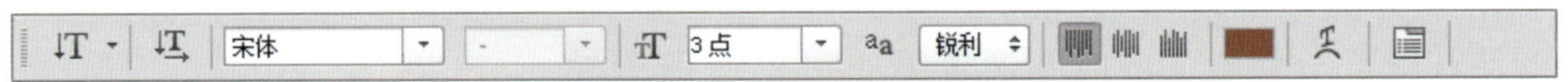

图 8.62　工具选项栏

步骤 15：在文字工具的工具选项栏中选择“创建文字变形”按钮 ，打开“变形文字”对话框，按照图 8.64 所示进行设置，颜色为“#8B450A”。单击“确定”按钮，得到的图像效果如图 8.65 所示。

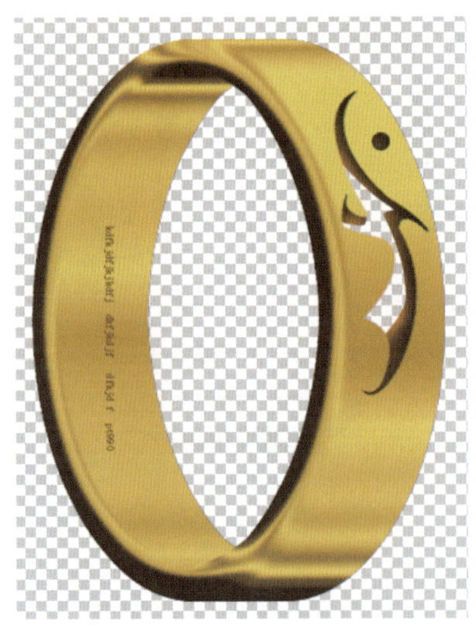

图 8.63　添加文字

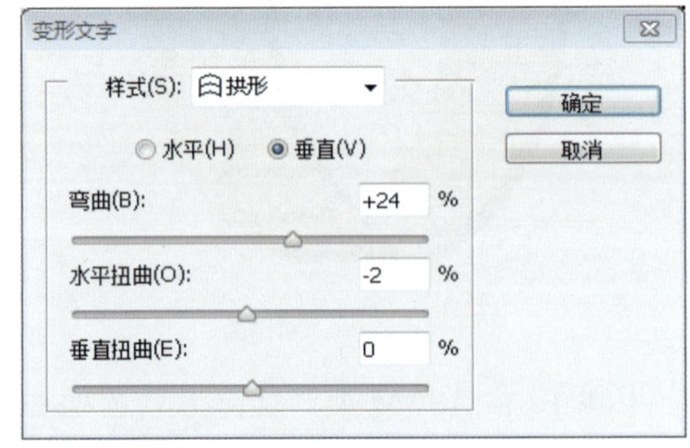

图 8.64　“变形文字”对话框

步骤 16：选中“字母”图层，按“Ctrl+T”组合键，稍微旋转角度，并将字母移至合适的位置，此时图像效果如图 8.66 所示。

图 8.65　文字变形效果

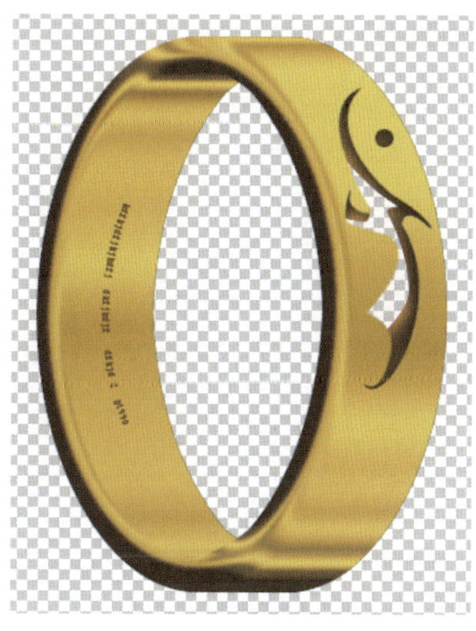

图 8.66　图像效果

步骤 17：右键单击“字母”图层，在打开的快捷菜单中选择“栅格化文字”命令，将文字栅格化，对该图层应用图层样式，选择“斜面和浮雕”样式，各项参数的设置如图 8.67 所示，其中“阴影模式”颜色设置为“#8B450A”。单击“确定”按钮，图像效果如图 8.68 所示。

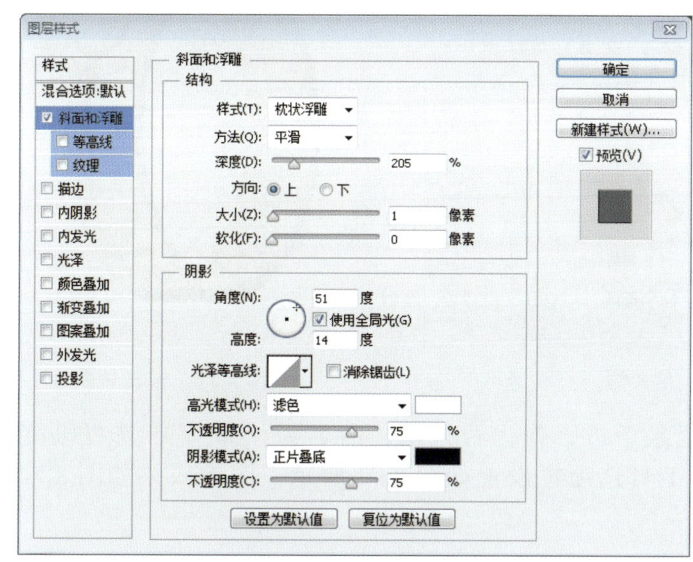

图 8.67　“斜面和浮雕”样式

图 8.68　图像效果

步骤 18：按 Ctrl 键，单击图层面板中“图层 2”的缩略图，调出“图层 2”的选区，按“Ctrl+Shift+I”组合键进行反选，此时图像效果如图 8.69 所示。

步骤 19：选择磁性套索工具，并在工具选项栏中单击“与选区交叉”按钮，用磁性套索工具选择装饰花纹部分，得到装饰花纹的选区，图像效果如图 8.70 所示。

步骤 20：新建图层，按“Ctrl+Shift+Alt+E”组合键，盖印可见图层，并命名为“戒指”，此时图层面板的状态如图 8.71 所示。

图 8.69　反选

步骤 21：将“戒指”图层以外的所有图层隐藏，选择“戒指”图层，用移动工具将“戒指”移至画布偏左的位置，如图 8.72 所示。

图 8.70　花纹选区

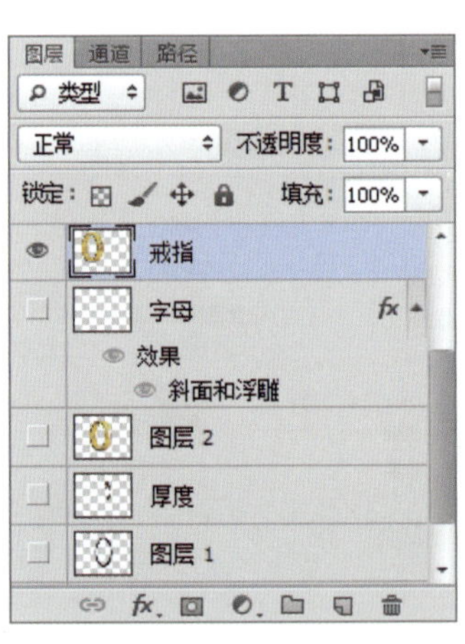

图 8.71　移动选区

图 8.72　戒指位置

步骤 22：新建图层，将其移至最下方，作为背景层，命名为“背景”，选择渐变工具，为背景层填充黑白渐变色，工具选项栏设置如图 8.73 所示，图像效果如图 8.74 所示。

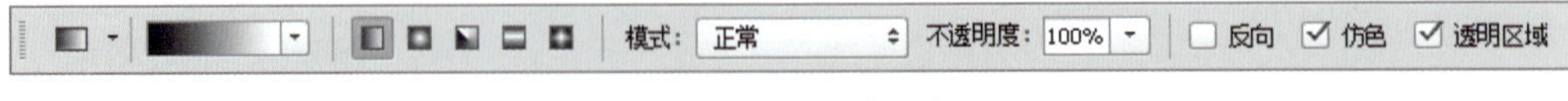

图 8.73　工具选项栏

步骤 23：复制“戒指”图层，命名为“倒影”，选择“编辑 | 变换 | 垂直翻转”菜单，将图层的混合模式设置为“柔光”，“不透明度”为“85%”，并将该图层的图像移至画布的下方，图层面板如图 8.75 所示，该步骤的目的在于做出倒影，效果如图 8.76 所示。

图 8.74　渐变背景

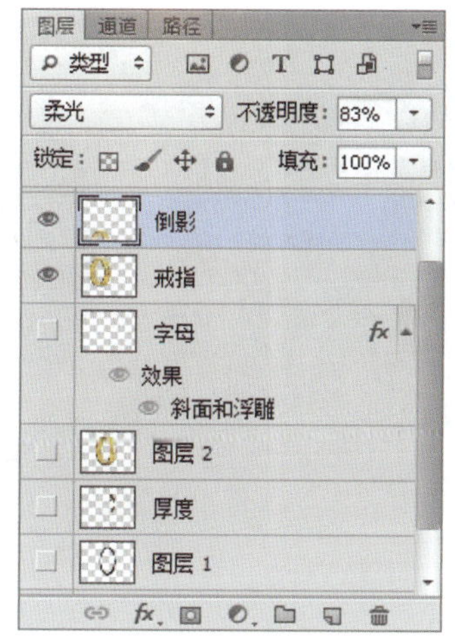

图 8.75　图层面板

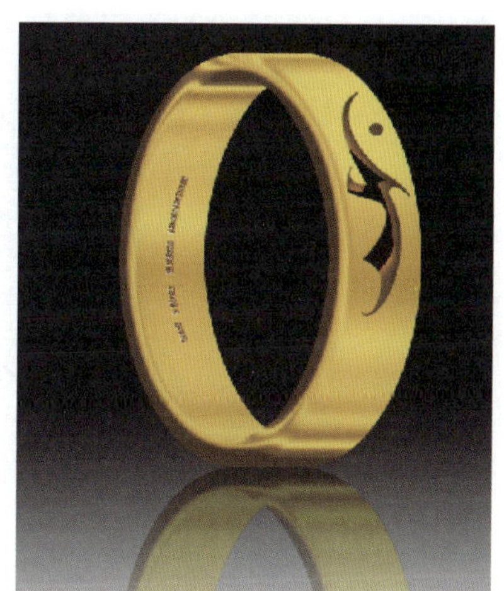

图 8.76　倒影效果

步骤 24：选择橡皮擦工具，工具选项栏设置如图 8.77 所示。选择“倒影”图层，用橡皮擦工具在画布的下方稍微擦拭一下，得到的图像效果如图 8.78 所示。

图 8.77　工具选项栏

图 8.78　图像效果

步骤 25：选择“横排文字工具，工具选项栏设置如图 8.79 所示。输入英文“Eternal”，效果如图 8.80 所示。

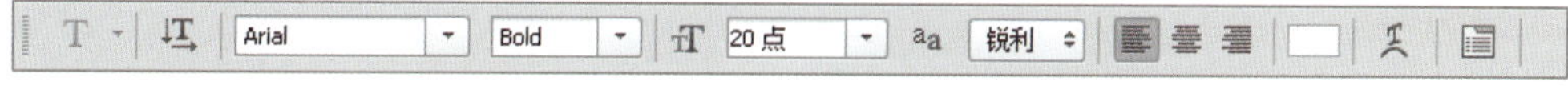

图 8.79　工具选项栏

步骤 26：选择“戒指”图层，利用磁性套索工具将装饰花纹图像选中，如图 8.81 所示。新建图层，命名为“小花纹”，将选区填充为“白色”，取消选择。

图 8.80 文字效果

图 8.81 创建花纹选区

步骤 27：选择"小花纹"图层，用移动工具将"小花纹"图像移至文字上方，再按"Ctrl+T"组合键将其旋转，得到的图像效果如图 8.82 所示。

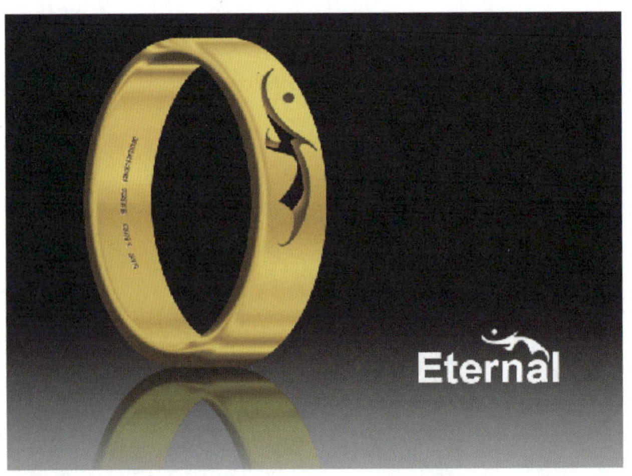

图 8.82 图像效果

8.2.3 练习实践

参考本任务的设计过程及相关知识，针对某产品设计出类似的效果。